Unger / Geretschläger / Akveld

Mathe mit dem Känguru 6

Herausgeber sind die leitenden Organisatoren des Känguru-Wettbewerbs in ihren Ländern:

Dipl.-Math. Alexander Unger
Humboldt-Universität zu Berlin, Institut für Mathematik, Deutschland
https://www.mathe-kaenguru.de/

Dr. Robert Geretschläger
Graz, Österreich
https://www.kaenguru.at/

Prof. Dr. Meike Akveld
ETH Zürich, Schweiz
https://www.kaenguru-schweiz.ch/

Alexander Unger
Robert Geretschläger
Meike Akveld

Mathe mit dem Känguru 6

Die schönsten Aufgaben von 2020 bis 2024

HANSER

Print-ISBN: 978-3-446-48183-1
E-Book-ISBN: 978-3-446-48212-8

Bibliografische Information der Deutschen Nationalbibliothek:
Die Deutsche Nationalbibliothek verzeichnet diese Publikation in der Deutschen Nationalbibliografie; detaillierte bibliografische Daten sind im Internet unter http://dnb.d-nb.de abrufbar.

www.hanser-fachbuch.de
Lektorat: Dipl.-Ing. Natalia Silakova-Herzberg
Herstellung: Frauke Schafft
Einbandrealisierung: Max Kostopoulos
Titelmotiv: © Steffen Blankenburg, www.elephant-castle.de
Satz: Alexander Unger
Beltz Grafische Betriebe GmbH, Bad Langensalza
Printed in Germany

Vorwort

Vor über 30 Jahren wurde der Känguru-Mathematikwettbewerb in Frankreich ins Leben gerufen und wird seither von Matheenthusiasten in die Welt getragen. Inspiration lieferte ein Mathematikwettbewerb aus Australien, und daher rührt auch der Name „Känguru". Mit insgesamt etwa 6 Millionen Teilnehmenden jährlich gehört der Känguru-Wettbewerb zu den teilnehmerstärksten Schülerwettbewerben der Welt. Allein in unseren drei Ländern, Deutschland, Österreich und Schweiz, sind jedes Jahr mehr als eine Million Kinder und Jugendliche dabei.

Wir freuen uns, bereits den sechsten Band „Mathe mit dem Känguru" mit den schönsten Aufgaben aus dem Känguru-Wettbewerb präsentieren zu können. Damit möchten wir über den Wettbewerb hinaus für eine lustvolle Beschäftigung mit Mathematik und für eine positive Wahrnehmung von Mathematik in der Gesellschaft werben. Das ist das Hauptanliegen des Wettbewerbs. Wir hoffen, einen Beitrag dazu zu leisten, junge Menschen mit typischen mathematischen Fragestellungen und Werkzeugen vertraut zu machen, und das möglichst spielerisch, mit Witz und Charme. Die Aufgaben lassen sich gut in Zirkeln und Arbeitsgemeinschaften, in Vertretungsstunden und, wenn es passt, auch im Unterricht verwenden. Daheim versprechen sie Knobelspaß für die ganze Familie.

Die Aufgaben des Känguru-Wettbewerbs sind im Multiple-Choice-Format gestellt. Dadurch, dass nicht jede gefundene oder manchmal auch nur erahnte Lösung exakt begründet werden muss, wie es in der Mathematik eigentlich unverzichtbar ist, gelingt es, Lernende für die Beschäftigung mit mathematischen Problemen aufzuschließen. Und letztlich gehören geschicktes Probieren, Vermuten und eine gute Intuition zum mathematischen Arbeiten dazu. So beschert der Känguru-Wettbewerb Mathe-Muffeln Erfolgserlebnisse und bietet gleichzeitig Talenten Herausforderungen – ganz im Sinne eines Wettbewerbs für alle.

Die Attraktivität der Beispiele und die Vielfalt mathematischer Fragestellungen rühren zu einem großen Teil daher, dass aus den mittlerweile über 100 Teilnehmerländern Ideen einfließen, in denen sich unterschiedliche mathematische und mathematikdidaktische Traditionen widerspiegeln. Beim jährlichen Treffen des internationalen Vereins „Kangourou sans frontières" werden von den Aufgabenvorschlägen die schönsten ausgewählt und anschließend mit Liebe und Witz in die jeweilige Landessprache übertragen. In die Auswahl und Formulierung der Aufgaben wird viel Zeit investiert, sind doch die Aufgaben das Herz des Wettbewerbs und wesentlicher Grund für seine Popularität. Während die Wettbewerbsaufgaben für die Teilnehmenden in Deutschland und der Schweiz gemeinsam erarbeitet werden und folglich identisch sind, übertragen die Organisatoren in Österreich die Beispiele separat. Da es gemäß Satzung gestattet ist, je Altersgruppe bis zu fünf der Aufgaben gegen andere zu tauschen, zum Beispiel aufgrund unterschiedlicher Lehrplaninhalte, finden sich in der Sammlung auch Beispiele, die nur in Deutschland und der Schweiz oder nur in Österreich verwendet wurden.

Für dieses Buch haben wir die schönsten Aufgaben aus den Känguru-Wettbewerben der Jahre 2020 bis 2024 ausgewählt, sie thematisch sortiert und abschnittsweise nach steigender Schwierigkeit geordnet, was naturgemäß oft subjektiv ist. Wir möchten dazu ermutigen, die zugeordnete Altersgruppe nicht zu streng zu sehen. Oft ist weniger eben in der Schule Erlerntes erforderlich. Vielmehr sind übergreifende Fertigkeiten wie logisches Schließen oder das Entdecken von Zusammenhängen und Strukturen gefragt. Viele Beispiele, die im Wettbewerb für die jüngeren Teilnehmenden zu lösen waren, sind auch noch für ältere attraktiv. Umgekehrt können Jüngere oft auch Aufgaben aus höheren Kategorien lösen: durch Probieren, geschickte Überlegungen und etwas mehr Geduld. Als Orientierung steht bei jeder Aufgabe, wie sie im Wettbewerb eingestuft war. So war zum Beispiel die Aufgabe mit der Markierung „A-Ecolier (16), D/CH-3/4 (17) 2020“ in Österreich in der Kategorie Ecolier die 16. Aufgabe und in Deutschland sowie der Schweiz in den Klassenstufen 3/4 die 17. Aufgabe im Jahr 2020. Im Lösungsteil sind die Lösungshinweise bei Aufgaben für die jüngeren Klassenstufen möglichst vollständig aufgeschrieben. Bei den oft umfangreicheren Lösungen der Beispiele für die Älteren sind die Hinweise häufig kürzer gefasst.

Am Entstehen der vorliegenden Aufgabensammlung waren viele beteiligt. Das sind zuallererst natürlich die Erfinder der Aufgaben aus den Teilnehmerländern. An der Erarbeitung, Begutachtung und Korrektur der deutschsprachigen Aufgabenstellungen und der Lösungshinweise haben manche in größerem Umfang, andere gelegentlich mitgewirkt. Neben den Herausgebern waren dies:

aus Deutschland Martin Altmann, Sandra Czekay, Deindra Hanzig, Bertram Hell, Carina Hübner, Familie Hutschenreiter, Laura Jahn, Marion Jarmer, Birgit Maier, Antje Noack, Monika Noack, Solveg Schlinske, Peat Schmolke, Dorothea Vigerske, Elke und Walter Warmuth und Renate Winkler, aus Österreich Lukas Donner, Renate Gottlieb, Evita Lerchenberger, Gottfried Perz, Gerhard Plattner, Birgit Vera Schmidt, Birgit Söllradl und Andreas Windischbacher sowie aus der Schweiz Maria Cannizzo, Lukas Fischer, Isabelle Kirner, Dima Nikolenkov, Nadine Rhyner, Angelika Rupflin, Andreas Stahel und Josef Züger.

Bei der Auswahl und der Zusammenstellung der Aufgaben haben Carina Hübner und Pauline Reiß unterstützt und uns so die Arbeit erleichtert.

Schließlich hat uns Natalia Silakova vom Carl Hanser Verlag bei der Entstehung des sechsten Bandes „Mathe mit dem Känguru“ erneut mit wertvollen Hinweisen begleitet. Für die angenehme Zusammenarbeit möchten wir uns herzlich bedanken.

Berlin, Graz, Zürich, im Herbst 2024 Die Herausgeber

Inhaltsverzeichnis

1 Zahlen und Rechnen

Zahlen gehören zu den grundlegenden Objekten der Mathematik. Der Umgang und natürlich das Rechnen mit ihnen begleiten uns ein Leben lang. Ein gutes Verständnis ihrer Eigenschaften sowie das sichere Beherrschen der Grundrechenarten sind außerdem wichtig, um Mathematik verstehen und anwenden zu können. Und wer auch ohne technische Hilfsmittel schnell und sicher rechnen kann, dem wird es leichter gelingen, schwierigere Probleme anzupacken.
Im ersten Kapitel wollen wir mit vielgestaltigen Aufgaben die Lust am Lösen wecken und zugleich die Rechenfertigkeiten, das Gefühl für Größenordnungen und vieles mehr trainieren. Die Rechenübungen sind bestens als Vorbereitung auf schwierigere Knobeleien geeignet – zumal, wenn sie nicht zu ernst daherkommen.

1.1 Rechenaufgaben bunt gemischt

Rechengeschichten zum Aufwärmen

A 1.1 Elli steht in dem Zahlenquadrat auf der 1. Sie hüpft immer zu der Nachbarzahl, die um 3 größer ist – solange das möglich ist. Bis zu welcher Zahl hüpft Elli?

1	5	8	11
4	7	10	14
24	23	13	18
21	19	16	20

(**A**) 11 (**B**) 13 (**C**) 18 (**D**) 19 (**E**) 21

A-Ecolier (4), D/CH-3/4 (4) 2020

A 1.2 Jakob malt im Bild rechts alle Blütenblätter mit dem Ergebnis 20 aus.
Welches Muster erhält er?

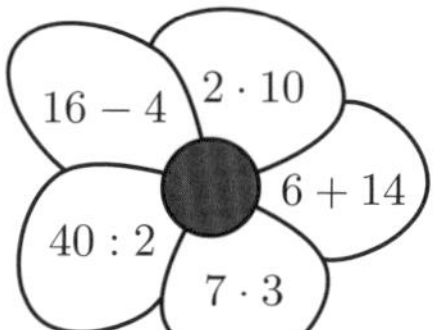

(**A**)  (**B**)  (**C**)  (**D**)  (**E**) 

A-Ecolier (5), D/CH-3/4 (2) 2020

A 1.3 Lara räumt 19 leere Flaschen in 2 gleiche, leere Getränkekästen ein. Den ersten macht sie voll. Im zweiten bleiben 5 Plätze frei.
Wie viele Flaschen passen in einen Kasten?

(**A**) 18 (**B**) 15 (**C**) 13 (**D**) 12 (**E**) 10

D/CH-3/4 (10) 2021

A 1.4 Ein Maßband ist ganz gleichmäßig um eine runde Dose gewickelt. Welche Zahl gehört an die Stelle des Fragezeichens?

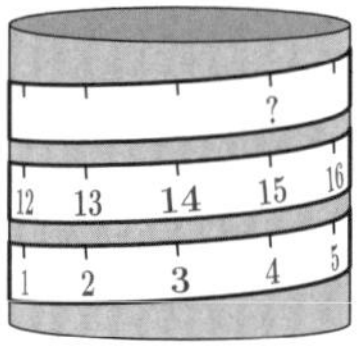

(**A**) 23 (**B**) 26 (**C**) 29 (**D**) 30 (**E**) 32

A-Ecolier (6), D/CH-3/4 (7) 2021

A 1.5 Lea hat 2 helle Murmeln und eine dunkle. Die 2 hellen Murmeln sind gleich schwer. Lea spielt mit der Küchenwaage, siehe Bild.
Wie schwer ist die dunkle Murmel?

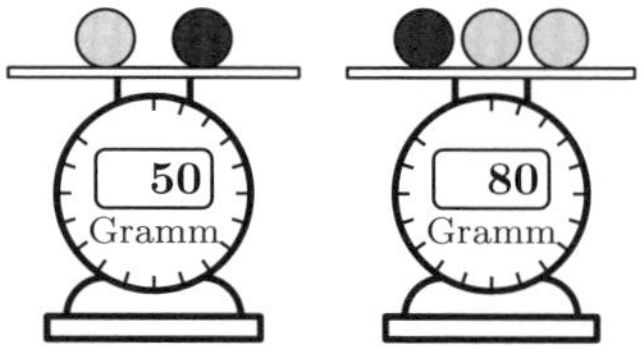

(**A**) 15 Gramm (**B**) 20 Gramm (**C**) 25 Gramm
(**D**) 35 Gramm (**E**) 40 Gramm

A-Ecolier (12), D/CH-3/4 (8) 2021

A 1.6 Beim Ostereiersuchen findet Max ein Ei, Jule findet 4 Eier, Fredy 6 und Lotta 9. Nachher werden die Eier so untereinander weitergegeben, dass jeder dieselbe Anzahl Eier hat. Wie viele Eier müssen mindestens weitergegeben werden?

(**A**) 3 (**B**) 4 (**C**) 5 (**D**) 6 (**E**) 7

D/CH-5/6 (8) 2020

A 1.7 Die Zahlen von 1 bis 9 sollen so in die 9 Kästchen geschrieben werden, dass die Pfeile immer von einer kleineren zu einer größeren Zahl zeigen. Die 5 und die 7 sind schon eingetragen.
Welche Zahl gehört in das Kästchen mit dem Fragezeichen?

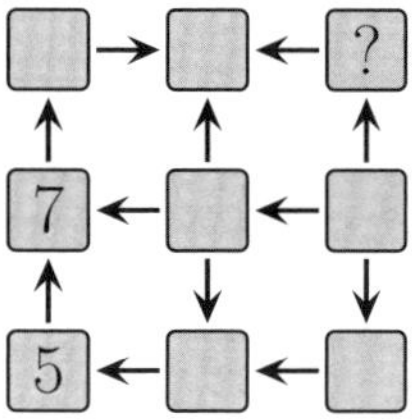

(**A**) 2 (**B**) 3 (**C**) 4 (**D**) 6 (**E**) 8

A-Ecolier (22), D/CH-3/4 (22) 2021

A 1.8 Linus hilft bei der Inventur im Schuhladen. Insgesamt zählt er 24 Paar Sneakers, 26 Paar Stiefel und 40 Paar Sandalen. 27 der Schuhpaare sind braun und 20 der Schuhpaare sind schwarz. Wie viele Schuhpaare haben eine andere Farbe?

(**A**) 41 (**B**) 43 (**C**) 44 (**D**) 45 (**E**) 48

D/CH-7/8 (6) 2020

A 1.9 Inga ist U-Bahn-Fahrerin auf der U-Bahn-Linie U23. Sie pendelt zwischen Altmarkt und Gutshof hin und her. Inga startet am Cantorplatz. Ihr 1. Halt ist am Dom. Am 65. Halt macht Inga Pause. Wo ist das?

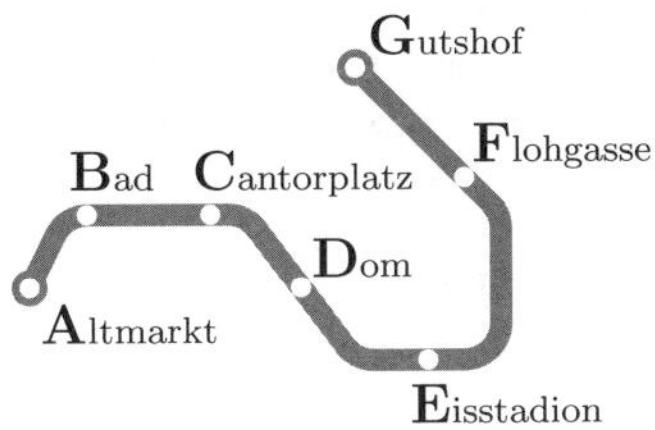

(**A**) Altmarkt (**B**) Bad (**C**) Eisstadion (**D**) Flohgasse (**E**) Gutshof

A-Ecolier (17), D/CH-3/4 (17) 2023

A 1.10 Ein Fahrradschloss hat vier Zahlenräder mit den Ziffern von 0 bis 9. Um die richtige Kombination zu erhalten, muss jedes der Zahlenräder der abgebildeten Einstellung um 180° gedreht werden. Wie sieht die richtige Kombination aus?

(**A**) 

(**B**) 

(**C**) 

(**D**) 

(**E**) 

A-Kadett (9), D/CH-7/8 (8) 2021

A 1.11 Ein Vater lebt mit seinen drei Kindern zusammen. Jedes Jahr zu Weihnachten stimmen sie darüber ab, wohin es in den Sommerurlaub geht. Das Alter jedes Einzelnen ergibt die Anzahl seiner Stimmen. Dieses Jahr hat der Vater 36 Stimmen, die Kinder haben 10, 8 und 5. Also gewinnt der Vater, egal wie die Kinder abstimmen.
Wie viele Jahre müssen vergehen, bis der Vater überstimmt werden kann?

(**A**) 5 (**B**) 6 (**C**) 7 (**D**) 13 (**E**) 14

A-Benjamin (12), D/CH-11–13 (10) 2020

A 1.12 In der Schulbibliothek wird an einer Wand ein neues Regal aufgebaut. Zwischen benachbarten senkrechten Brettern sind immer 7 waagerechte Bretter. Die Gesamtzahl der Bretter ist eine der folgenden Zahlen. Welche?

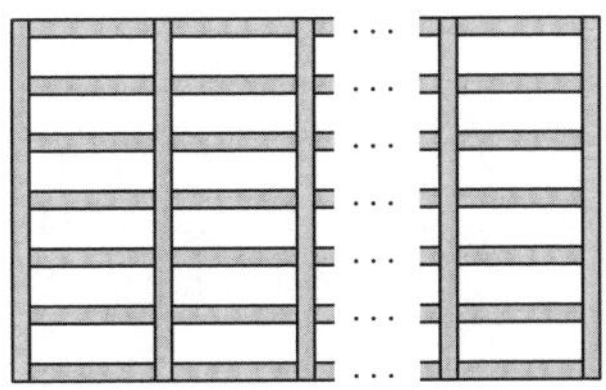

(**A**) 65 (**B**) 66 (**C**) 67 (**D**) 68 (**E**) 69

A-Junior (8), D/CH-9/10 (10) 2023

A 1.13 Vier Pluszeichen und ein Minuszeichen sollen in die Kästchen rechts so eingetragen werden, dass die Rechnung richtig ist. Wohin gehört das Minuszeichen?

$$2\,\square\,3\,\square\,4\,\square\,5\,\square\,6\,\square\,7 = 15$$

(**A**) zwischen 2 und 3 (**B**) zwischen 3 und 4 (**C**) zwischen 4 und 5
(**D**) zwischen 5 und 6 (**E**) zwischen 6 und 7

A-Kadett (11), D/CH-7/8 (12) 2022

A 1.14 Nios Opa hat Ravioli gemacht. Nio hat sie so auf 6 Teller verteilt, dass auf allen gleich viele sind. „Jeder sollte erst einmal eine kleinere Portion bekommen“, sagt Nios Oma und nimmt von jedem Teller 3 Ravioli wieder herunter. Nio stellt fest: „Du hast insgesamt so viele Ravioli heruntergenommen, wie vorher zusammen auf 2 Tellern lagen.“ Wie viele Ravioli liegen nun auf jedem Teller?

(**A**) 4 (**B**) 5 (**C**) 6 (**D**) 7 (**E**) 8

D/CH-7/8 (17) 2024

Rechnen mit den Jahreszahlen

A 1.15 Welche Rechnung mit den Ziffern der Zahl 2021 hat das größte Ergebnis?

(**A**) $2-0+2+1$ (**B**) $2+0-2+1$ (**C**) $2-0-2+1$
(**D**) $2+0+2-1$ (**E**) $2-0+2-1$

D/CH-3/4 (2) 2021

A 1.16 $(20\cdot 24):(2\cdot 0+2\cdot 4)=$

(**A**) 12 (**B**) 30 (**C**) 48 (**D**) 60 (**E**) 120

A-Kadett (2), D/CH-7/8 (3) 2024

A 1.17 Richtig zusammengelegt, ergeben die 5 Puzzleteile eine Rechenaufgabe. Welches Ergebnis hat diese?

(**A**) 22 (**B**) 32 (**C**) 41 (**D**) 122 (**E**) 203

A-Benjamin (5), D/CH-5/6 (2) 2021

A 1.18 Bei welcher der Rechnungen ist das Ergebnis eine ungerade Zahl?

(**A**) $21 + 20 + 19$ (**B**) $21 \cdot 20 \cdot 19$ (**C**) $21 + 20 - 19$
(**D**) $21 + 20 \cdot 19$ (**E**) $21 - 20 + 19$

D/CH-5/6 (1) 2020

A 1.19 In 2023 Tagen ist derselbe Wochentag wie

(**A**) vorgestern. (**B**) gestern. (**C**) heute. (**D**) morgen. (**E**) übermorgen.

A-Junior (5), D/CH-9/10 (6) 2023

A 1.20 Wenn die fünf Puzzleteile korrekt zusammengefügt werden, ergibt sich ein Rechteck mit einer Rechenaufgabe.
Was ist das Ergebnis dieser Rechenaufgabe?

(**A**) -100 (**B**) -8 (**C**) -1 (**D**) 199 (**E**) 208

A-Kadett (5), D/CH-7/8 (6) 2021

A 1.21 $\dfrac{20 + 22}{20 - 22} =$

(**A**) -21 (**B**) -10 (**C**) -2 (**D**) 22 (**E**) 42

A-Kadett (1), D/CH-7/8 (1) 2022

A 1.22 $\dfrac{20 \cdot 2{,}4}{2 \cdot 0{,}24} =$

(**A**) 100 (**B**) 10 (**C**) 1 (**D**) 0,1 (**E**) 0,01

A-Junior (2), D/CH-9/10 (1) 2024

A 1.23 Sascha schreibt ein Malzeichen zwischen die zweite und dritte Ziffer der Jahreszahl 2020. Das Produkt $20 \cdot 20$ ist eine Quadratzahl. Für wie viele der Jahreszahlen von 2021 bis 2099 ist das zugehörige Produkt ebenfalls eine Quadratzahl?

(**A**) 2 (**B**) 3 (**C**) 4 (**D**) 5 (**E**) 6

A-Junior (16), D/CH-9/10 (19) 2020

A 1.24 Ein Lehrer schreibt die 7 Ziffern 1 1 2 2 2 2 3 auf die Tafel. Er bittet einen Schüler, einige Multiplikationszeichen · so einzufügen, dass sich ein Produkt einiger (möglicherweise mehrziffriger) Zahlen mit dem Wert 2024 ergibt. Wie viele Multiplikationszeichen müssen zu diesem Zweck eingefügt werden?

(**A**) 1 (**B**) 2 (**C**) 3 (**D**) 4 (**E**) 5

A-Student (17) 2024

A 1.25 Wenn N die kleinste natürliche Zahl mit der Quersumme 2021 ist, welche Quersumme hat dann die Zahl $N + 2021$?

(**A**) 10 (**B**) 12 (**C**) 19 (**D**) 28 (**E**) 2021

A-Junior (23), D/CH-9/10 (23) 2021

Kängurus, Biber und andere Tiere

A 1.26 Fünf Freunde haben jeder ein Bild gemalt. Leon hat keine Enten gemalt. Auf Elisas Bild ist ein Baum zu sehen. Paula hat genau zwei Tiere gemalt. Mike hat ein Auto gemalt. Auf Yusufs Bild sind Schafe.
Welches Bild ist von Leon?

(**A**) 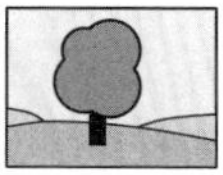 (**B**)  (**C**)  (**D**)  (**E**) 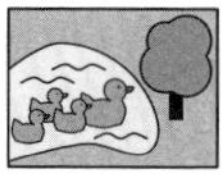

A-Ecolier (16), D/CH-3/4 (11) 2022

A 1.27 Im Südpolarmeer fand für die Pinguine ein Wetttauchen statt. Benno ist 5 s länger als Artur getaucht, aber 10 s kürzer als Curt. Dieter ist 10 s länger als Curt getaucht, aber 5 s kürzer als Egon. Welche der folgenden Aussagen ist wahr?

(**A**) Artur und Egon sind gleich lange getaucht.
(**B**) Artur ist 10 s länger als Egon getaucht.
(**C**) Artur ist 10 s kürzer als Egon getaucht.
(**D**) Artur ist 30 s länger als Egon getaucht.
(**E**) Artur ist 30 s kürzer als Egon getaucht.

A-Kadett (10), D/CH-7/8 (9) 2021

A 1.28 Känguru Pit steht vor einer langen Treppe mit 35 Stufen. Oben auf der 35. Stufe sitzt Häsin Ulla. Pit springt immer 5 Stufen auf einmal <u>hoch</u>. Gleichzeitig hüpft Ulla immer 2 Stufen auf einmal <u>runter</u>.
Auf welcher Stufe treffen sich Pit und Ulla?

(**A**) auf der 20. (**B**) auf der 23. (**C**) auf der 25. (**D**) auf der 27. (**E**) auf der 28.

A-Ecolier (11), D/CH-3/4 (11) 2020

A 1.29 Hase, Biber und Känguru wollen auf der abgebildeten Ringbahn springen. Sie beginnen gleichzeitig im Feld A und springen in Pfeilrichtung. Der Biber springt in jedes Feld, der Hase in jedes 3. Feld und das Känguru in jedes 5. Feld, bis sie im Feld Z landen.
Wer braucht dazu die kleinste Anzahl von Sprüngen?

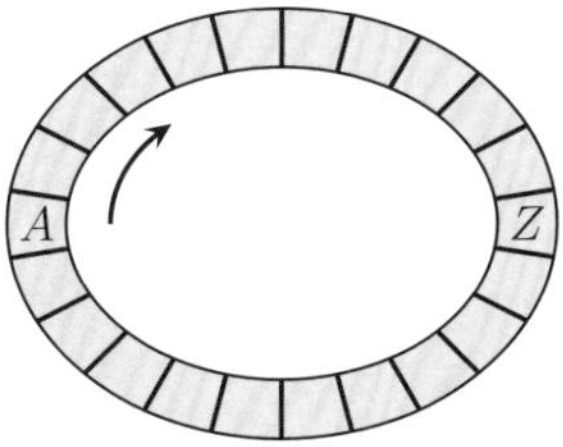

(**A**) das Känguru (**B**) der Biber
(**C**) das Känguru und der Biber (**D**) der Hase
(**E**) Alle drei brauchen gleich viele Sprünge.

A-Benjamin (19), D/CH-5/6 (9) 2023

A 1.30 Mein Opa hat einen neuen Kaninchenstall mit 4 Boxen gebaut. In den linken Boxen sind insgesamt 7 Kaninchen, in den rechten Boxen sind insgesamt 5 und in den oberen Boxen sind insgesamt 8.
Wie viele Kaninchen sind insgesamt in den unteren Boxen?

(**A**) 4 (**B**) 5 (**C**) 7 (**D**) 9 (**E**) 11

A-Ecolier (12), D/CH-3/4 (14) 2023

A 1.31 Hahn Nero prüft regelmäßig, wie viele Eier seine 5 Hennen legen. In den letzten 2 Wochen hat Adele 7 Eier gelegt, Bärbel 5, Cordula 6, Dörte 2 und Elvira sogar 16. Jede Henne legt nur weiße oder nur braune Eier. Weiße Eier waren es 3-mal so viele wie braune Eier. Welche Hennen legen braune Eier?

(**A**) Adele und Cordula (**B**) Bärbel und Cordula (**C**) Bärbel und Dörte
(**D**) Cordula und Dörte (**E**) Adele und Dörte

D/CH-3/4 (21) 2021

A 1.32 Biber und Kängurus haben sich im Kreis aufgestellt. Es sind insgesamt 18 Tiere. Neben jedem Känguru steht mindestens ein Biber.
Was ist die größtmögliche Anzahl von Kängurus in diesem Kreis?

(**A**) 11 (**B**) 12 (**C**) 13 (**D**) 14 (**E**) 15

A-Kadett (16), D/CH-7/8 (15) 2023

Runden und Schätzen

A 1.33 Beim Eisstand im Park stehen die Preise für eine bis fünf Kugeln Eis an einer Tafel. Bei welcher Wahl bezahlt man pro Kugel Eis am wenigsten?

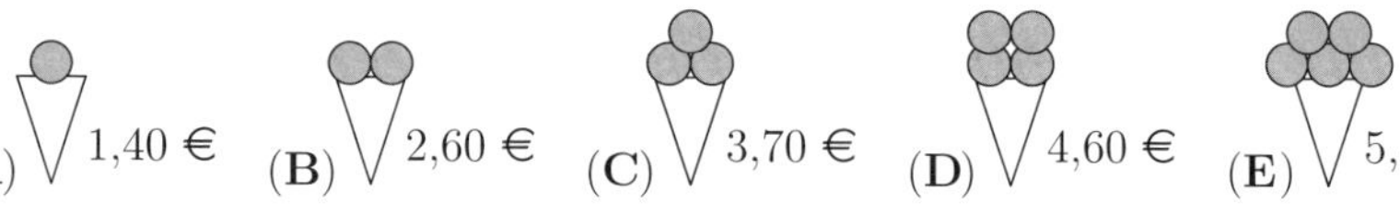

(**A**) 1,40 € (**B**) 2,60 € (**C**) 3,70 € (**D**) 4,60 € (**E**) 5,50 €

D/CH-9/10 (1) 2022

A 1.34 Im Kreisdiagramm rechts ist dargestellt, wie die Schülerinnen und Schüler meines Jahrgangs zur Schule kommen. Es kommen ungefähr doppelt so viele mit dem Fahrrad zur Schule wie mit dem Bus. Zu Fuß kommen ungefähr genauso viele zur Schule wie mit dem Auto gebracht werden. Der Rest kommt mit dem Moped.
Wie viel Prozent der Schülerinnen und Schüler kommen mit dem Moped zur Schule?

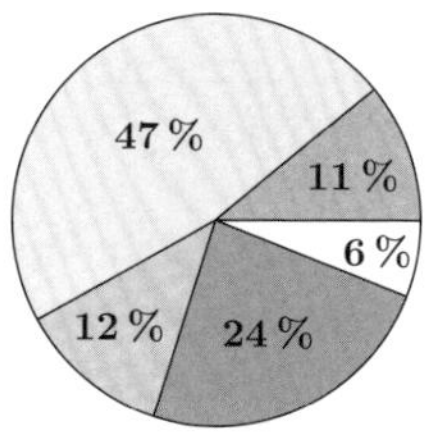

(**A**) 6 % (**B**) 11 % (**C**) 12 % (**D**) 24 % (**E**) 47 %

A-Student (4), D/CH-11–13 (4) 2020

A 1.35 Barans Mutter arbeitet im Hotel. Der Koch hat ihr sein tolles Waffel-Rezept aufgeschrieben. Als sie am Sonntag Waffeln machen will, hat sie 400 g Zucker, 2 Liter Milch, knapp 1 kg Mehl, 200 g Butter und 7 Eier zur Verfügung.
Wie viele Waffeln kann sie damit höchstens backen?

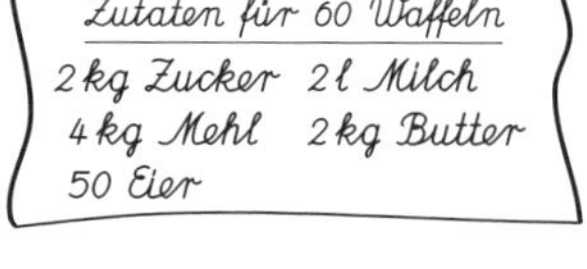

(**A**) 6 (**B**) 8 (**C**) 10 (**D**) 12 (**E**) 15

A-Benjamin (19), D/CH-5/6 (19) 2021

A 1.36 Am Wochenende hat eine bekannte Band ein Konzert gespielt. Für den Zeitungsbericht rundet die Redakteurin die Anzahl der Besucher. Dabei stellt sie fest, dass sie dieselbe Zahl erhält, egal ob sie auf Zehner oder auf Hunderter rundet. Welche der folgenden Zahlen könnte die Anzahl der Besucher sein?

(**A**) 3794 (**B**) 4912 (**C**) 5297 (**D**) 6586 (**E**) 7309

D/CH-9/10 (6) 2024

A 1.37 Biologen haben aus einem Teich 50 Frösche gefangen, markiert und dann wieder freigelassen. Kurze Zeit später haben sie aus demselben Teich 100 Frösche gefangen. Von diesen waren 5 markiert. Welche der folgenden Zahlen ist eine sinnvolle Schätzung für die Anzahl der Frösche in diesem Teich?

(**A**) 250 (**B**) 500 (**C**) 1000 (**D**) 1750 (**E**) 2500

D/CH-9/10 (8) 2023

Kompliziertere Rechenaufgaben

A 1.38 Mein Vater hat eine Pizza gebacken und sie in 12 Stücke geschnitten. Als Belag gibt es Paprika, Mais und Spinat, jedes Stück ist belegt. Auf 3 Stücken ist nur Paprika. Auf 7 Stücken ist Mais, und auf 5 Stücken ist Spinat.
Wie viele Stücke sind mit Mais und Spinat belegt?

(**A**) 1 (**B**) 2 (**C**) 3 (**D**) 4 (**E**) 5

D/CH-3/4 (15) 2022

A 1.39 Tian zeichnet in alle 6 Boxen rechts kleine Figuren. In jeder Box sollen die Figuren genau so oft auftauchen wie zusammen in den beiden Boxen direkt darunter. Drei Boxen sind schon fertig. Wie muss die Box in der Mitte der unteren Reihe aussehen?

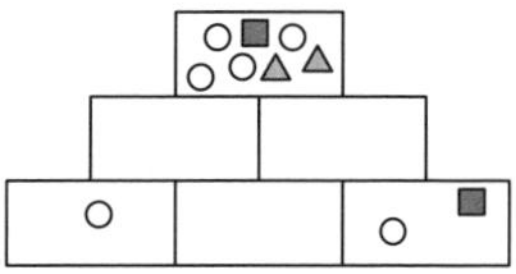

(**A**) 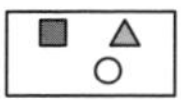 (**B**) 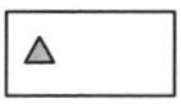 (**C**) 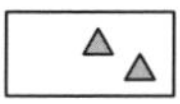 (**D**)  (**E**) 

A-Benjamin (20), D/CH-5/6 (18) 2023

A 1.40 Claude hängt an eine der Zahlen 3, 4, 5, 6 und 7 hinten eine 0 an. Dann addiert er die 5 Zahlen und erhält als Summe 70.
An welche Zahl hat Claude eine 0 angehängt?

(**A**) 3 (**B**) 4 (**C**) 5 (**D**) 6 (**E**) 7

D/CH-5/6 (9) 2021

A 1.41 Hanna möchte von den Zahlen 3, 4, 5, 6 und 7 vier Zahlen so auswählen, dass sie sie in die vier Kästchen schreiben kann und dabei eine korrekte Rechnung erhält. Sie überlegt, wie viele von den fünf Zahlen als Ergebnis der Rechnung im grauen Kästchen stehen können. Wie viele der Zahlen sind möglich?

□ + □ − □ = ■

(**A**) nur eine (**B**) nur zwei (**C**) nur drei (**D**) nur vier (**E**) alle fünf

A-Benjamin (20), D/CH-5/6 (20) 2022

A 1.42 Herr Duft verkauft auf dem Markt handgemachte Seife, jedes Stück zum selben Preis. Vor dem Losgehen hatte er etwas Wechselgeld in die Kasse getan. Als er 6 Stück Seife verkauft hat, sind 56 Euro in der Kasse. Als er insgesamt 18 Stück verkauft hat, sind es 104 Euro.
Wie viel Wechselgeld hatte Herr Duft am Anfang in der Kasse?

(**A**) 26 Euro (**B**) 29 Euro (**C**) 32 Euro (**D**) 35 Euro (**E**) 38 Euro

A-Ecolier (19), D/CH-3/4 (24) 2021

A 1.43 Finja hat die Zahl 1015 als Summe von Zahlen geschrieben. Die Summanden enthalten nur die Ziffer 7, und zwar insgesamt 10-mal. Jetzt möchte Finja die Zahl 2023 als Summe von Zahlen schreiben. Wieder sollen die Summanden nur die Ziffer 7 enthalten, und zwar insgesamt 19-mal.
Wie oft muss Finja dazu die Zahl 77 als Summand verwenden?

$$\begin{array}{r} 777 \\ +\ 77 \\ +\ 77 \\ +\ 77 \\ +\ 7 \\ \hline 1015 \end{array}$$

(**A**) 2-mal (**B**) 3-mal (**C**) 4-mal (**D**) 5-mal (**E**) 6-mal

A-Kadett (27), D/CH-7/8 (25) 2023

A 1.44 Lucia startet ihre Autofahrt zum 520 km entfernten Wohnort ihrer Tante mit 14 Liter Kraftstoff im Tank. Ihr altes Auto verbraucht 10 Liter pro 100 km. Nach 55 km werden die nächsten Tankstellen entlang der Autobahn angezeigt. Sie sind 35 km, 45 km, 55 km, 75 km und 95 km entfernt. Der Tank von Lucias Auto fasst 40 Liter. Lucia möchte nur einmal zum Tanken anhalten.
Wie weit ist die Tankstelle entfernt, die sie dazu wählen sollte?

(**A**) 35 km (**B**) 45 km (**C**) 55 km (**D**) 75 km (**E**) 95 km

A-Junior (18), D/CH-9/10 (15) 2020

1.2 Knobeleien mit Ziffern

Größte und Kleinste gesucht

A 1.45 Beate will die fünf abgebildeten Zahlenkarten in eine Reihe legen. Die entstehende 9-stellige Zahl soll die kleinste mögliche sein.
Welche Karte muss sie in die Mitte legen?

(**A**) [4] (**B**) [8] (**C**) [31] (**D**) [59] (**E**) [107]

A-Kadett (3), D/CH-7/8 (3) 2022

A 1.46 Mit 3 der Zahlenkarten [5] [2] [8] [1] [4] [7] bildet Lutz eine 3-stellige Zahl, und zwar die größtmögliche mit einer ungeraden Ziffer und 2 geraden Ziffern. Welche ist das?

(**A**) 874 (**B**) 785 (**C**) 854 (**D**) 847 (**E**) 984

A-Ecolier (7), D/CH-3/4 (12) 2021

A 1.47 Im Berghotel „Sorgenfrei“ sind die Zimmer fortlaufend nummeriert. Das erste Zimmer hat die Nummer 1. Runa und Oskar flitzen durch die Korridore und zählen in allen Zimmernummern die Zweien und die Fünfen. Runa hat 14 Zweien gezählt, und Oskar hat 3 Fünfen gezählt.
Wie viele Zimmer kann das Hotel höchstens haben?

(**A**) 25 (**B**) 26 (**C**) 34 (**D**) 35 (**E**) 41

A-Benjamin (11), D/CH-5/6 (7) 2024

A 1.48 Anne ersetzt rechts in der Rechnung jeden Buchstaben durch eine Ziffer von 1 bis 9. Gleiche Buchstaben ersetzt sie durch gleiche Ziffern und verschiedene Buchstaben durch verschiedene Ziffern.
Was ist das größtmögliche Ergebnis der Rechnung, das Anne erhalten kann?

$$\text{STR} - \text{OHH} + \text{UT} = \,?$$

(**A**) 925 (**B**) 933 (**C**) 939 (**D**) 942 (**E**) 948

A-Ecolier (24), D/CH-3/4 (24) 2020

A 1.49 Tristan hat sechs Karten, bei denen auf der Vorderseite und auf der Rückseite jeweils eine Zahl steht. Die Zahlenpaare auf den sechs Karten sind $(5,12)$, $(3,11)$, $(0,16)$, $(7,8)$, $(4,14)$ und $(9,10)$. Tristan legt diese sechs Karten auf die abgebildeten freien Felder.
Was ist das kleinste Ergebnis, das die Rechnung haben kann?

$$\square + \square + \square - \square - \square - \square = \,?$$

(**A**) -24 (**B**) -25 (**C**) -26 (**D**) -27 (**E**) -28

A-Student (23), D/CH-11–13 (23) 2024

Versteckte Ziffern: Kryptogramme

A 1.50 An der Tafel waren 3 aufeinanderfolgende 3-stellige Zahlen der Reihe nach angeschrieben. Lotta hat aus Spaß 4 Ziffern weggewischt.
Welche Ziffern hat Lotta von links nach rechts weggewischt?

(**A**) 8 4 5 9 (**B**) 9 4 4 9 (**C**) 8 3 2 7 (**D**) 7 4 4 8 (**E**) 9 5 6 9

A-Ecolier (8), D/CH-3/4 (7) 2024

A 1.51 Leo hat mit Zahlenkarten eine Gleichung gelegt. Dann hat er vier Karten umgedreht. Wie groß ist die Summe der Ziffern auf den umgedrehten Karten?

(**A**) 8 (**B**) 9 (**C**) 11 (**D**) 13 (**E**) 14

D/CH-3/4 (14) 2022

A 1.52 Laurenz schreibt drei aufeinanderfolgende dreistellige Zahlen der Größe nach auf. Er beginnt mit der kleinsten Zahl. Anstelle der Ziffern benutzt Laurenz Symbole: □◇◇, ♡△△, ♡△□. Welche Zahl ist die nächstgrößere?

(**A**) ♡♡◇ (**B**) □♡□ (**C**) ♡△◇ (**D**) ♡◇□ (**E**) ♡△♡

A-Kadett (11), D/CH-7/8 (13) 2023

A 1.53 Drei neugierige Fliegen haben sich auf meine richtig gerechnete Hausaufgabe gesetzt. Welche Summe haben die drei verdeckten Ziffern?

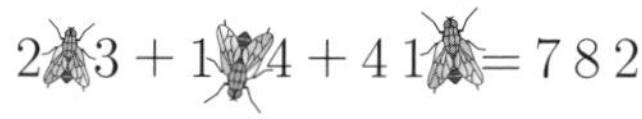

(**A**) 8 (**B**) 9 (**C**) 10 (**D**) 11 (**E**) 12

A-Ecolier (17), D/CH-3/4 (18) 2024

A 1.54 Jeder Buchstabe in der Rechnung $\begin{array}{r}\mathbf{AB}\\ +\,\mathbf{CD}\\ \hline \mathbf{43}\end{array}$ steht für eine Ziffer. In der Rechnung rechts stehen die Buchstaben für dieselben Ziffern. Was ist das Ergebnis der Rechnung rechts?

$$\begin{array}{r}\mathbf{AD}\\ +\,\mathbf{CD}\\ +\,\mathbf{AB}\\ +\,\mathbf{CB}\\ \hline ?\end{array}$$

(**A**) 43 (**B**) 77 (**C**) 86 (**D**) 98 (**E**) 102

A-Junior (5), D/CH-9/10 (7) 2020

A 1.55 Filip ersetzt rechts in den Rechnungen gleiche Symbole durch gleiche Ziffern und verschiedene Symbole durch verschiedene Ziffern.
Welches Ergebnis hat △ · ○ · □ ?

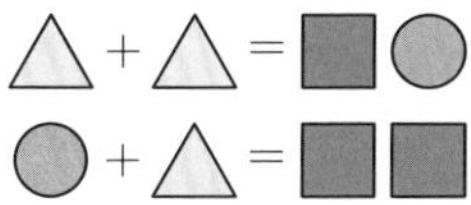

(**A**) 10 (**B**) 15 (**C**) 18 (**D**) 28 (**E**) 30

A-Ecolier (20), D/CH-3/4 (22) 2024

A 1.56 Multiplizieren wir die 6-stellige Zahl $1ABCDE$ mit 3, so erhalten wir als Ergebnis die 6-stellige Zahl $ABCDE1$. Welchen Wert hat $A+B+C+D+E$?

(**A**) 23 (**B**) 26 (**C**) 29 (**D**) 32 (**E**) 35

A-Kadett (24), D/CH-7/8 (24) 2021

A 1.57 Kristina schreibt in ihr Tagebuch eine 3-stellige Zahl. So viele Kilometer ist sie in den Ferien Rad gefahren. Ihr großer Bruder hängt rechts eine Ziffer an. Das ist nun die Anzahl Kilometer, die er geschafft hat. Er ist 2024 Kilometer mehr gefahren als Kristina. Welche Ziffer hat er angehängt?

(**A**) 2 (**B**) 3 (**C**) 5 (**D**) 8 (**E**) 9

D/CH-5/6 (24) 2024

Schwierigere Knobeleien mit Ziffern

A 1.58 Nick bemerkt, dass auf dem Wasserzähler sechs verschiedene Ziffern zu sehen sind (s. Abb.). Wie viel Wasser wird verbraucht, bis das nächste Mal auf dem Wasserzähler sechs verschiedene Ziffern zu sehen sind?

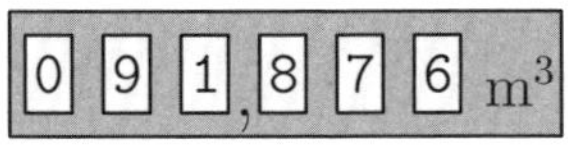

(**A**) 0,047 m³ (**B**) 0,186 m³ (**C**) 0,258 m³ (**D**) 0,537 m³ (**E**) 2,249 m³

A-Student (13), D/CH-11–13 (7) 2022

A 1.59 Wie viele 5-stellige natürliche Zahlen gibt es, bei denen das Produkt ihrer Ziffern gleich 1000 ist?

(**A**) 10 (**B**) 20 (**C**) 30 (**D**) 40 (**E**) 60

A-Junior (27), D/CH-9/10 (27) 2021

A 1.60 Die ersten beiden Stellen einer 10-stelligen Zahl sind 2 und 9. Wie viele Stellen hat das Quadrat dieser Zahl?

(**A**) 11 (**B**) 15 (**C**) 19 (**D**) 21 (**E**) 22

A-Student (15), D/CH-11–13 (13) 2020

A 1.61 Die Quersumme der natürlichen Zahl N ist doppelt so groß wie die Quersumme ihres Nachfolgers $N + 1$.
Was ist die kleinstmögliche Quersumme, die N haben kann?

(**A**) 10 (**B**) 12 (**C**) 14 (**D**) 16 (**E**) 18

A-Junior (25), D/CH-9/10 (27) 2024

A 1.62 Das Produkt der Ziffern der Zahl N ist 20. Welche der folgenden Zahlen kann <u>nicht</u> das Produkt der Ziffern von $N + 1$ sein?

(**A**) 40 (**B**) 35 (**C**) 30 (**D**) 25 (**E**) 24

A-Junior (27), D/CH-9/10 (26) 2022

1.3 Teiler und Vielfache

A 1.63 An Olivias Schule findet ein Wettbewerb im Bogenschießen statt. Jeder Pfeil, der trifft, bringt so viele Punkte wie im getroffenen Feld stehen. Zum Schluss werden alle erzielten Punkte multipliziert. Als Produkt erhält Olivia 18 Punkte. Sie hat mit jedem Pfeil getroffen.
Wie viele Treffer hatte Olivia?

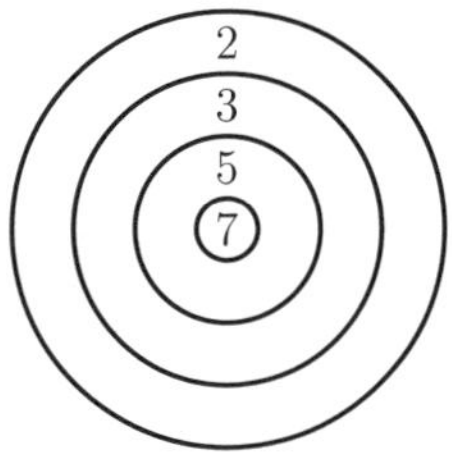

(**A**) 9 (**B**) 6 (**C**) 5 (**D**) 3 (**E**) 2

D/CH-9/10 (4) 2020

A 1.64 In die Kreise rechts sollen die Zahlen 2, 3, 4, 5, 6 eingetragen werden. Das Produkt der vier Zahlen im äußeren Quadrat soll 144 sein. Welche Zahl gehört in den Kreis in der Mitte?

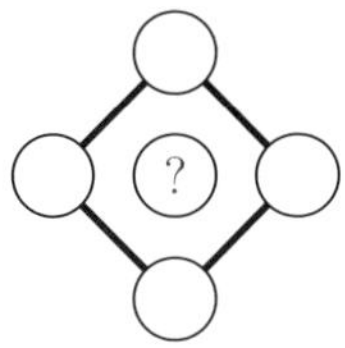

(**A**) 2 (**B**) 3 (**C**) 4 (**D**) 5 (**E**) 6

A-Kadett (4), D/CH-7/8 (5) 2022

A 1.65 Die natürlichen Zahlen m und n sind beide ungerade.
Welche der folgenden Zahlen ist dann ebenfalls ungerade?

(**A**) $m \cdot (n+1)$ (**B**) $(m-n)^2$ (**C**) $m+2n+3$ (**D**) $m+n$ (**E**) $m \cdot n+2$

A-Junior (3), D/CH-9/10 (9) 2023

A 1.66 Für die drei natürlichen Zahlen a, b und c gilt $1 \leq a \leq b \leq c$ sowie $a \cdot b \cdot c = 10\,000$. Wie groß kann b höchstens sein?

(**A**) 10 (**B**) 25 (**C**) 50 (**D**) 100 (**E**) 200

A-Student (7), D/CH-11–13 (9) 2020

A 1.67 Josephine hat im Lotto den Jackpot in Höhe von 17,1 Millionen Euro gewonnen. Sie hat den Jackpot nicht alleine geknackt. Das Geld wird gleichmäßig auf alle Gewinner aufgeteilt. Welcher Betrag könnte exakt Josephines Anteil sein?

(**A**) 1,1 Millionen Euro (**B**) 1,3 Millionen Euro (**C**) 1,5 Millionen Euro
(**D**) 1,7 Millionen Euro (**E**) 1,9 Millionen Euro

D/CH-11–13 (7) 2023

A 1.68 Für ein Kinderfest soll für Wettbewerbe ein 120 m langer Weg mit Markierstangen in gleich lange Abschnitte geteilt werden. Vier Stangen sind wie im Bild bereits aufgestellt.
Wie viele Stangen müssen mindestens dazukommen?

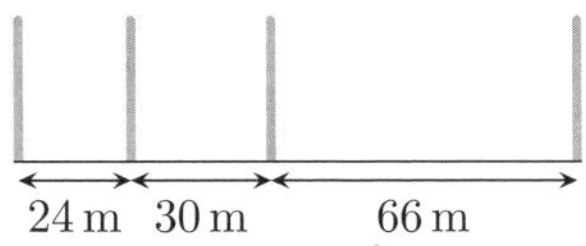

(**A**) 12 (**B**) 15 (**C**) 17 (**D**) 23 (**E**) 37

A-Benjamin (16), D/CH-5/6 (19) 2023

A 1.69 Donggyu möchte in jedes Kästchen der Figur eine natürliche Zahl schreiben. Dabei soll das Produkt zweier waagerecht benachbarter Zahlen stets in dem Kästchen direkt darüber stehen. Ganz oben steht die Zahl 180. Wie viele verschiedene Zahlen größer als 1 können in dem Kästchen mit dem Fragezeichen stehen?

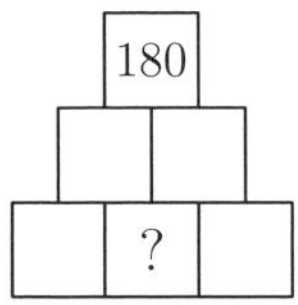

(**A**) 2 (**B**) 3 (**C**) 5 (**D**) 6 (**E**) 8

A-Kadett (25), D/CH-7/8 (28) 2024

A 1.70 Wie groß ist der Anteil der ungeraden Zahlen an den positiven Teilern von $5! = 1 \cdot 2 \cdot 3 \cdot 4 \cdot 5$?

(**A**) $\frac{1}{2}$ (**B**) $\frac{1}{3}$ (**C**) $\frac{1}{4}$ (**D**) $\frac{1}{5}$ (**E**) $\frac{1}{6}$

A-Student (19), D/CH-11–13 (12) 2021

A 1.71 Für eine positive ganze Zahl n ist $n!$ („n Fakultät") definiert als das Produkt der Zahlen von 1 bis n. Zum Beispiel ist $4! = 1 \cdot 2 \cdot 3 \cdot 4 = 24$.
Für welche positive ganze Zahl N gilt $N! = 6! \cdot 7!$?

(**A**) 9 (**B**) 10 (**C**) 11 (**D**) 12 (**E**) 14

A-Student (18), D/CH-11–13 (10) 2023

A 1.72 Bei uns im Hochhaus wurde das Treppenhaus saniert. Insgesamt gibt es 272 Stufen, und jede 6. Stufe von unten musste ausgebessert werden. Danach wurde an jeder 8. Stufe von unten an der Stufenkante eine spezielle Markierung für Sehbehinderte angebracht.
Wie viele der ausgebesserten Stufen wurden mit einer Markierung versehen?

(**A**) 9 (**B**) 11 (**C**) 17 (**D**) 20 (**E**) 25

A-Junior (17), D/CH-9/10 (18) 2023

A 1.73 Christian hat 12 Plättchen, die mit den Zahlen von 1 bis 12 beschriftet sind. Er legt 8 davon so auf die Ecken eines Achtecks, dass die Summe der Zahlen auf je zwei nebeneinanderliegenden Plättchen stets durch 3 teilbar ist.
Welche Zahlen stehen dann auf den 4 Plättchen, die übrig sind?

(**A**) 1, 5, 9, 12 (**B**) 3, 5, 7, 11 (**C**) 1, 2, 11, 12 (**D**) 5, 6, 7, 8 (**E**) 3, 6, 9, 12

A-Junior (23), D/CH-9/10 (18) 2024

A 1.74 Wenn a, b und c ganze Zahlen sind, welches Ergebnis kann die Summe $(a-b)^2 + (b-c)^2 + (c-a)^2$ sicher <u>nicht</u> haben?

(**A**) 0 (**B**) 1 (**C**) 2 (**D**) 6 (**E**) 8

A-Student (14), D/CH-11–13 (15) 2020

A 1.75 Die natürliche Zahl N ist durch genau acht der zehn Zahlen von 2 bis 11 teilbar. Welche zwei Zahlen könnten die beiden Zahlen sein, durch die N <u>nicht</u> teilbar ist?

(**A**) 2 und 3 (**B**) 4 und 5 (**C**) 6 und 7 (**D**) 7 und 8 (**E**) 10 und 11

A-Student (24), D/CH-11–13 (19) 2020

A 1.76 Toni bäckt für das Schulfest eine große Anzahl Maxi-Salami-Pizzas mit je 30 Salamischeiben. Im Kühlschrank liegen 71 Salamischeiben in einer Dose und zusätzlich einige Packungen mit je 18 Salamischeiben.
Wie viele Salamischeiben werden am Ende des Tages mindestens übrig bleiben?

(**A**) 1 (**B**) 3 (**C**) 5 (**D**) 7 (**E**) 9

A-Student (26), D/CH-11–13 (25) 2020

A 1.77 Leopold hat acht aufeinanderfolgende dreistellige Zahlen aufgeschrieben. Jede dieser Zahlen ist durch ihre letzte Ziffer teilbar.
Welche Quersumme hat die kleinste Zahl, die Leopold aufgeschrieben hat?

(**A**) 10 (**B**) 11 (**C**) 12 (**D**) 13 (**E**) 14

A-Junior (30), D/CH-9/10 (30) 2020

A 1.78 Die 12-stellige Zahl $ABBCDDCDDABB$ ist das Produkt von 6 aufeinanderfolgenden natürlichen Zahlen. Die Ziffern A, B, C und D sind aufeinanderfolgend, aber nicht unbedingt in dieser Reihenfolge. Welche Ziffer ist D?

(**A**) 1 (**B**) 2 (**C**) 3 (**D**) 4 (**E**) 5

A-Student (30), D/CH-11–13 (29) 2023

1.4 Rechnen mit Brüchen

A 1.79 Yara hat beim Schachturnier der Schule insgesamt 15 Partien zu spielen. Von den bisherigen Partien hat sie zweimal unentschieden gespielt, die Hälfte gewonnen und ein Drittel verloren. Wie viele Partien hat Yara noch zu spielen?

(**A**) 2 (**B**) 3 (**C**) 5 (**D**) 6 (**E**) 9

A-Benjamin (17), D/CH-5/6 (22) 2020

A 1.80 In der Fahrradwerkstatt sind wie stets viele Reifen zu flicken. Die akribische Meisterin bemerkt am Morgen überrascht: „Alle Fahrräder in der Werkstatt haben einen Platten. Drei Fünftel der Vorderräder haben einen Platten und drei Fünftel der Hinterräder. An 5 Fahrrädern sind beide Räder platt.“
Wie viele Fahrräder sind heute in der Werkstatt?

(**A**) 15 (**B**) 20 (**C**) 25 (**D**) 30 (**E**) 35

A-Kadett (14), D/CH-7/8 (14) 2020

A 1.81 Es seien p und q positive Zahlen mit $p < q$. Welcher der folgenden Brüche hat den größten Wert?

(**A**) $\frac{3p+q}{4}$ (**B**) $\frac{2p+q}{3}$ (**C**) $\frac{p+q}{2}$ (**D**) $\frac{p+2q}{3}$ (**E**) $\frac{p+3q}{4}$

A-Student (14), D/CH-11–13 (16) 2024

A 1.82 Ada hat sich eine Zahl gedacht. Das Ergebnis, das sie erhält, wenn sie von ihrer Zahl $\frac{1}{10}$ abzieht, ist dasselbe, das sie erhält, wenn sie ihre Zahl mit $\frac{1}{10}$ multipliziert. Welche Zahl hat Ada sich gedacht?

(**A**) $\frac{1}{100}$ (**B**) $\frac{1}{11}$ (**C**) $\frac{1}{10}$ (**D**) $\frac{11}{100}$ (**E**) $\frac{1}{9}$

A-Junior (10), D/CH-9/10 (10) 2021

A 1.83 Nick versucht Wasser zu sparen. Dafür hat er die Dauer seiner morgendlichen Dusche um ein Viertel verkürzt. Außerdem benutzt er nun einen wassersparenden Duschkopf, aus dem ein Viertel weniger Wasser kommt. Um welchen Anteil hat Nick dadurch seinen Wasserverbrauch beim Duschen reduziert?

(**A**) um $\frac{1}{3}$ (**B**) um $\frac{3}{8}$ (**C**) um $\frac{5}{8}$ (**D**) um $\frac{5}{12}$ (**E**) um $\frac{7}{16}$

A-Junior (11), D/CH-9/10 (17) 2023

A 1.84 Im rechts abgebildeten Ausdruck sollen das Quadrat und das Dreieck so durch natürliche Zahlen ersetzt werden, dass beide Seiten gleich groß sind.

$$\frac{\square}{17} = \frac{5}{\triangle}$$

Wie viele verschiedene Zahlen können das Quadrat ersetzen?

(**A**) 3 (**B**) 4 (**C**) 6 (**D**) 8 (**E**) 9

A-Junior (9), D/CH-7/8 (19) 2023

A 1.85 Zwei Zahlen a und b sind auf der Zahlengeraden markiert:

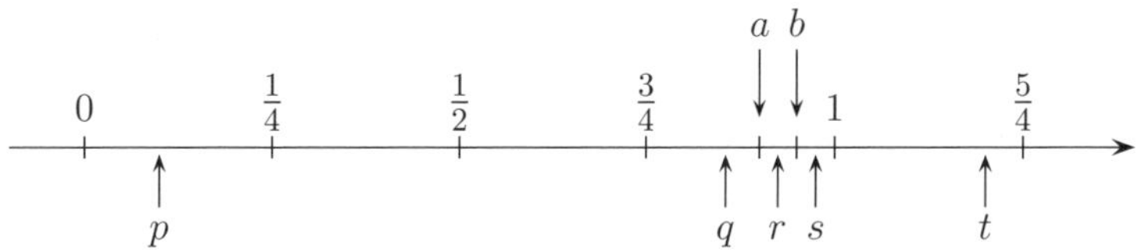

Eine der Zahlen p, q, r, s, t ist das Produkt $a \cdot b$. Welche?

(**A**) p (**B**) q (**C**) r (**D**) s (**E**) t

A-Student (3), D/CH-11–13 (5) 2020

1.5 Rechnen mit negativen Zahlen

A 1.86 Benedikt schaut auf seine Wetter-App und bemerkt, dass die erwartete Höchsttemperatur in den nächsten drei Tagen von Tag zu Tag fällt.
Was könnte Benedikts Wetter-App anzeigen?

(A) 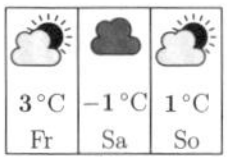

(B) 

(C) 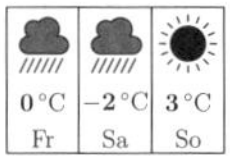

(D) 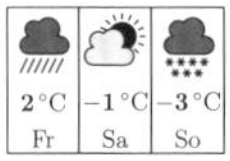

(E) 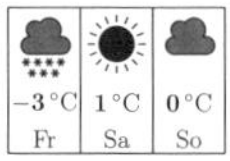

D/CH-7/8 (2) 2021

A 1.87 Die Summe von 4 aufeinanderfolgenden ganzen Zahlen ist 2.
Welche ist die kleinste dieser 4 Zahlen?

(A) -3 (B) -2 (C) -1 (D) 0 (E) 1

A-Junior (6), D/CH-9/10 (5) 2020

A 1.88 Drei verschiedene der Zahlen -5, -3, -1, 2, 4, 6 werden miteinander multipliziert. Welches ist das kleinste Produkt, das man erhalten kann?

(A) -200 (B) -120 (C) -90 (D) -48 (E) -15

A-Kadett (8), D/CH-7/8 (10) 2020

A 1.89 Es seien a, b, c reelle Zahlen, alle ungleich 0. Die Zahlen $-a^4b^3c^2$ und $a^3b^5c^6$ haben dasselbe Vorzeichen. Welche Aussage ist auf jeden Fall richtig?

(A) $a > 0$ (B) $b < 0$ (C) $c > 0$ (D) $b > 0$ (E) $a < 0$

A-Student (12), D/CH-11–13 (10) 2022

1.6 Anteile vergleichen: Prozentrechnung

A 1.90 Martins Gehalt beträgt 20 % des Gehalts seines Chefs.
Wie viel Prozent von Martins Gehalt beträgt das Gehalt von Martins Chef?

(A) 80 % (B) 120 % (C) 180 % (D) 320 % (E) 500 %

A-Kadett (18), D/CH-7/8 (16) 2020

A 1.91 Im Betrieb meiner Mutter gibt es genau 200 Angestellte. Davon sind 49 % weiblich. Außerdem gibt es noch einige Auszubildende, die alle weiblich sind. Zählt man alle Angestellten und Auszubildenden zusammen, sind davon 50 % weiblich. Wie viele Auszubildende gibt es in diesem Betrieb?

(**A**) 4 (**B**) 8 (**C**) 10 (**D**) 16 (**E**) 20

A-Junior (10), D/CH-9/10 (13) 2023

A 1.92 Um die Funktion des Schülersprechers haben sich fünf Schülerinnen und Schüler beworben. Wer die meisten Stimmen bekommt, gewinnt die Wahl. Nachdem 90 % der abgegebenen Stimmen ausgezählt sind, ist die Stimmenverteilung wie folgt:

Sarah	Marco	Olina	Knut	Elias	
56	44	40	32	8	(Enthaltungen: 0)

Wie viele dieser Fünf könnten bei dieser Wahl die meisten Stimmen erhalten?

(**A**) 1 (**B**) 2 (**C**) 3 (**D**) 4 (**E**) 5

A-Junior (10), D/CH-9/10 (10) 2022

A 1.93 Im Bild rechts gehören 45 % der grauen Fläche sowohl zum Stern als auch zum Mond. 40 % der grauen Fläche gehören zum Stern, aber nicht zum Mond. Wie viel Prozent der Fläche des Mondes liegen außerhalb des Sterns?

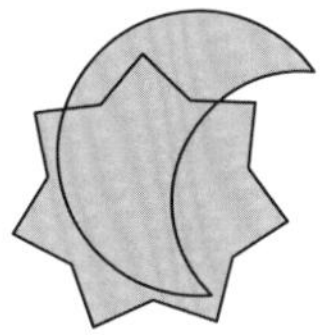

(**A**) 20 % (**B**) 25 % (**C**) 30 % (**D**) 35 % (**E**) 50 %

A-Kadett (22), D/CH-7/8 (18) 2022

A 1.94 Lucy trainiert mit ihren beiden Schwestern Liegestütze. Zusammen haben sie 95 Liegestütze geschafft. Lucys große Schwester hat 50 % mehr geschafft als Lucys kleine Schwester. Und Lucy hat 50 % mehr geschafft als ihre große Schwester. Wie viele Liegestütze hat Lucy geschafft?

(**A**) 36 (**B**) 39 (**C**) 42 (**D**) 45 (**E**) 48

D/CH-11–13 (14) 2023

A 1.95 Zuzanna hat Steinpilze gesammelt und möchte sie im Ofen bei niedriger Temperatur trocknen. Frische Steinpilze bestehen zu 90 % aus Wasser. Nach einiger Zeit im Ofen macht das Wasser nur noch 20 % der Masse aus.
Um wie viel Prozent hat sich die Masse der Pilze dabei verringert?

(**A**) um 72,5 % (**B**) um 75 % (**C**) um 85 % (**D**) um 87,5 % (**E**) um 90 %

A-Kadett (23), D/CH-11–13 (18) 2024

1.7 Mittelwerte

A 1.96 Das Durchschnittsalter der drei Brüder Jonas, Moritz und Simon ist 10. Das Durchschnittsalter von Jonas und Simon ist 11 und das von Jonas und Moritz ist 12. Wie alt ist der älteste der drei Brüder?

(**A**) 13 Jahre (**B**) 14 Jahre (**C**) 15 Jahre (**D**) 16 Jahre (**E**) 17 Jahre

A-Kadett (5), D/CH-7/8 (16) 2022

A 1.97 Welches ist die kleinste natürliche Zahl, die Durchschnitt (arithmetisches Mittel) von vier verschiedenen Primzahlen ist?

(**A**) 5 (**B**) 6 (**C**) 7 (**D**) 8 (**E**) 9

A-Junior (20), D/CH-9/10 (15) 2023

A 1.98 Der Durchschnitt von fünf Zahlen ist 24. Der Durchschnitt der drei kleinsten dieser Zahlen ist 19 und der Durchschnitt der drei größten ist 28.
Welches ist die drittgrößte Zahl?

(**A**) 20 (**B**) 21 (**C**) 22 (**D**) 23 (**E**) 24

A-Student (19), D/CH-11–13 (17) 2022

A 1.99 Wenn man bei der 4-stelligen Zahl $N = \overline{pqrs}$ zwischen q und r ein Dezimalkomma setzt, so erhält man den Durchschnitt (arithmetisches Mittel) der beiden 2-stelligen Zahlen $\overline{pq}$ und $\overline{rs}$. Welche Quersumme hat N?

(**A**) 14 (**B**) 18 (**C**) 21 (**D**) 25 (**E**) 27

A-Student (24), D/CH-11–13 (19) 2024

A 1.100 In der letzten Saison hat ein Handball-Team im 7. Spiel 33 Tore, im 8. Spiel 27 Tore und im 9. Spiel 29 Tore geworfen. Im Durchschnitt hat das Team nach 9 Spielen mehr Tore geworfen als nach den ersten 6 Spielen. Nach dem 10. Spiel war die durchschnittliche Anzahl an Toren pro Spiel größer als 30. Wie viele Tore hat das Team im 10. Spiel mindestens geworfen?

(**A**) 32 (**B**) 33 (**C**) 34 (**D**) 35 (**E**) 36

A-Kadett (30), D/CH-7/8 (30) 2023

1.8 Potenzen

A 1.101 Welche Ziffer steht an der Einerstelle des Produkts

$$(5^5+1)\cdot(5^6+1)\cdot(5^7+1)\,?$$

(**A**) 0 (**B**) 2 (**C**) 4 (**D**) 6 (**E**) 8

A-Student (7), D/CH-11–13 (9) 2023

A 1.102 Welche der folgenden Zahlen ist am größten?

(**A**) $0{,}815^4$ (**B**) $0{,}815^2$ (**C**) $0{,}815$ (**D**) $\sqrt{0{,}815}$ (**E**) $\sqrt[4]{0{,}815}$

A-Student (7), D/CH-11–13 (6) 2021

A 1.103 Seyma hat die Zahlen 6 und 15 jeweils mehrfach aufgeschrieben und dann ihr Produkt berechnet. Eine der folgenden Multiplikationen liefert ebenfalls das Ergebnis, das Seyma erhalten hat. Welche?

(**A**) $2^8\cdot3^8\cdot5^8$ (**B**) $2^4\cdot3^6\cdot5^{10}$ (**C**) $2^6\cdot3^{10}\cdot5^8$ (**D**) $2^7\cdot3^{12}\cdot5^5$ (**E**) $2^5\cdot3^{15}\cdot5^3$

A-Student (9), D/CH-11–13 (12) 2024

A 1.104 Die vierstellige Zahl $\overline{abcd}$ hat die Eigenschaft $\overline{abcd}=a^a+b^b+c^c+d^d$. Welche Ziffer ist a?

(**A**) 1 (**B**) 2 (**C**) 3 (**D**) 4 (**E**) 5

A-Student (29), D/CH-11–13 (27) 2024

2 Gleichungen, Ungleichungen und Funktionen

Mit Gleichungen, Ungleichungen und Funktionen lassen sich Zusammenhänge zwischen Größen oder anderen Dingen mathematisch beschreiben. Das Lösen oder genauere Untersuchen liefert dann Antworten auf die interessierenden Fragen. Dabei sind viele Beispiele, wie sie vor allem zu Beginn gesammelt sind, ohne Variablen und Gleichungen lösbar. Oft liefert Überlegen, geschicktes Gruppieren oder Zuordnen sogar ein besseres Verständnis von den Zusammenhängen.

2.1 Lineare Gleichungen

Einfache lineare Gleichungen ganz ohne Variablen lösen

A 2.1 Vera und ihr kleiner Bruder Pavel haben insgesamt 20 Blumennamen aufgeschrieben. Vera hat 3-mal so viele wie Pavel aufgeschrieben.
Wie viele Blumennamen hat Pavel aufgeschrieben?

(**A**) 3 (**B**) 4 (**C**) 5 (**D**) 6 (**E**) 8

D/CH-5/6 (6) 2021

A 2.2 Der Kochlöffel und der Schneebesen neben dem Herd reichen genau bis zur Arbeitsplatte. Die Kelle und das Sieb reichen genau bis zu dem großen Topf. Der Kochlöffel ist 38 cm lang, der Schneebesen 30 cm und die Kelle 25 cm. Wie lang ist das Sieb?

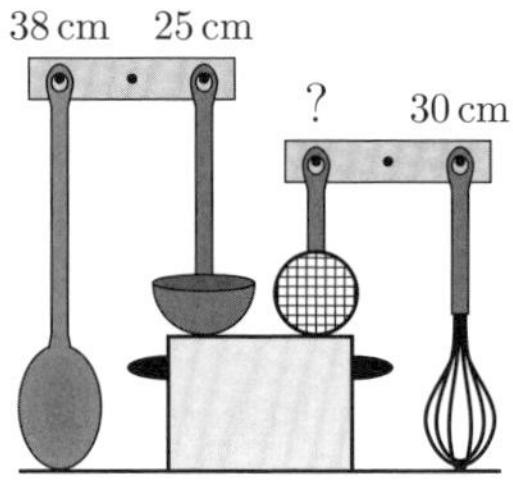

(**A**) 17 cm (**B**) 16 cm (**C**) 15 cm
(**D**) 14 cm (**E**) 13 cm

A-Ecolier (16), D/CH-3/4 (17) 2021

A 2.3 Bei einem Handballspiel führte das Heimteam zur Halbzeitpause 14 : 9. In der 2. Halbzeit wurde das Auswärtsteam besser und erzielte doppelt so viele Tore wie das Heimteam. Am Ende gewann das Auswärtsteam mit einem Tor Vorsprung. Wie war der Endstand?

(**A**) 23 : 24 (**B**) 22 : 23 (**C**) 21 : 22 (**D**) 20 : 21 (**E**) 19 : 20

A-Junior (5), D/CH-9/10 (5) 2021

A 2.4 Hakan hat viele gleiche rechteckige Teile aus Papier. Damit legt er die Figur rechts. Die Figur ist 45 cm breit und 30 cm hoch.
Welche Seitenlängen haben die einzelnen Rechtecke?

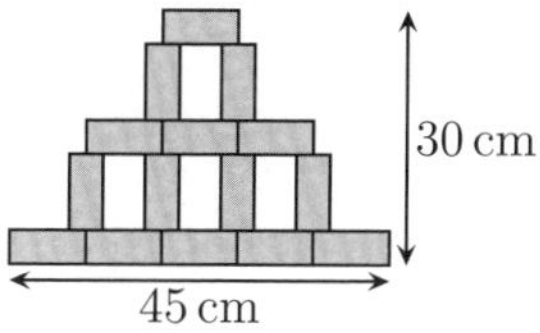

(**A**) 9 cm und 4 cm (**B**) 9 cm und 5 cm
(**C**) 8 cm und 4 cm (**D**) 9 cm und 3 cm
(**E**) 8 cm und 5 cm

A-Benjamin (10), D/CH-5/6 (9) 2024

A 2.5 Steffi hat 3 Packungen mit je 10 Müsliriegeln gekauft. Für eine große Wanderung nimmt sie einige Riegel aus der 1. Packung mit. Aus der 2. Packung nimmt sie so viele mit, wie noch in der 1. Packung übrig sind. Aus der 3. Packung nimmt sie 2 Riegel mit. Wie viele Müsliriegel lässt Steffi zu Hause?

(**A**) 2 (**B**) 8 (**C**) 10 (**D**) 16 (**E**) 18

A-Ecolier (8), D/CH-3/4 (16) 2021

A 2.6 Auf einer Autofähre stehen 5 gleich große Autos. Die wenigen Autos stehen mit großen Abständen. Wie lang ist ein Auto?

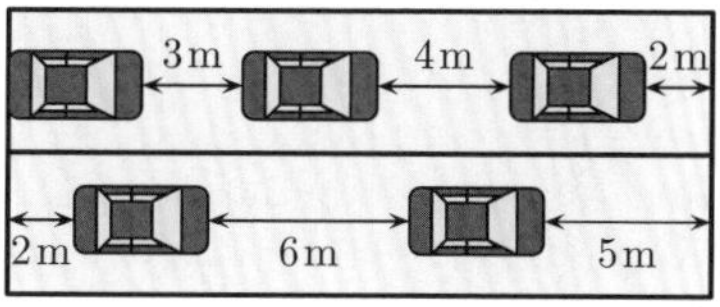

(**A**) 3 m (**B**) 4 m (**C**) 5 m
(**D**) 6 m (**E**) 7 m

D/CH-3/4 (20) 2024

A 2.7 Thao hat mit 3 Dosen verschiedene Türme gebaut. Er hat gemessen, wie hoch die ersten 3 Türme sind.
Wie hoch ist der 4. Turm?

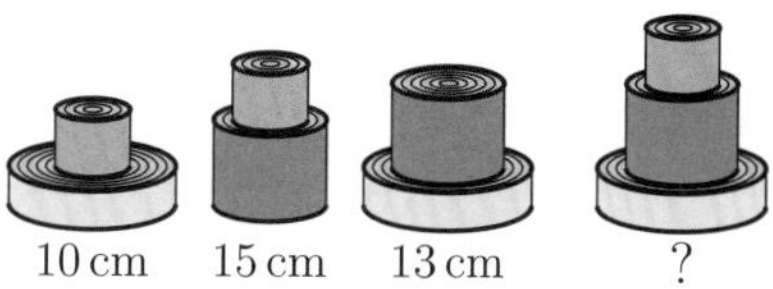

(**A**) 17 cm (**B**) 18 cm (**C**) 19 cm
(**D**) 20 cm (**E**) 21 cm

A-Ecolier (18), D/CH-3/4 (21) 2024

A 2.8 Für das Schulfest haben Bruno und Ludwig jeder 9 Luftballons aufgeblasen. Insgesamt sind es 10 rote und 8 blaue Luftballons. Bruno hat doppelt so viele rote Luftballons aufgeblasen wie blaue.
Wie viele rote Luftballons hat Ludwig aufgeblasen?

(**A**) 3 (**B**) 4 (**C**) 5 (**D**) 6 (**E**) 7

A-Ecolier (21), D/CH-3/4 (19) 2023

A 2.9 Mit 3 Sorten Dosen wurden 2 Waagen ins Gleichgewicht gebracht. Was muss auf die linke Seite der 3. Waage dazugelegt werden, damit auch diese im Gleichgewicht ist?

(**A**)  (**B**)  (**C**)  (**D**)  (**E**) 

D/CH-3/4 (23) 2021

A 2.10 In die Felder im Bild rechts sollen Zahlen eingetragen werden. In gleichfarbige Felder gehört dieselbe Zahl. Rechts sind die Summen der Zahlen in den Zeilen angegeben. Welche Zahl gehört in das dunkelgraue Feld?

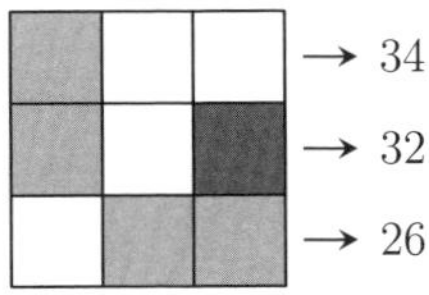

(**A**) 6 (**B**) 8 (**C**) 10 (**D**) 12 (**E**) 14

A-Ecolier (24), D/CH-3/4 (24) 2022

A 2.11 In einem Regal stehen Flaschen mit Apfelsaft in drei verschiedenen Größen. Auf jedem Regalbrett ist dieselbe Menge Saft, nämlich 3200 ml. Wie viel Saft befindet sich in jeder mittelgroßen Flasche?

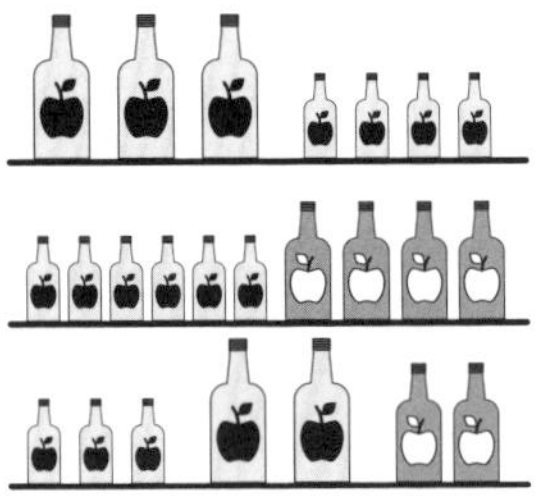

(**A**) 350 ml (**B**) 450 ml (**C**) 500 ml
(**D**) 600 ml (**E**) 650 ml

D/CH-5/6 (24) 2021

A 2.12 In die Felder des Streifens sollen Zahlen eingetragen werden. Im 1. und im 8. Feld steht jeweils 333. Die Summe benachbarter Zahlen soll abwechselnd a und $a+1$ sein, so wie abgebildet. Welchen Wert muss a haben?

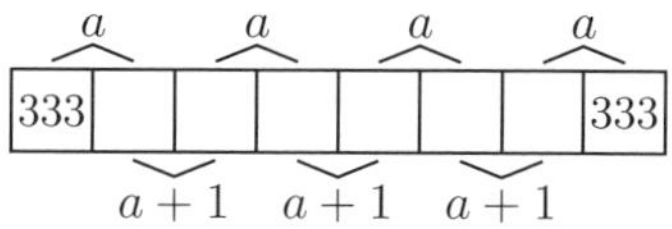

(A) 336 **(B)** 933 **(C)** 666 **(D)** 369 **(E)** 669

A-Junior (17), D/CH-9/10 (20) 2021

A 2.13 Drei Dörfer sind durch Wanderwege verbunden. Der direkte Weg von A nach C ist 1 km kürzer als der Umweg über B. Der direkte Weg von A nach B ist 5 km kürzer als der Umweg über C. Der direkte Weg von B nach C ist 7 km kürzer als der Umweg über A. Wie lang ist der kürzeste der drei direkten Wege zwischen den Dörfern?

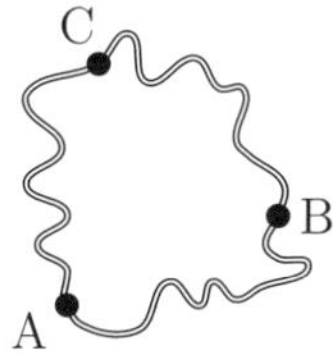

(A) 1 km **(B)** 2 km **(C)** 3 km **(D)** 4 km **(E)** 5 km

A-Kadett (22), D/CH-7/8 (20) 2021

A 2.14 Anselm hat ein mit Nullen gefülltes 3×3-Feld. In diesem 3×3-Feld wählt er in jedem Schritt ein 2×2-Quadrat aus und erhöht jede der vier darin stehenden Zahlen um 1. Nach einigen Schritten hört er auf. Drei der Zahlen, die nun in dem 3×3-Feld stehen, sind zu sehen, die anderen sind abgedeckt. Welche Zahl steht unter dem Fragezeichen?

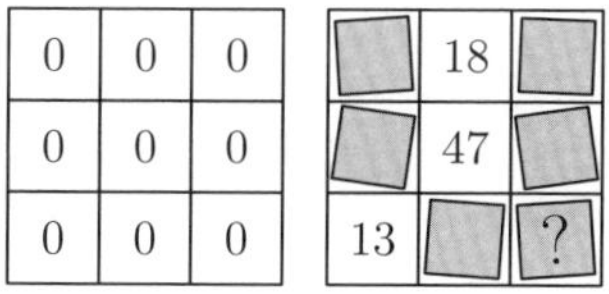

(A) 16 **(B)** 17 **(C)** 19 **(D)** 20 **(E)** 22

A-Junior (19), D/CH-9/10 (17) 2021

A 2.15 In drei benachbarten Häusern leben insgesamt 20 Mäuse. Letzte Nacht hat <u>jede</u> Maus ihr Haus verlassen und ist auf direktem Weg in eines der beiden anderen Häuser umgezogen. Die Zahlen in der Zeichnung geben die Anzahl der Mäuse pro Haus gestern und heute an. Wie viele Mäuse haben den Weg genommen, an dem der Baum steht?

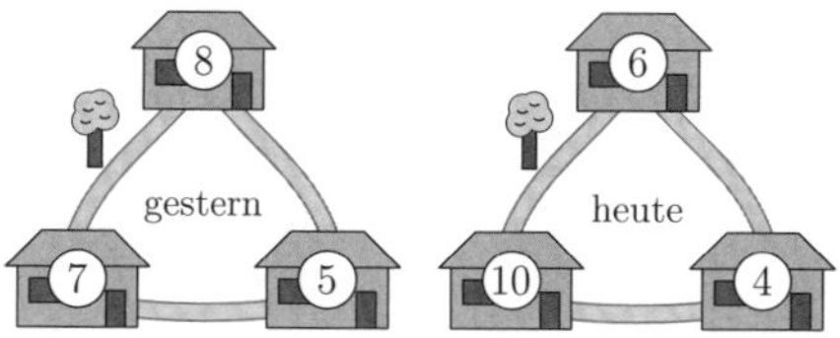

(A) 8 **(B)** 9 **(C)** 11 **(D)** 12 **(E)** 14

A-Kadett (26), D/CH-7/8 (27) 2021

Proportionalität

A 2.16 Das Maximalgewicht, das der Aufzug in der Jugendherberge tragen kann, ist mit 12 Erwachsenen oder mit 20 Kindern erreicht.
Wie viele Kinder dürfen den Aufzug zusammen mit 9 Erwachsenen benutzen?

(**A**) höchstens 3 (**B**) höchstens 4 (**C**) höchstens 5
(**D**) höchstens 6 (**E**) höchstens 7

A-Kadett (13), D/CH-7/8 (6) 2024

A 2.17 Zwischen Talort und Bergdorf besteht eine eingleisige Zugstrecke. Zu jeder vollen Stunde startet von Talort ein Zug zu einer 40-Minuten-Fahrt nach Bergdorf und gleichzeitig ein Zug von Bergdorf zu einer 30-Minuten-Fahrt nach Talort. Beide Züge fahren mit konstanter Geschwindigkeit. Eine Ausweichstelle mit zwei Gleisen sorgt für den reibungslosen Verkehr.
Wo befindet sich die Ausweichstelle?

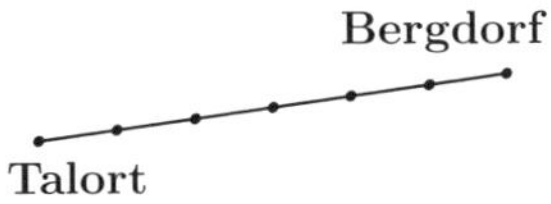

(**A**) 

(**B**) 

(**C**) 

(**D**) 

(**E**) 

D/CH-5/6 (17) 2021

A 2.18 Wenn s Schrauben g Gramm wiegen und m Muttern genauso viel wiegen wie n Schrauben, wie viel Gramm wiegt dann eine Mutter?

(**A**) $\frac{gn}{sm}$ (**B**) $sgmn$ (**C**) $\frac{sg}{mn}$ (**D**) $\frac{gm}{sn}$ (**E**) $\frac{sn}{gm}$

A-Student (8), D/CH-11–13 (16) 2020

A 2.19 Tante Carin möchte ihren Flur grün streichen. Sie hat blaue und gelbe Farbe und will aus 2 Litern blauer und 3 Litern gelber Farbe 5 Liter grüne Farbe mischen. Schon beim Rühren merkt sie, dass etwas nicht stimmt. Carin hat aus Versehen 3 Liter blaue und 2 Liter gelbe Farbe genommen.
Wie viel grüne Farbe aus der Mischung muss Carin durch gelbe Farbe ersetzen, damit sie 5 Liter Farbe im gewünschten Grünton hat?

(**A**) $\frac{6}{5}$ Liter (**B**) $\frac{3}{2}$ Liter (**C**) $\frac{7}{3}$ Liter (**D**) $\frac{9}{5}$ Liter (**E**) $\frac{5}{3}$ Liter

A-Kadett (26), D/CH-7/8 (28) 2022

Geschwindigkeitsaufgaben

A 2.20 An der Wasserrutsche warten 10 Kinder. Eine Fahrt mit konstanter Geschwindigkeit dauert 1 Minute. Erreicht ein Kind das letzte Zehntel der Bahn, so springt die Ampel auf Grün und das nächste Kind rutscht sofort los.
Nach welcher Zeit sind alle 10 Kinder unten angekommen?

(**A**) 9 min 18 s (**B**) 9 min 6 s (**C**) 8 min 54 s (**D**) 8 min 30 s (**E**) 8 min 20 s

A-Junior (12), D/CH-9/10 (11) 2021

A 2.21 Hase und Igel laufen auf der 440 m langen Stadion-Außenbahn um die Wette. Der Hase läuft 10 m/s, der Igel 1 m/s. Sie rennen gleichzeitig an der Startlinie in entgegengesetzter Richtung los. Als sie einander wieder treffen, dreht der Igel sich um und rennt dem Hasen hinterher.
Wie viel später als der Hase ist er wieder an der Startlinie?

(**A**) 32 s (**B**) 33 s (**C**) 35 s (**D**) 36 s (**E**) 39 s

A-Junior (17), D/CH-9/10 (16) 2022

A 2.22 Die drei Ameisen Amanda, Boris und Rosa beginnen gleichzeitig und jede mit konstanter Geschwindigkeit am Fuße einer Sonnenblume mit dem Erklimmen des Stengels.
Amanda erreicht zuerst die Blüte, da hat Boris noch 12 cm vor sich und Rosa noch 39 cm. Als Boris die Blüte erreicht, liegen noch 29 cm vor Rosa.
Wie lang ist der Stengel der Sonnenblume?

(**A**) 144 cm (**B**) 156 cm (**C**) 160 cm (**D**) 174 cm (**E**) 180 cm

A-Kadett (29), D/CH-7/8 (29) 2020

A 2.23 Fritzi läuft zur Schule oder fährt mit dem Fahrrad (jeweils mit konstanter Geschwindigkeit und immer derselben). Mit dem Fahrrad braucht sie 10 Minuten, zu Fuß braucht sie 30 Minuten. Gestern ist Fritzi früh losgeradelt und hat auf dem Weg ihre Freundin Eva abgeholt. Ihr Fahrrad hat sie bei Eva gelassen und ist mit ihr zur Schule gelaufen. So hat Fritzi für ihren Schulweg 26 Minuten gebraucht.
Welchen Teil der Strecke ist Fritzi mit dem Fahrrad gefahren?

(**A**) $\frac{1}{6}$ (**B**) $\frac{1}{5}$ (**C**) $\frac{1}{4}$ (**D**) $\frac{1}{3}$ (**E**) $\frac{1}{2}$

A-Kadett (24), D/CH-7/8 (23) 2022

A 2.24 Finn rennt mit konstanter Geschwindigkeit seiner Freundin Luisa hinterher, die gerade, ebenfalls mit konstanter Geschwindigkeit, über eine Brücke geht. Würde Luisa umkehren, sobald Finn die Brücke betritt, würde sie Finn nach 150 Metern in der Mitte der Brücke treffen. Doch Luisa bemerkt ihn nicht, und so holt Finn sie erst am Ende der Brücke ein. Wie lang ist die Brücke?

(**A**) 525 m (**B**) 600 m (**C**) 750 m (**D**) 775 m (**E**) 900 m

D/CH-11–13 (25) 2021

A 2.25 Ist Metins Smartphone vollständig geladen, kann er damit 16 Stunden telefonieren oder 10 Stunden im Internet surfen. Der Akku hält 40 Stunden, wenn Metin sein Smartphone nicht benutzt. Als Metin am Morgen in den Zug stieg, war der Akku genau zur Hälfte geladen. Ein Drittel der Fahrtzeit hat er telefoniert, ein weiteres Drittel hat er im Internet gesurft, und den Rest der Zeit hat er das Smartphone nicht benutzt. Genau als Metin aus dem Zug aussteigt, geht sein Smartphone aus, weil der Akku leer ist. Wie lange dauerte die Zugfahrt?

(**A**) 5 Stunden (**B**) 6 Stunden (**C**) 7 Stunden (**D**) 8 Stunden (**E**) 9 Stunden

A-Junior (25), D/CH-9/10 (26) 2023

2.2 Gleichungssysteme

A 2.26 Der Stapel aus 2 Schüsseln ist 11 cm hoch, und der Stapel aus 7 Schüsseln ist 26 cm hoch. Wie hoch ist ein Stapel aus 5 solchen Schüsseln?

(**A**) 17 cm (**B**) 19 cm (**C**) 20 cm
(**D**) 21 cm (**E**) 22 cm

A-Benjamin (17), D/CH-5/6 (15) 2022

A 2.27 An einen Getränkemarkt wurden zwei Paletten mit insgesamt 60 Getränkekästen geliefert. Von einer Palette wurden einige Kästen sofort abgeladen. Sowohl vor als auch nach dem Abladen waren auf einer der Paletten 1,5-mal so viele Kästen wie auf der anderen. Wie viele Kästen wurden sofort abgeladen?

(**A**) 10 (**B**) 15 (**C**) 16 (**D**) 20 (**E**) 24

D/CH-11–13 (11) 2021

A 2.28 Ein Glas, das zu einem Fünftel mit Wasser gefüllt ist, wiegt 360 g. Wird dasselbe Glas zu vier Fünfteln mit Wasser gefüllt, so wiegt es 540 g. Wie viel wiegt das leere Glas?

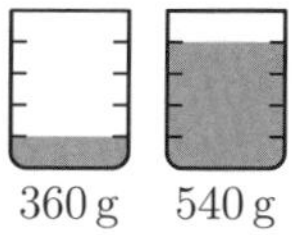

(**A**) 100 g (**B**) 120 g (**C**) 180 g (**D**) 250 g (**E**) 300 g

A-Kadett (12), D/CH-7/8 (15) 2021

A 2.29 Vier ganz ineinandergeschobene Einkaufswagen sind 156 cm lang, und zehn ganz ineinandergeschobene Einkaufswagen sind 264 cm lang. Wie lang ist ein solcher Einkaufswagen?

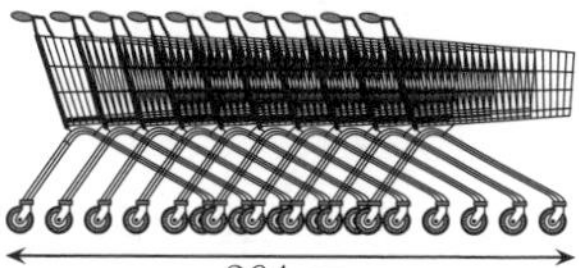

(**A**) 94 cm (**B**) 96 cm (**C**) 98 cm (**D**) 100 cm (**E**) 102 cm

A-Kadett (15), D/CH-7/8 (25) 2024

A 2.30 Die AG Natur unserer Gemeinde hatte einen Arbeitseinsatz zur Aufforstung organisiert, 600 Birken und 200 Rotbuchen sollen gepflanzt werden. Viele Freiwillige beteiligten sich. Jedes erwachsene AG-Mitglied pflanzte 10 Birken und 5 Rotbuchen, jeder andere Erwachsene 8 Birken und 3 Rotbuchen und jedes Kind 6 Birken und eine Rotbuche. Wie viele Personen beteiligten sich am Einsatz?

(**A**) 50 (**B**) 60 (**C**) 72 (**D**) 80 (**E**) 90

D/CH-9/10 (27) 2022

A 2.31 Seit fast einem Jahr erledigt Lorenz für fünf Seniorinnen und Senioren aus der Nachbarschaft einige Einkäufe. Heute hat er beim Bäcker eingekauft. Vier der Einkäufe hatten denselben Preis. Für einen der Einkäufe hatte Lorenz einen anderen Betrag zu bezahlen. Für welchen?

(**A**) 

(**B**) 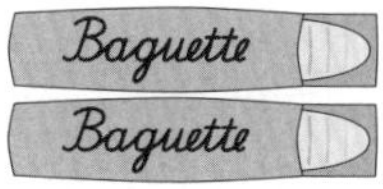

(**C**) 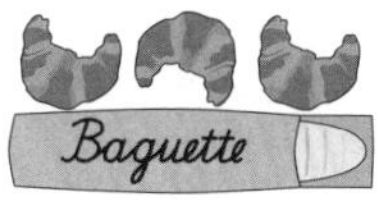

(**D**) 

(**E**) 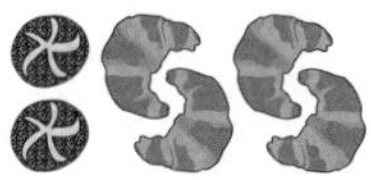

D/CH-9/10 (26) 2021

A 2.32 In 7 Gewächshäusern züchtet Gregor Primeln und Alpenveilchen. In jedem der Gewächshäuser ist die Anzahl der Primeln genauso groß wie die Gesamtanzahl der Alpenveilchen in allen anderen Gewächshäusern. Primeln hat Gregor insgesamt 2022. Wie viele Alpenveilchen hat er insgesamt?

(**A**) 288 (**B**) 337 (**C**) 576 (**D**) 674 (**E**) 1011

A-Kadett (30), D/CH-7/8 (30) 2022

2.3 Einige nichtlineare Gleichungen

A 2.33 Für wie viele reelle Zahlen x gilt die Gleichung $(x-2)^2 + (x+2)^2 = 0$?

(**A**) 0 (**B**) 1 (**C**) 2 (**D**) 3 (**E**) 4

A-Student (9), D/CH-11–13 (8) 2022

A 2.34 Für wie viele reelle Zahlen x gilt $\frac{x^2}{3} = \frac{3}{x^2}$?

(**A**) 0 (**B**) 1 (**C**) 2 (**D**) 3 (**E**) 4

D/CH-11–13 (7) 2020

A 2.35 Für welche Zahl gilt, dass sie kleiner ist als ihre Hälfte, größer ist als ihr Doppeltes und dass die Summe aus dieser Zahl und ihrem Quadrat Null ist?

(**A**) -2 (**B**) -1 (**C**) 0 (**D**) 1 (**E**) 2

A-Junior (6), D/CH-9/10 (6) 2022

A 2.36 Es sind a, b und c drei verschiedene ganze Zahlen ungleich 0. Für die reelle Zahl x gilt sowohl $ax^2 + bx + c = 0$ als auch $bx^2 + ax + c = 0$. Welche der folgenden Aussagen ist dann sicher wahr?

(**A**) $ac = b$ (**B**) $a^2 - b^2 = c^2$ (**C**) $ab = c$
(**D**) $a + b + c = 0$ (**E**) $2bc = a^2$

D/CH-11–13 (22) 2024

A 2.37 Für die Zahlen a, b und c gilt $a + b + c = 0$ sowie $abc = 78$. Welchen Wert hat $(a + b)(b + c)(c + a)$?

(**A**) -156 (**B**) -78 (**C**) -39 (**D**) 78 (**E**) 156

A-Junior (22), D/CH-9/10 (22) 2021

2.4 Größer oder kleiner? – Ungleichungen

A 2.38 Der kleine Franz spielt sehr gern mit seinen vielen Plüschtieren. Heute wiegt er sie auf der Waage seiner Mutter und entdeckt: Teddy und Hund wiegen zusammen genauso viel wie Löwe und Uhu. Teddy und Löwe wiegen zusammen weniger als Hund und Uhu. Hund und Löwe wiegen zusammen weniger als Teddy und Uhu. Welches Plüschtier ist am schwersten?

(**A**) Teddy (**B**) Hund (**C**) Löwe (**D**) Uhu (**E**) Die Tiere sind gleich schwer.

A-Benjamin (21), D/CH-5/6 (23) 2021

A 2.39 Wie viele natürliche Zahlen sind größer als $20 - \sqrt{21}$ und zugleich kleiner als $20 + \sqrt{21}$?

(**A**) 9 (**B**) 10 (**C**) 11 (**D**) 12 (**E**) 13

A-Student (2), D/CH-11–13 (3) 2021

A 2.40 Amanda denkt sich eine rationale Zahl zwischen 2 und 4, Justus eine zwischen 7 und 8 und Theresa eine zwischen 5 und 6.
Was gilt mit Sicherheit für die Summe S dieser drei Zahlen?

(**A**) $S \leq 17$ (**B**) $S \geq 16$ oder $S \leq 14$ (**C**) $S \geq 14$ und $S \leq 18$
(**D**) $S \geq 15$ und $S \leq 22$ (**E**) $S \geq 17$ oder $S \leq 15$

A-Student (12), D/CH-11–13 (10) 2021

A 2.41 Es sei N eine beliebige positive ganze Zahl. Wie viele ganze Zahlen sind größer als $\sqrt{N^2 + N + 1}$ und kleiner als $\sqrt{9N^2 + N + 1}$?

(**A**) $N + 1$ (**B**) $2N - 1$ (**C**) $2N$ (**D**) $2N + 1$ (**E**) $3N - 1$

A-Student (28), D/CH-11–13 (27) 2022

2.5 Veränderung und funktionale Abhängigkeit

Graphen und Diagramme

A 2.42 Die Wetter-App auf Jennys Handy zeigt die zu erwartenden Höchsttemperaturen der nächsten fünf Tage an. Wie sieht der dazugehörige Graph aus?

−1 °C	−2 °C	0 °C	6 °C	2 °C
Fr.	Sa.	So.	Mo.	Di.

(A) 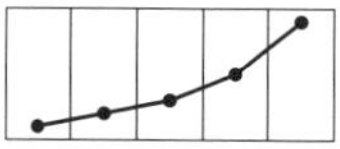 (B) 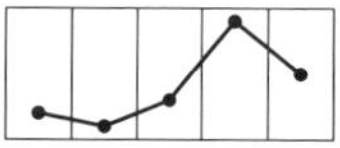 (C) 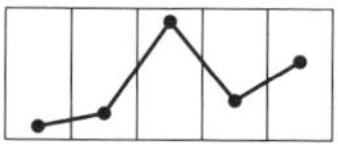

(D) 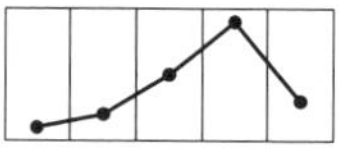 (E) 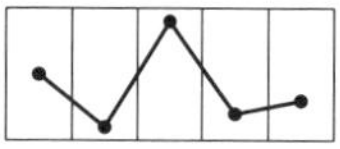

A-Junior (2), D/CH-9/10 (1) 2021

A 2.43 Maren entdeckt auf ihrem Smartphone, wie viel Zeit sie gestern mit ihren vier Lieblings-Apps verbracht hat (s. Abb.). Heute hat sie zwei dieser Apps genauso lange benutzt wie gestern, die anderen zwei nur halb so lange. Im Diagramm sind die Apps stets nach der Benutzungsdauer sortiert.
Wie kann das Diagramm für heute sicher nicht aussehen?

(A) 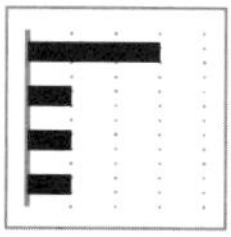 (B)  (C)  (D)  (E) 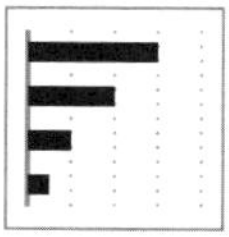

A-Student (1), D/CH-11–13 (4) 2022

A 2.44 Neven zeichnet mit seinem Smartphone seinen Weg zur Schule auf und erhält das Geschwindigkeit-Zeit-Diagramm rechts. Nevens Weg ist in die Abschnitte 1 bis 5 unterteilt. Diese sind in den Antworten beschrieben. Was tut Neven in Abschnitt 5?

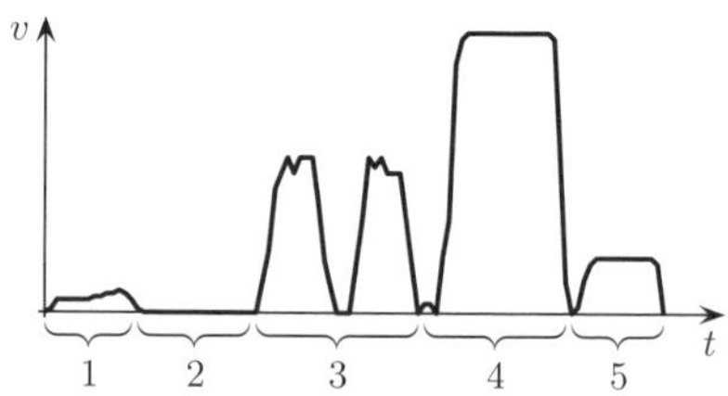

(A) Neven fährt Bus. (B) Neven rennt.
(C) Neven geht. (D) Neven wartet.
(E) Neven fährt Zug.

D/CH-11–13 (3) 2023

A 2.45 Heute Morgen hatte Marie-Luise es eilig. Sie musste sogar rennen, um ihre U-Bahn nicht zu verpassen. Zwei Haltestellen später stieg sie aus und ging wie üblich zur Schule. Eines der folgenden Geschwindigkeit-Zeit-Diagramme passt zu Marie-Luises Schulweg. Welches?

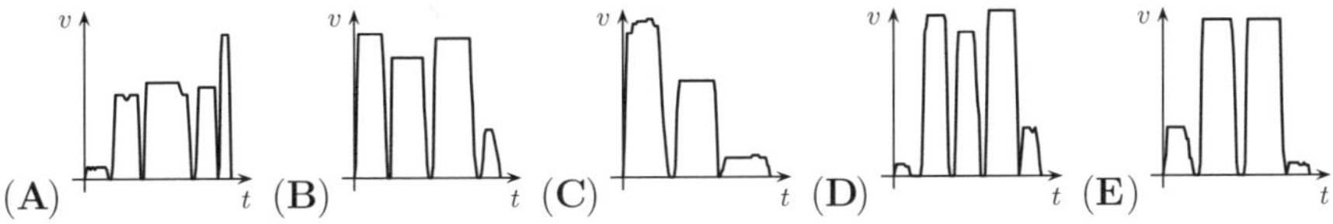

A-Junior (2), D/CH-9/10 (4) 2023

A 2.46 Fünf Freundinnen haben ihre Hochsprung-Ergebnisse vom Sportfest in ein Diagramm eingetragen. Adele sagt: „Ich finde, dass diejenige am besten war, bei der das Verhältnis von Sprunghöhe zu Körpergröße am größten ist.“
Wer war nach Adeles Meinung am besten?

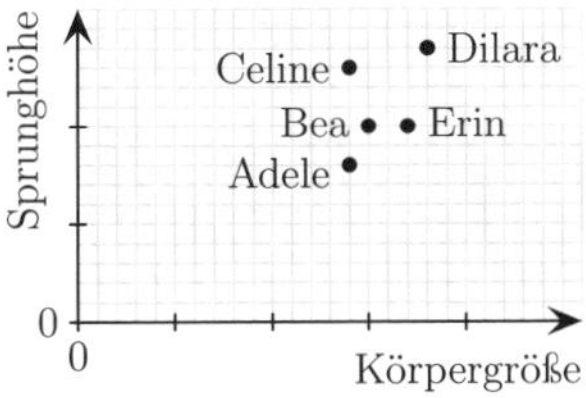

(**A**) Adele (**B**) Bea (**C**) Celine (**D**) Dilara (**E**) Erin

D/CH-9/10 (11) 2024

Funktionen und ihre Graphen

A 2.47 Pia hat ein ungewöhnliches Koordinatensystem gezeichnet. Die x-Achse zeigt nach links und die y-Achse nach unten. Wie sieht der Graph der Funktion f mit $y = f(x) = x + 1$ in diesem Koordinatensystem aus?

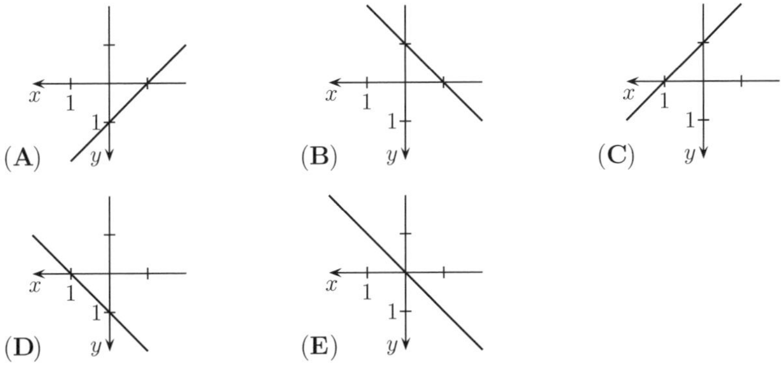

A-Student (5), D/CH-11–13 (5) 2024

A 2.48 Beim gleichmäßigen Abrollen einer Küchenrolle wird der Durchmesser y der Rolle mit der Zeit immer kleiner, während die Gesamtlänge x des bereits abgerollten Teils immer größer wird. Welcher Graph stellt diesen Vorgang dar?

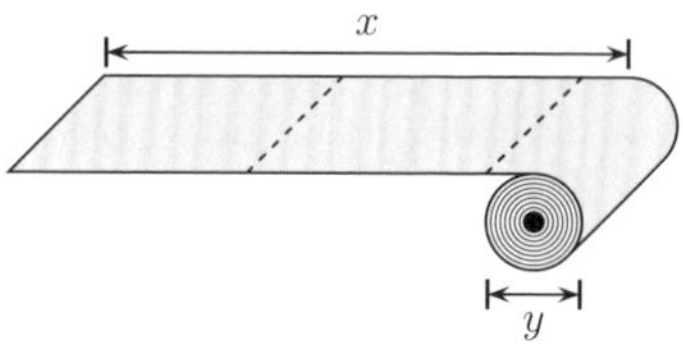

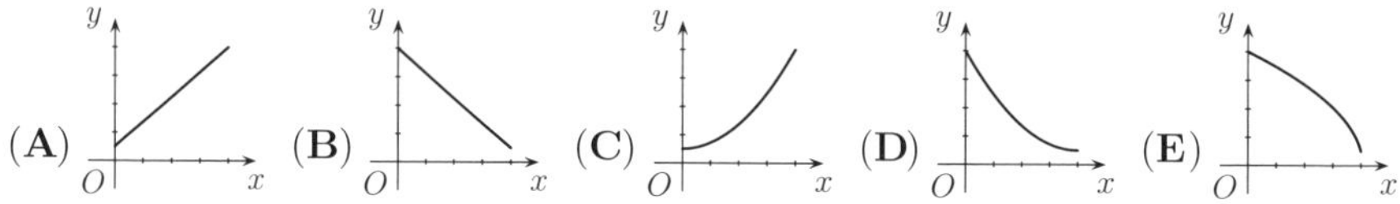

A-Student (10), D/CH-11–13 (15) 2021

A 2.49 Die Abbildung zeigt die Parabel mit der Gleichung $y = ax^2 + bx + c$ für drei verschiedene reelle Zahlen a, b, c sowie eine Gerade. Welche Gleichung könnte diese Gerade haben?

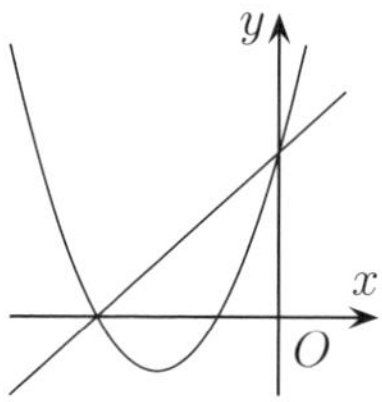

(**A**) $y = bx + c$ (**B**) $y = cx + b$ (**C**) $y = ax + b$
(**D**) $y = ax + c$ (**E**) $y = cx + a$

A-Student (11), D/CH-11–13 (17) 2021

A 2.50 In der Figur sehen wir den Graph einer Funktion $f\colon [-5, 5] \to \mathbb{R}$. Wie viele verschiedene Lösungen hat die Gleichung $f(f(x)) = 0$?

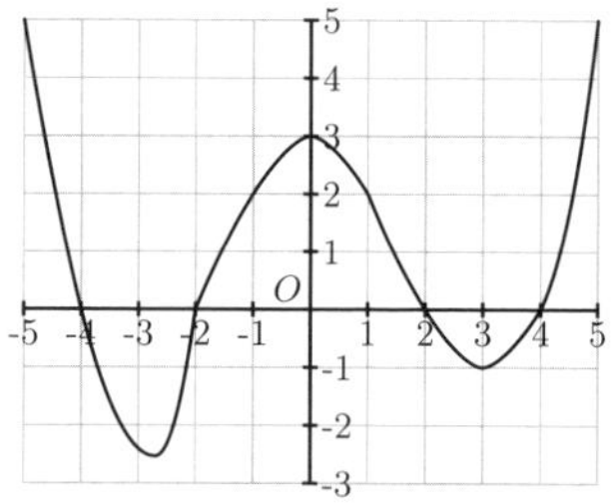

(**A**) 2 (**B**) 4 (**C**) 6 (**D**) 7 (**E**) 8

A-Student (21) 2021

A 2.51 In der Abbildung ist ein Teil des Graphen der quadratischen Funktion $f(x) = ax^2 + bx + c$ zu sehen. Welche der folgenden Zahlen ist positiv?

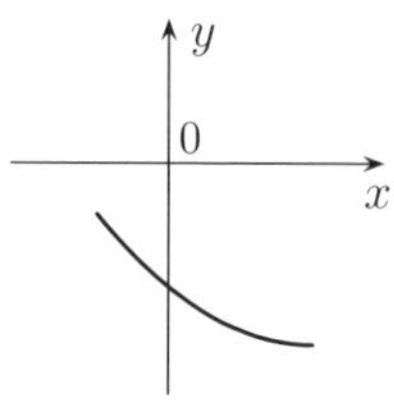

(**A**) c (**B**) $b + c$ (**C**) ac (**D**) bc (**E**) ab

A-Student (21), D/CH-11–13 (21) 2020

A 2.52 Durch den Punkt $S(x_0 \mid y_0)$ verlaufen die Graphen aller Funktionen f_a mit $f_a(x) = x^3+4x^2+ax+3a+4$, egal welcher Wert für den Parameter a eingesetzt wird. Welchen Wert hat y_0?

(**A**) 4 (**B**) 7 (**C**) 9 (**D**) 11 (**E**) 13

A-Student (19), D/CH-11–13 (23) 2023

A 2.53 Die Funktion f ist für alle reellen Zahlen definiert. Es gilt $f(1) = 2$, und für alle reellen Zahlen x und y gilt $f(x+y) = f(x) \cdot f(y)$. Dann ist $\dfrac{f(2021)}{f(2020)} =$

(**A**) 2 (**B**) $\dfrac{2020}{2021}$ (**C**) 2022 (**D**) $\dfrac{2022}{2021}$ (**E**) 4044

A-Student (25), D/CH-11–13 (19) 2021

A 2.54 Die Polynomfunktion p mit $p(x) = ax^2 + bx + c$ erfüllt für alle reellen Zahlen x die Gleichung $p(x+1) = x^2 - x + 2 \cdot p(6)$. Dann ist $a + b + c =$

(**A**) -40 (**B**) -36 (**C**) -6 (**D**) 12 (**E**) 40

D/CH-11–13 (25) 2024

A 2.55 Die Funktionen f und g erfüllen für alle reellen Zahlen x die Gleichungen $f(x) + 2g(1-x) = x^2$ und $f(1-x) - g(x) = x^2$. Dann ist $f(x) =$

(**A**) $x^2 - \frac{4}{3}x + \frac{2}{3}$ (**B**) $3x^3 + \frac{3}{2}x^2 + \frac{1}{3}$ (**C**) $2x^2 - \frac{1}{2}x + \frac{3}{2}$

(**D**) $-\frac{1}{2}x^2 + x + \frac{3}{2}$ (**E**) $-\frac{4}{3}x - \frac{3}{2}$

D/CH-11–13 (28) 2023

3 Kombinatorik – mit Zahlen und Figuren

In diesem Kapitel geht es um Reihenfolgen, Auswahlen und anderen Zusammenstellungen von Dingen nach bestimmten Regeln. Bei den buntgemischten Aufgaben steht das Aufspüren einer gewünschten Anordnung oder das Abzählen aller möglichen Kombinationen im Mittelpunkt. Dabei schulen wir in besonderem Maße das systematische Arbeiten und das Erkennen geeigneter Strategien.

3.1 Kombinatorische Fingerübungen

Reihenfolgen und Zuordnungen gesucht

A 3.1 Aus dem rechts abgebildeten Turm entfernt Jasmin die 2. Scheibe von unten. Aus dem so entstandenen Turm entfernt sie dann die 3. Scheibe von unten. Aus dem nun entstandenen Turm entfernt sie dann die 4. Scheibe von unten. Wie sieht der Turm jetzt aus?

(**A**) 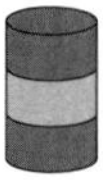 (**B**) 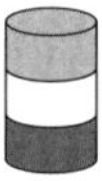 (**C**) 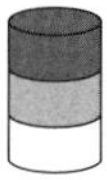 (**D**) 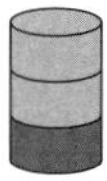 (**E**) 

A-Ecolier (11), D/CH-3/4 (11) 2024

A 3.2 Bei einem Radrennen führt der Fahrer mit Startnummer 1, dahinter folgen 2, 3, 4 in dieser Reihenfolge. Da überholt der letzte der vier Fahrer die beiden Fahrer vor ihm. Und kurz vor der Ziellinie überholt der Fahrer, der jetzt Vorletzter ist, die beiden Fahrer vor ihm.
In welcher Reihenfolge kommen die Radfahrer ins Ziel?

(**A**) 2, 1, 4, 3 (**B**) 3, 2, 1, 4 (**C**) 4, 1, 2, 3 (**D**) 2, 3, 4, 1 (**E**) 1, 2, 4, 3

A-Ecolier (9), D/CH-3/4 (13) 2022

A 3.3 In einem kleinen Kino haben 5 Freunde eine ganze Reihe für sich. Paul sitzt nicht auf Platz 5. Anabel hat sich Platz 1 ausgesucht. Lynn sitzt direkt zwischen Josua und Selin. Wo sitzt Lynn?

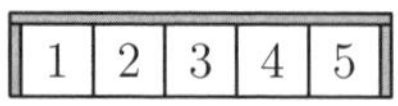

(**A**) Platz 1 (**B**) Platz 2 (**C**) Platz 3 (**D**) Platz 4 (**E**) Platz 5

A-Ecolier (15), D/CH-3/4 (14) 2021

A 3.4 Nach der Schule waren wir zu sechst Eis essen, jeder eine Kugel. Wir hatten 3 Kugeln Vanille, 2 Kugeln Schoko und eine Kugel Walnuss. Der Eisverkäufer hat jede Kugel verziert. Insgesamt hat er 3 Kirschen, 2 Waffeln und einen Schokokeks dafür genommen. Die fertigen Eiswaffeln waren alle verschieden. Was gab es nicht?

(**A**) Walnuss mit Waffel (**B**) Schoko mit Kirsche (**C**) Vanille mit Kirsche
(**D**) Schoko mit Waffel (**E**) Vanille mit Schokokeks

A-Ecolier (16), D/CH-3/4 (17) 2020

A 3.5 Fünf Freundinnen haben jede ein Aquarium zu Hause. Lia hat 2 Fische mehr als Juna. Isabel hat 3 Fische weniger als Lia. Charlotte hat einen Fisch mehr als Isabel und 3 Fische weniger als Alice.
Zwei Mädchen haben gleich viele Fische. Welche?

(**A**) Charlotte und Juna (**B**) Charlotte und Lia (**C**) Lia und Alice
(**D**) Juna und Alice (**E**) Alice und Isabel

A-Ecolier (22), D/CH-3/4 (20) 2022

A 3.6 Milo schreibt die Zahlen von 1 bis 20 ohne besondere Ordnung in eine Reihe. Vor der Zahl 13 stehen genau 5 Zahlen, die größer als 13 sind. Hinter der Zahl 13 stehen genau 8 Zahlen, die kleiner als 13 sind.
An welcher Stelle steht die Zahl 13?

(**A**) an der 6. (**B**) an der 7. (**C**) an der 8. (**D**) an der 9. (**E**) an der 10.

D/CH-3/4 (16) 2024

A 3.7 In einer alten Burg hängen 8 Gemälde an der Wand:

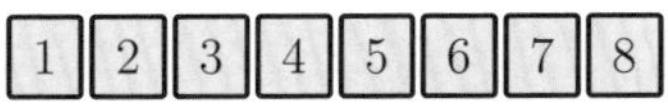

Auf 2 Gemälden sind Personen zu sehen. Auf den 6 anderen Gemälden sind nur Tiere zu sehen. Bei 3 nebeneinander hängenden Gemälden ist immer ein Gemälde mit einer Person dabei. Auf welchem Gemälde ist eine Person zu sehen?

(**A**) 1 (**B**) 3 (**C**) 4 (**D**) 7 (**E**) 8

A-Ecolier (14), D/CH-3/4 (20) 2023

A 3.8 Anton und Maja erzählen von einer Radtour von Stendal nach Lüneburg: „Der Radweg führt durch die Orte Viehle, Wahrenberg, Cumlosen und Hohenwulsch. Die Entfernung auf dem Radweg zwischen Wahrenberg und Hohenwulsch beträgt 45 km, zwischen Viehle und Cumlosen 75 km und zwischen Wahrenberg und Cumlosen 20 km.“ In welcher Reihenfolge diese Orte am Radweg liegen, haben sie nicht erzählt. Was ist sicher <u>nicht</u> die Entfernung auf dem Radweg zwischen Viehle und Hohenwulsch?

(**A**) 140 km (**B**) 100 km (**C**) 80 km (**D**) 50 km (**E**) 10 km

A-Kadett (25), D/CH-7/8 (19) 2022

Richtig kombiniert

A 3.9 Friederike würfelt mit fünf normalen Spielwürfeln, die auf ihren Seiten jeweils 1 bis 6 Augen haben. Wie viele Sechsen kann sie höchstens gewürfelt haben, wenn es insgesamt 19 Augen sind?

(**A**) 0 (**B**) 1 (**C**) 2 (**D**) 3 (**E**) 4

A-Student (2), D/CH-11–13 (2) 2023

A 3.10 Vor dem Haus stehen 7 Mülltonnen. Sie sind gelb, schwarz oder blau, von jeder Farbe eine andere Anzahl. Gelbe Tonnen gibt es am meisten.
Wie viele gelbe Tonnen sind es?

(**A**) 2 (**B**) 3 (**C**) 4 (**D**) 5 (**E**) 6

A-Ecolier (2), D/CH-3/4 (8) 2024

A 3.11 „In meiner Hand habe ich 17 Gummibärchen“, sagt mein kleiner Bruder, „von jeder Farbe eine andere Anzahl.“ Wie viele Farben können es <u>höchstens</u> sein?

(**A**) 2 (**B**) 3 (**C**) 4 (**D**) 5 (**E**) 6

D/CH-5/6 (7) 2020

A 3.12 Vic hat Bausteine, die 5 cm oder 7 cm hoch sind. Aus einigen baut er einen Turm. Welche Höhe hat dieser Turm gewiss <u>nicht</u>?

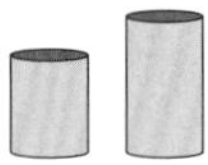

(**A**) 10 cm (**B**) 12 cm (**C**) 13 cm (**D**) 14 cm (**E**) 15 cm

A-Benjamin (5), D/CH-5/6 (5) 2020

A 3.13 Beim Kreisfinale im Zweifelderball treten 3 Grundschulen gegeneinander an. Jedes der 3 Teams spielt einmal gegen jedes andere. Wer ein Spiel gewinnt, erhält 3 Punkte. Wer verliert, erhält 0 Punkte. Bei Unentschieden erhalten beide Teams 1 Punkt. Wie viele Punkte kann <u>keines</u> der Teams insgesamt erreichen?

(**A**) 1 (**B**) 2 (**C**) 4 (**D**) 5 (**E**) 6

A-Ecolier (15), D/CH-3/4 (18) 2022

A 3.14 Yusuf schreibt in die 7 Kästchen die Zahlen von 1 bis 7. Bei den Klammern steht jeweils die Summe der beiden Zahlen, die in die beiden dazugehörigen Kästchen gehören. Welche Zahl gehört in das graue Kästchen in der Mitte?

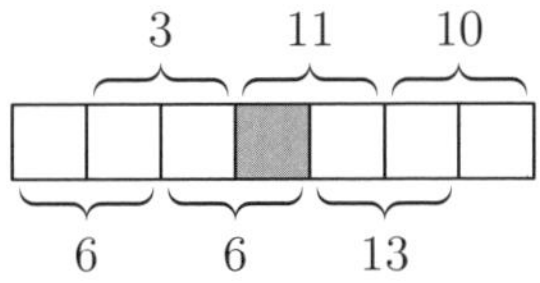

(**A**) 1 (**B**) 2 (**C**) 3 (**D**) 4 (**E**) 5

A-Ecolier (24), D/CH-3/4 (19) 2021

A 3.15 Familie Zipl war Pilze sammeln. Von den Eltern und den vier Kindern hat einer 10 Pilze gefunden und die anderen 8, 6, 5, 4 und 2. Die vier Kinder haben insgesamt 22 Pilze gefunden. Wie viele Pilze haben die Eltern gefunden?

(**A**) 2 und 8 (**B**) 4 und 5 (**C**) 5 und 8 (**D**) 6 und 8 (**E**) 6 und 10

A-Ecolier (10), D/CH-3/4 (12) 2022

A 3.16 Unter den 8 Figuren im Bild rechts sind die Zahlen von 1 bis 8 versteckt. Die Zahlen unter den Dreiecken haben die Summe 10, und die Zahlen unter den Quadraten haben die Summe 20. Welche Zahl befindet sich unter dem Kreis?

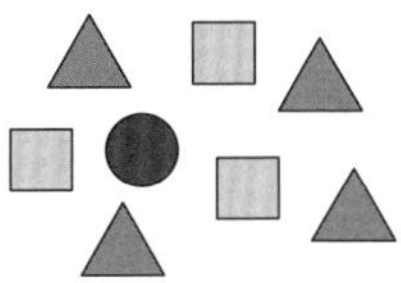

(**A**) 3 (**B**) 4 (**C**) 5 (**D**) 6 (**E**) 7

A-Ecolier (20), D/CH-3/4 (16) 2020

A 3.17 Für die Schulmeisterschaft im Völkerball sind 43 Kinder angemeldet. Frau Hein teilt sie in Fünferteams und Sechserteams ein. Wie viele Teams sind das?

(**A**) 5 (**B**) 6 (**C**) 7 (**D**) 8 (**E**) 9

A-Ecolier (22), D/CH-3/4 (20) 2020

A 3.18 Eduardo wirft mit drei Steinchen auf die rechts gemalten Felder. Er trifft in drei verschiedene Felder. Die Summe der drei Punktzahlen ist 11. Welche Differenz können seine größte und seine kleinste Punktzahl höchstens haben?

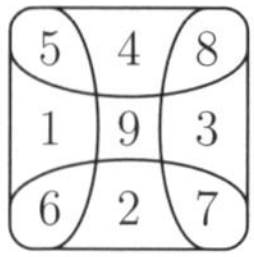

(**A**) 8 (**B**) 7 (**C**) 6 (**D**) 5 (**E**) 4

D/CH-5/6 (13) 2024

A 3.19 Auf der Veranda stehen 8 Hocker, dreibeinige und vierbeinige. Marius klebt von unten an jedes Hockerbein einen Bodenschoner aus Filz, insgesamt 27 Stück. Wie viele der Hocker auf der Veranda sind dreibeinig?

(**A**) 7 (**B**) 6 (**C**) 5 (**D**) 4 (**E**) 2

D/CH-9/10 (8) 2020

A 3.20 Im Finale der Luftgitarrenmeisterschaft bewertet jeder der drei Punktrichter X, Y und Z die fünf Kandidaten mit 1, 2, 3, 4 oder 5 Punkten. Jeder Punktrichter vergibt jede Punktzahl genau einmal. In der Tabelle rechts sind einige der Punkte und die fünf Summen notiert.

	Aaron	Sonja	Bella	Edwin	Mert
X	3	1			
Y		3	1		
Z					
Summe	10	8	6	7	14

Wie viele Punkte hat Aaron vom Punktrichter Z bekommen?

(**A**) 1 (**B**) 2 (**C**) 3 (**D**) 4 (**E**) 5

A-Kadett (24), D/CH-7/8 (25) 2020

A 3.21 Beim Koala-Wettbewerb werden 20 Fragen gestellt. Für jede richtig beantwortete Frage gibt es 7 Punkte und für jede falsch beantwortete -4 Punkte. Für unbeantwortete Fragen gibt es 0 Punkte. Ava hat genau 100 Punkte erreicht. Wie viele Fragen hat sie nicht beantwortet?

(**A**) keine (**B**) eine (**C**) zwei (**D**) drei (**E**) vier

A-Kadett (16), D/CH-7/8 (17) 2021

A 3.22 Kerim hat zwei Plättchen, auf denen jeweils vorn und hinten eine Zahl steht. Auf einem ist vorn eine 7, auf dem anderen ist vorn eine 10. Wenn Kerim beide Plättchen wirft und die oben liegenden Zahlen addiert, erhält er entweder 11, 12, 16 oder 17 – je nachdem, welche Seiten oben liegen. Wie viele Möglichkeiten gibt es für die Zahl, die auf der Rückseite des großen Plättchens mit der 7 steht?

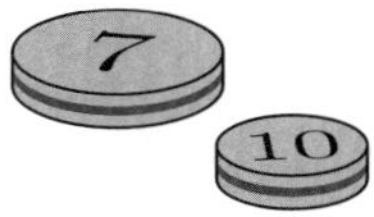

(**A**) eine (**B**) zwei (**C**) drei (**D**) fünf (**E**) sieben

D/CH-5/6 (22) 2023

A 3.23 Mila, Olivia und Elena schreiben 2 Minuten lang möglichst viele Hauptstädte auf. Wer eine aufschreibt, die keine der beiden anderen hat, erhält 3 Punkte. Ist eine Hauptstadt von genau zweien gewählt, so bekommt jede dieser beiden 1 Punkt. Ist eine Hauptstadt bei allen dabei, gibt es 0 Punkte. Zum Schluss hat jede 10 Hauptstädte aufgeschrieben. Als sie ihre Punkte addieren, hat jede eine andere Summe. Olivia ist Letzte mit 19 Punkten. Elena hat die meisten Punkte. Wie viele Punkte hat Mila?

(**A**) 20 (**B**) 21 (**C**) 23 (**D**) 24 (**E**) 25

A-Junior (28), D/CH-9/10 (25) 2021

3.2 Kombinatorisches mit Zahlen

Wie viele sind möglich? – Anordnungen und Auswahlen

A 3.24 Mara legt mit den drei abgebildeten Karten vierstellige Zahlen. Wie viele verschiedene vierstellige Zahlen sind möglich?

(**A**) 3 (**B**) 4 (**C**) 6 (**D**) 8 (**E**) 9

A-Kadett (6), D/CH-7/8 (5) 2024

A 3.25 Werden zwei Ziffern der Zahl 337337 gestrichen, so bilden die restlichen vier Ziffern (in derselben Reihenfolge) eine vierstellige Zahl.
Wie viele verschiedene vierstellige Zahlen können so entstehen?

(**A**) 6 (**B**) 7 (**C**) 8 (**D**) 9 (**E**) 10

D/CH-7/8 (13) 2021

A 3.26 Beim Frühstück stellt Lia fest: „Ich bin morgens nie Erste im Bad, Papa ist nie Zweiter und Mama nie Dritte.“
Wie viele Reihenfolgen gibt es für die drei morgens im Bad?

(**A**) eine (**B**) zwei (**C**) vier (**D**) fünf (**E**) acht

A-Ecolier (19), D/CH-3/4 (18) 2023

A 3.27 Von Louis Braille wurde 1825 eine Schrift für blinde und stark sehbehinderte Menschen entwickelt. Buchstaben und Ziffern können mit den Fingern ertastet werden. Die folgenden Zeichen werden für die 10 Ziffern benutzt:

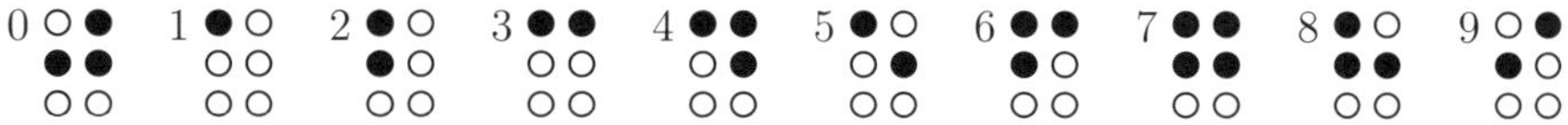

Wie viele 2-stellige Zahlen lassen sich mit genau 4 schwarzen Punkten darstellen?

(**A**) 18 (**B**) 21 (**C**) 23 (**D**) 26 (**E**) 27

A-Benjamin (16), D/CH-5/6 (15) 2024

A 3.28 Ein Frosch möchte einen Teich überqueren. Er nutzt 7 Seerosenblätter in einer Reihe. Er springt immer nur 1 oder 2 Seerosenblätter vorwärts. Das 6. Blatt muss er überspringen, weil es welk ist. Wie viele verschiedene Varianten gibt es für den Frosch, den Teich auf diese Weise zu überqueren?

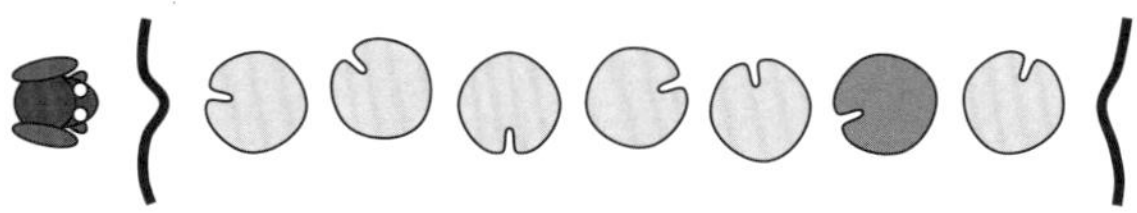

(**A**) 6 (**B**) 7 (**C**) 8 (**D**) 9 (**E**) 10

A-Junior (13), D/CH-9/10 (12) 2021

A 3.29 Vier Kinder haben jedes eine kleine Truhe mit einem jeweils nur zur eigenen Truhe passenden Schlüssel. Zum Spaß mischen sie die Schlüssel und jedes nimmt sich zufällig einen davon. Auf wie viele Arten können die Schlüssel so auf die vier Kinder verteilt sein, dass genau ein Kind den zur eigenen Truhe passenden Schlüssel hat und die anderen drei Kinder nicht?

(**A**) 18 (**B**) 16 (**C**) 15 (**D**) 10 (**E**) 8

D/CH-9/10 (16) 2024

Rechnen hilft – schwierigere Abzählprobleme

A 3.30 Jelena will in jedes Feld des abgebildeten 2×4-Gitters einen der Buchstaben A, B, C, D schreiben. Dabei soll in jeder Zeile und in jedem 2×2-Quadrat jeder der vier Buchstaben genau einmal vorkommen.

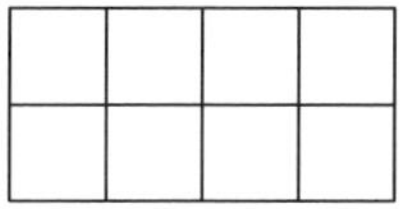

Wie viele Möglichkeiten gibt es für das vollständig ausgefüllte 2×4-Gitter?

(**A**) 12 (**B**) 24 (**C**) 48 (**D**) 96 (**E**) 198

A-Junior (13), D/CH-9/10 (15) 2024

A 3.31 Lilou trägt, wie abgebildet, an einer Hand 5 Ringe. Ab und zu nimmt sie alle Ringe einen nach dem anderen ab. Wie viele verschiedene Reihenfolgen gibt es dafür?

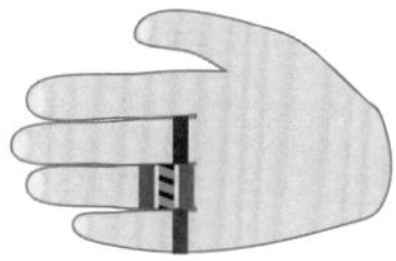

(**A**) 16 (**B**) 20 (**C**) 24 (**D**) 30 (**E**) 45

A-Junior (22), D/CH-9/10 (21) 2022

A 3.32 Auf einer Fähre stehen wie abgebildet fünf Autos, die die Fähre eines nach dem anderen verlassen wollen. Wie viele verschiedene Reihenfolgen gibt es dafür?

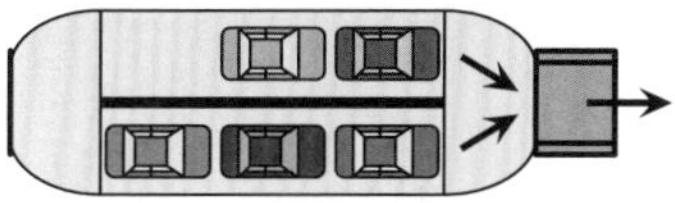

(**A**) 4 (**B**) 6 (**C**) 8 (**D**) 10 (**E**) 12

D/CH-7/8 (15) 2022

A 3.33 Im Eisladen an der Ecke wollte Hannah gestern Morgen eine Waffel mit zwei verschiedenen Sorten Eis kaufen. Am Abend wollte Hannahs Schwester eine Waffel mit drei verschiedenen Sorten Eis kaufen. Am Morgen gab es 16 verschiedene Sorten zur Auswahl. Am Abend waren schon einige Sorten ausverkauft. Für die jeweils gewählte Anzahl an Sorten hatte sowohl Hannah als auch ihre Schwester dieselbe Anzahl an möglichen Kombinationen zur Auswahl.
Wie viele Sorten waren am Abend ausverkauft?

(**A**) 2 (**B**) 3 (**C**) 4 (**D**) 5 (**E**) 6

A-Student (25), D/CH-11–13 (22) 2020

A 3.34 Die Zahlen von 1 bis 6 sollen in die Felder so eingetragen werden, dass die Summe der Zahlen in drei benachbarten Feldern überall ein Vielfaches von 3 ist. Wie viele verschiedene Möglichkeiten gibt es dafür?

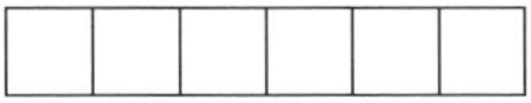

(**A**) 48 (**B**) 64 (**C**) 72 (**D**) 81 (**E**) 120

A-Junior (21), D/CH-9/10 (30) 2023

3.3 Kombinatorisches mit Figuren

Anordnungen in Ebene und Raum

A 3.35 Knut spielt mit fünf verschieden großen kreisrunden Scheiben. Er will aus vier Scheiben einen Turm bauen. Die vier Scheiben sollen von unten nach oben immer kleiner werden. Wie viele verschiedene Türme kann Knut bauen?

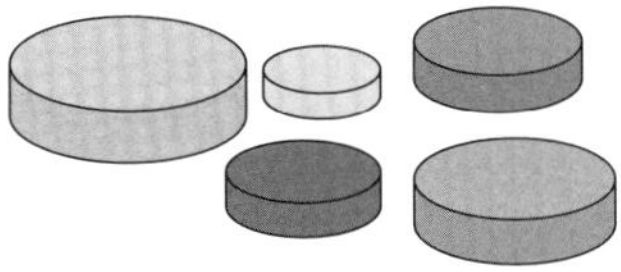

(**A**) 3 (**B**) 5 (**C**) 9 (**D**) 12 (**E**) 20

A-Benjamin (5), D/CH-5/6 (6) 2023

A 3.36 Vera zieht 4 schwere Pakete mit dem Handwagen nach Hause und lädt sie eins nach dem anderen ab. Welcher der folgenden Stapel kann dabei <u>nicht</u> entstehen?

A-Benjamin (8), D/CH-5/6 (6) 2024

A 3.37 In dem Stück Kästchenpapier soll ein Quadrat ausgemalt werden, das aus genau 4 Kästchen besteht und keinen Tintenklecks enthält. Wie viele Möglichkeiten gibt es dafür?

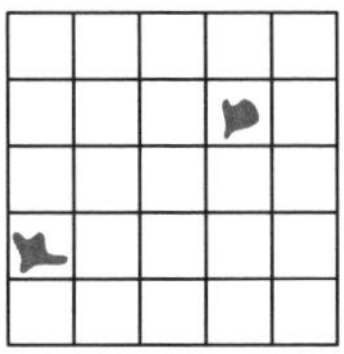

(**A**) 5 (**B**) 7 (**C**) 10 (**D**) 12 (**E**) 13

D/CH-5/6 (6) 2020

A 3.38 Die Bienenkönigin legt in die Wabe X ein Ei. Sie krabbelt nun immer von einer Wabe zu einer benachbarten und legt dort ein Ei, solange bis sie Y erreicht. In jede Wabe muss sie genau ein Ei legen. Wie viele verschiedene Wege von X nach Y sind möglich?

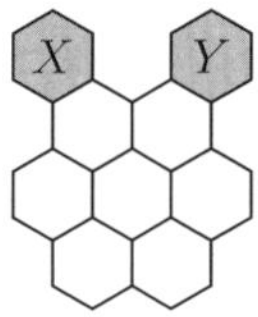

(**A**) 2 (**B**) 3 (**C**) 4 (**D**) 5 (**E**) 6

A-Junior (14), D/CH-9/10 (12) 2022

A 3.39 Ronja und Wanja spielen. Ronja hat 4 weiße Spielsteine, Wanja hat 4 schwarze. Sie wollen damit zwei Türme aus jeweils 4 Spielsteinen bauen. Dazu legen sie abwechselnd ihre Spielsteine. Ronja beginnt.
Welches Paar von Türmen können die beiden nicht bauen?

(**A**) 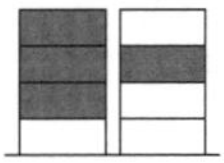 (**B**) 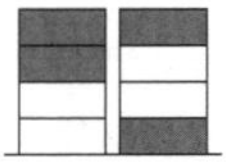 (**C**) 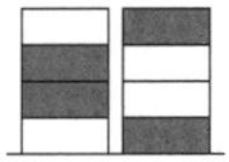 (**D**) 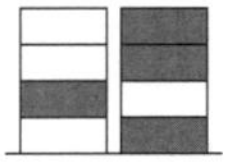 (**E**) 

A-Benjamin (15), D/CH-5/6 (15) 2021

A 3.40 Jede Seitenfläche des abgebildeten Würfels ist in vier kleine Quadrate geteilt. Auf jedes kleine Quadrat ist ein Sticker geklebt, entweder ein Kreuz, ein Stern oder ein Kreis. Auf je zwei kleinen Quadraten, die eine gemeinsame Seite haben, kleben stets verschiedene Sticker.
Wie viele Kreis-Sticker sind insgesamt auf diesem Würfel?

(**A**) 7 (**B**) 8 (**C**) 9 (**D**) 10 (**E**) 11

D/CH-9/10 (20) 2022

A 3.41 Alina hat mit dem Bleistift 10 Strahlen gezeichnet. Benachbarte Strahlen schließen jeweils einen Winkel der Größe 10° ein.
Was ist die größte Anzahl an Strahlen, die sie so wegradieren kann, dass sie immer noch für jeden der Werte 10°, 20°, 30°, 40°, 50°, 60°, 70°, 80° und 90° zwei Strahlen finden kann, die einen Winkel dieser Größe einschließen?

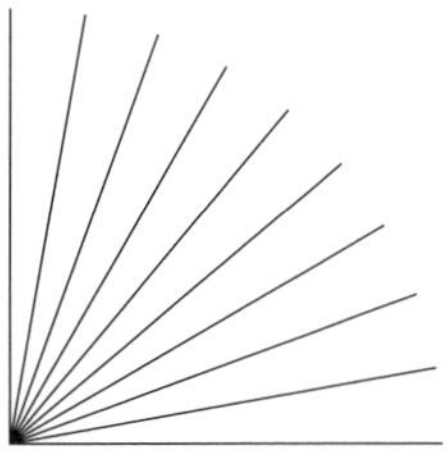

(**A**) 6 (**B**) 5 (**C**) 4 (**D**) 3 (**E**) 2

A-Kadett (19), D/CH-7/8 (29) 2023

Farbkombinationen gesucht

A 3.42 Bela möchte die Kreise in der Figur rechts farbig ausmalen. Dabei sollen direkt miteinander verbundene Kreise verschiedene Farben haben.
Wie viele Farben braucht Bela dafür mindestens?

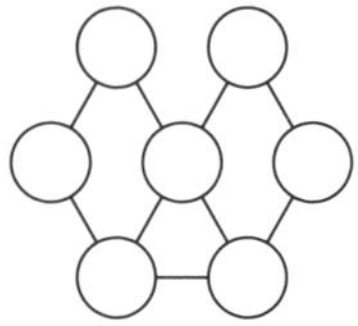

(**A**) 2 (**B**) 3 (**C**) 4 (**D**) 5 (**E**) 6

A-Ecolier (15), D/CH-3/4 (13) 2023

A 3.43 Das Bild zeigt das Bus-Netz von Mittelstadt. Die Linien sollen so gefärbt werden, dass Buslinien, die einander kreuzen, verschiedene Farben haben.
Wie viele Farben sind dafür nötig?

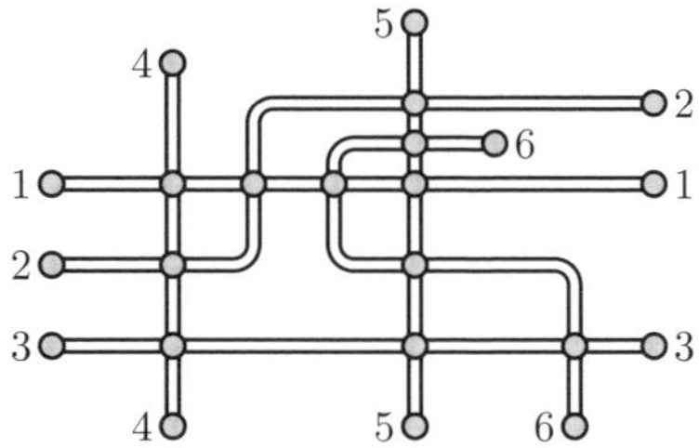

(**A**) 2 (**B**) 3 (**C**) 4
(**D**) 5 (**E**) 6

A-Benjamin (19), D/CH-5/6 (10) 2024

A 3.44 Das Dreizehen-Faultier René lackiert sich die 3 Fußnägel am rechten Fuß. René hat roten, grünen und blauen Nagellack. Benachbarte Fußnägel sollen verschiedenfarbig werden, das ist klar.
Wie viele Möglichkeiten hat René, die 3 Fußnägel so zu lackieren?

(**A**) 8 (**B**) 9 (**C**) 12 (**D**) 18 (**E**) 24

A-Ecolier (21), D/CH-3/4 (22) 2020

A 3.45 In dem 4×4-Feld sollen einige der 16 Zellen schwarz gefärbt werden. Die Zahlen, die neben bzw. unter dem Feld stehen, geben die Anzahl der schwarz zu färbenden Zellen in der entsprechenden Zeile bzw. Spalte an. Wie viele unterschiedliche Färbungen des 4×4-Feldes sind so möglich?

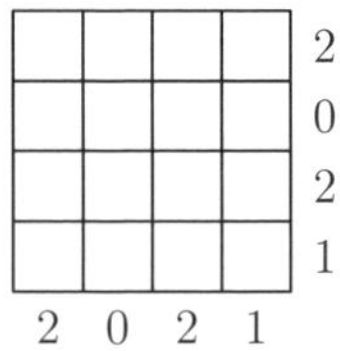

(**A**) 1 (**B**) 2 (**C**) 3 (**D**) 5 (**E**) mehr als 5

A-Junior (26), D/CH-9/10 (24) 2021

Pfiffige Puzzelei

A 3.46 Erik hat ein Puzzle gelegt. Ein Teil fehlt noch. In Nachbarfeldern sollen immer verschiedene Zahlen stehen. Welches Teil passt?

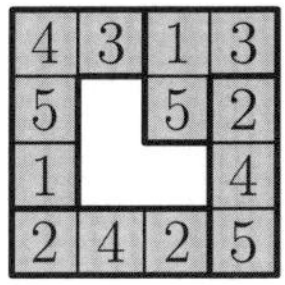

(A) 

(B) 

(C) 

(D) 

(E) 

A-Ecolier (7), D/CH-3/4 (2) 2022

A 3.47 Die Puzzleteile im Bild rechts bilden ein Muster mit regelmäßigen Figuren. Welches Teil gehört in die Lücke?

(A)  (B)  (C)  (D)  (E) 

A-Ecolier (2), D/CH-3/4 (6) 2020

A 3.48 Rosa hat vier Puzzleteile. Aus welchen beiden Teilen lässt sich das Sechseck legen?

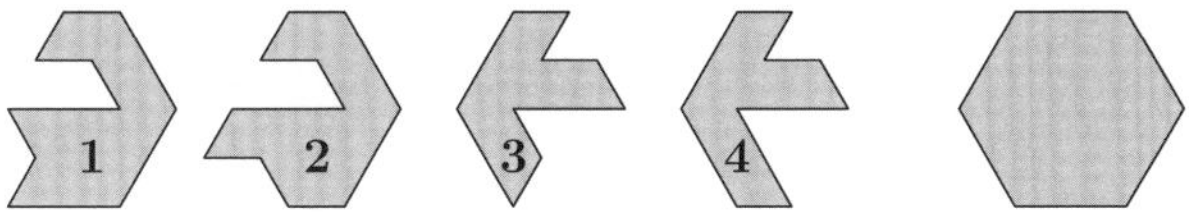

(A) 1 und 2 (B) 1 und 3 (C) 2 und 3 (D) 2 und 4 (E) 1 und 4

A-Benjamin (7), D/CH-5/6 (4) 2023

A 3.49 Welches der folgenden Teile passt so in die Mitte des Puzzles, dass dabei eine sich kreuzende, geschlossene Linie entsteht?

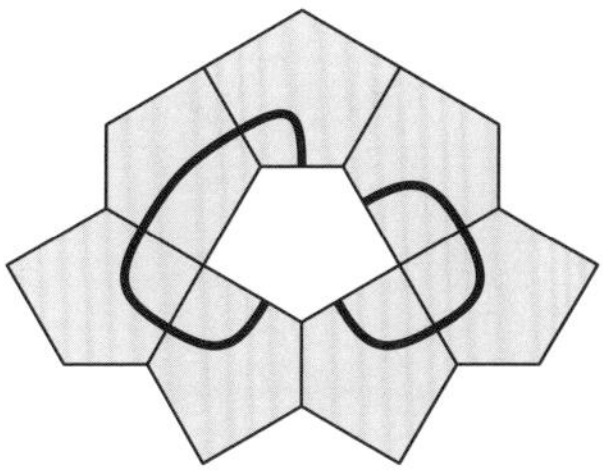

(A) 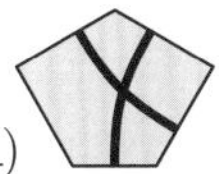 (B) 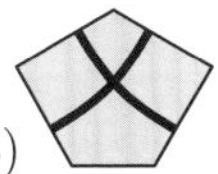 (C) 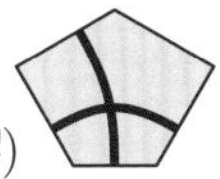

(D)  (E) 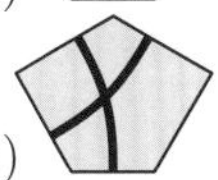

A-Student (2), D/CH-11–13 (1) 2024

A 3.50 Die Figur rechts wird mit den fünf abgebildeten Teilen vollständig bedeckt. Welches Teil bedeckt dabei den schwarzen Punkt?

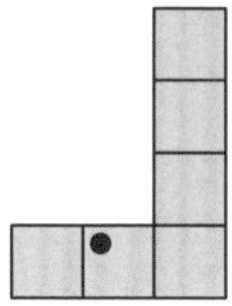

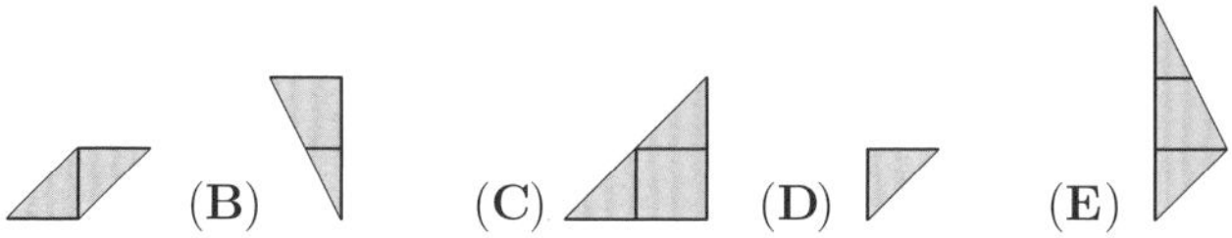

(A) (B) (C) (D) (E)

A-Ecolier (9), D/CH-3/4 (9) 2023

A 3.51 Aus den drei Teilen 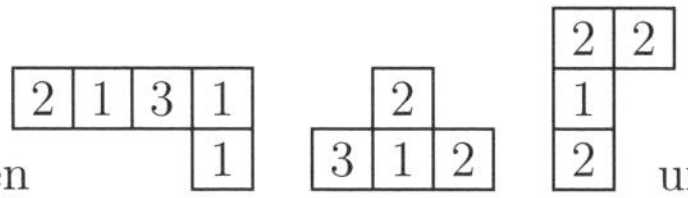 und einem weiteren Teil kann ein 4×4-Quadrat gelegt werden, bei dem die Summe der Zahlen in jeder der vier Zeilen und in jeder der vier Spalten dieselbe ist. Wie sieht das vierte Teil aus?

(A) 1 1 3 (B) 2 1 0 (C) 1 2 1 (D) 0 3 2 (E) 2 2 3

A-Kadett (19), D/CH-7/8 (11) 2024

A 3.52 Vier der folgenden fünf „Schlüssel" können in drei verschiedene Teile zerschnitten werden, die jedes aus 5 Kästchen bestehen. Mit einem klappt das nicht. Welcher ist das?

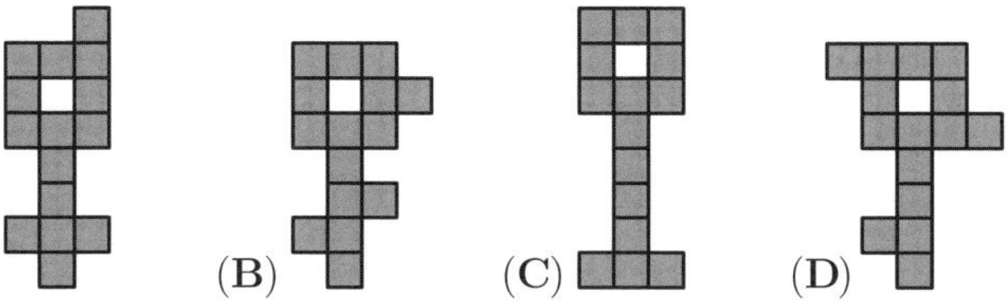

(A) (B) (C) (D) (E)

A-Ecolier (23), D/CH-3/4 (21) 2020

3.4 Wahrscheinlichkeit

A 3.53 Es werden zwei (faire) Würfel gleichzeitig geworfen. Die Würfel haben jeweils zwei rote, zwei blaue und zwei weiße Seiten. Wie groß ist die Wahrscheinlichkeit dafür, dass mit beiden Würfeln dieselbe Farbe gewürfelt wird?

(A) $\frac{4}{9}$ (B) $\frac{1}{12}$ (C) $\frac{1}{6}$ (D) $\frac{2}{9}$ (E) $\frac{1}{3}$

A-Student (9), D/CH-11–13 (6) 2020

A 3.54 Kaito hat einen Spielwürfel manipuliert. Die Wahrscheinlichkeit, eine 2, 3, 4 oder 5 zu würfeln, ist immer noch jeweils $\frac{1}{6}$. Aber die Wahrscheinlichkeit, eine 6 zu würfeln, ist nun doppelt so groß wie die Wahrscheinlichkeit, eine 1 zu würfeln. Wie groß ist die Wahrscheinlichkeit, eine 6 zu würfeln?

(A) $\frac{2}{9}$ **(B)** $\frac{1}{4}$ **(C)** $\frac{7}{36}$ **(D)** $\frac{1}{5}$ **(E)** $\frac{5}{18}$

A-Student (6), D/CH-11–13 (6) 2024

A 3.55 Isa legt ein Stück Seil wie abgebildet auf den Tisch. Dabei legt sie an jedem der drei Kreuzungspunkte unabhängig voneinander das Seil so  oder so , und zwar jeweils mit einer Wahrscheinlichkeit von $\frac{1}{2}$. Wie groß ist die Wahrscheinlichkeit dafür, dass sich das Seil verknotet, wenn Isa an den beiden Seilenden zieht?

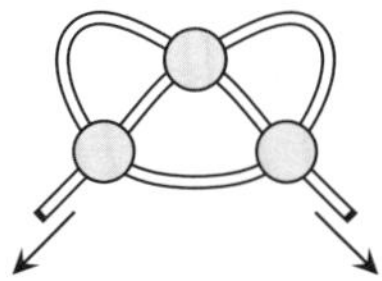

(A) $\frac{1}{2}$ **(B)** $\frac{1}{4}$ **(C)** $\frac{1}{8}$ **(D)** $\frac{3}{4}$ **(E)** $\frac{3}{8}$

A-Student (18), D/CH-11–13 (20) 2021

A 3.56 An einem Judo-Wettkampf nehmen 8 Schüler teil. Die vier Paarungen der 1. Runde werden ausgelost und die vier Sieger kommen in die 2. Runde. Die zwei Paarungen der 2. Runde werden erneut ausgelost und die beiden Sieger kommen ins Finale. Stephan wird jeden Kampf gewinnen außer den gegen den unbesiegbaren Frank, der den Wettkampf gewinnen wird.
Wie groß ist die Wahrscheinlichkeit dafür, dass Stephan das Finale erreicht?

(A) $\frac{3}{7}$ **(B)** $\frac{1}{2}$ **(C)** $\frac{4}{7}$ **(D)** $\frac{2}{3}$ **(E)** $\frac{7}{8}$

A-Student (17), D/CH-11–13 (19) 2022

A 3.57 Ertem schreibt die Ziffern von 1 bis 9 in irgendeiner Reihenfolge auf. Wie groß ist die Wahrscheinlichkeit, dass diese 9-stellige Zahl durch 18 teilbar ist?

(A) $\frac{1}{2}$ **(B)** $\frac{4}{9}$ **(C)** $\frac{1}{3}$ **(D)** $\frac{5}{9}$ **(E)** $\frac{1}{18}$

A-Junior (21), D/CH-9/10 (22) 2020

A 3.58 Henri hat mehrere 12-seitige Spielwürfel. Die Seitenflächen sind mit den Zahlen von 1 bis 12 beschriftet. Wenn Henri alle Spielwürfel gleichzeitig würfelt, ist die Wahrscheinlichkeit, dass genau einer der Spielwürfel eine 12 zeigt, genauso groß wie die Wahrscheinlichkeit, dass keiner der Spielwürfel eine 12 zeigt. Wie viele 12-seitige Spielwürfel hat Henri?

(**A**) 5 (**B**) 8 (**C**) 11 (**D**) 18 (**E**) 23

A-Student (26), D/CH-11–13 (20) 2024

A 3.59 Denise hat eine flache runde Dose, in der sie ihre Tischtennisbälle aufbewahrt. Sieben Bälle passen exakt in die Dose. Zwei ihrer Bälle sind orange, die anderen weiß. Wie groß ist die Wahrscheinlichkeit, dass die orangefarbenen Bälle einander berühren, wenn Denise die Bälle zufällig in die Dose legt?

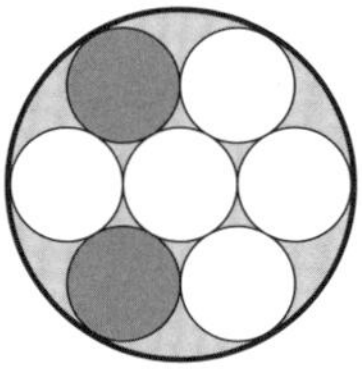

(**A**) $\frac{1}{2}$ (**B**) $\frac{2}{7}$ (**C**) $\frac{5}{14}$ (**D**) $\frac{2}{3}$ (**E**) $\frac{4}{7}$

D/CH-9/10 (28) 2022

A 3.60 Emma und Linda werfen eine Münze. Jedes Mal, wenn Zahl kommt, erhält Emma einen Punkt, bei Kopf erhält Linda einen Punkt. Das Spiel gewinnt, wer zuerst drei Punkte mehr als die andere hat. Beim ersten Wurf kommt Zahl. Wie groß ist nun die Wahrscheinlichkeit dafür, dass Emma gewinnt?

(**A**) $\frac{1}{2}$ (**B**) $\frac{2}{3}$ (**C**) $\frac{3}{4}$ (**D**) $\frac{4}{5}$ (**E**) $\frac{5}{6}$

A-Student (29), D/CH-11–13 (29) 2021

4 Geometrie

Beispiele aus der Geometrie eignen sich ihrer Anschaulichkeit wegen vorzüglich dazu, einfach Papier und Bleistift in die Hand zu nehmen und sich im Aufspüren von Lösungsideen sowie im logischen Schließen zu üben. Viele Probleme haben ihren Ursprung ganz unmittelbar im täglichen Umfeld und sind daher besonders ansprechend. Umgekehrt hilft ein Verständnis davon, wie Dinge geformt sind und wie sie zueinander in Beziehung stehen, uns in unserer Umwelt zu orientieren. Nicht zuletzt gehört das Berechnen von Längen, Winkeln, Flächeninhalten oder Volumina in Alltag und Beruf.
Zu Beginn helfen wir dem Vorstellungsvermögen auf die Sprünge. Das ist nützlich, um schwierigere Probleme zu meistern. Da heißt es dann, geschickt Eigenschaften von geometrischen Figuren zu nutzen und geeignete Hilfslinien oder eine schlaue Zerlegung zu finden. So sind komplizierte Rechnereien oft gar nicht nötig.

4.1 Übungen für das Vorstellungsvermögen

Mit Aufmerksamkeit zur Lösung

A 4.1 Wie viele Fische zeigen mit dem Kopf in Richtung des Rings, wenn die Leine gerade gezogen wird?

(**A**) 3 (**B**) 5 (**C**) 6 (**D**) 7 (**E**) 8

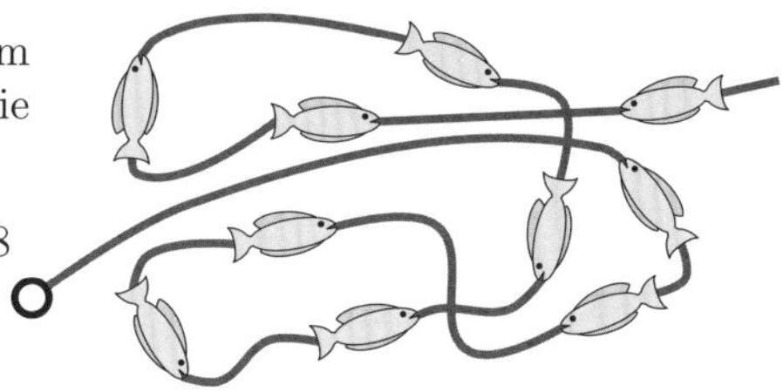

A-Ecolier (2), D/CH-3/4 (3) 2021

A 4.2 Wenn Tom sein Hemd richtig zuknöpft, wie im linken Bild zu sehen, bilden die horizontalen Streifen 7 geschlossene Ringe um seinen Körper. Heute Morgen hat er sein Hemd falsch zugeknöpft, wie im rechten Bild zu sehen.
Wie viele geschlossene Ringe bilden die Streifen nun um Toms Körper?

(**A**) 0 (**B**) 1 (**C**) 2 (**D**) 3 (**E**) 4

A-Junior (4), D/CH-9/10 (2) 2020

A 4.3 Eileen hat mit dem Ruderboot fünf Bojen umrundet. Welche Bojen umrundete sie gegen den Uhrzeigersinn?

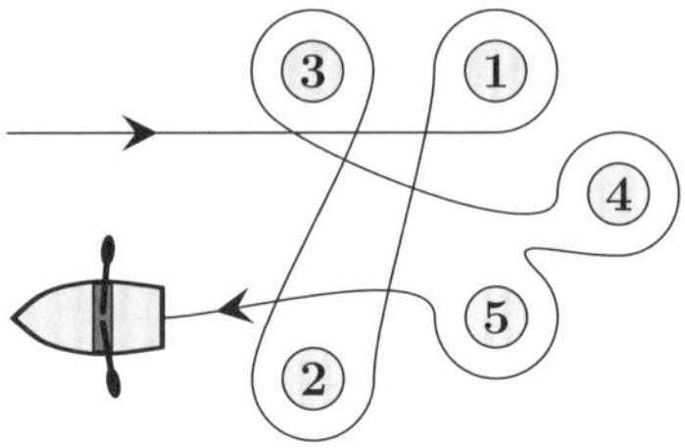

(**A**) 1 und 4 (**B**) 2, 3 und 5 (**C**) 2 und 3
(**D**) 1, 4 und 5 (**E**) 1 und 3

A-Benjamin (2), D/CH-5/6 (2) 2022

A 4.4 Lena sucht ihr Lieblingsbuch. Ihre Familie ist gerade umgezogen. Im Flur sind lauter Kisten gestapelt. Wie viele Kisten muss sie wegräumen, um an die Bücherkiste zu kommen?

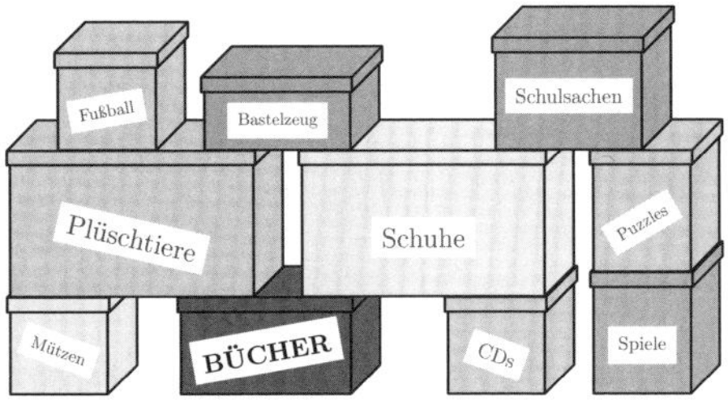

(**A**) 3 (**B**) 4 (**C**) 5 (**D**) 6 (**E**) 7

D/CH-3/4 (4) 2022

A 4.5 Wie würde es aussehen, wenn im Bild rechts die grauen Quadrate weiß wären und die weißen Quadrate grau?

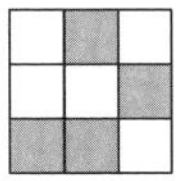

(**A**) 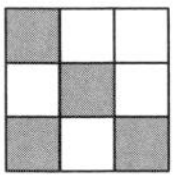 (**B**) 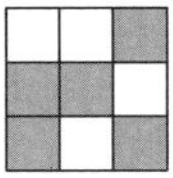 (**C**) 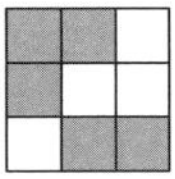 (**D**) 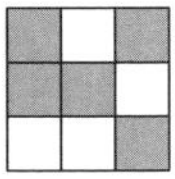 (**E**) 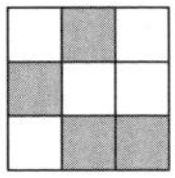

A-Benjamin (3), D/CH-3/4 (5) 2020

A 4.6 Welche der folgenden Schnüre kann nicht so gelegt werden wie die Schnur rechts, ohne sie zu zerschneiden?

(**A**)  (**B**)  (**C**) 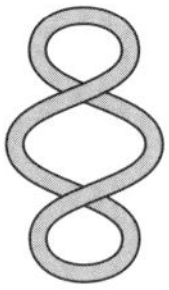 (**D**)  (**E**) 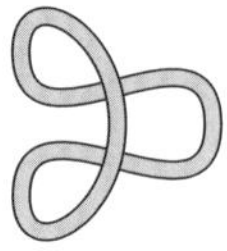

A-Kadett (3), D/CH-7/8 (1) 2024

A 4.7 In welchem der folgenden Bilder ist mehr als eine Schnur zu sehen?

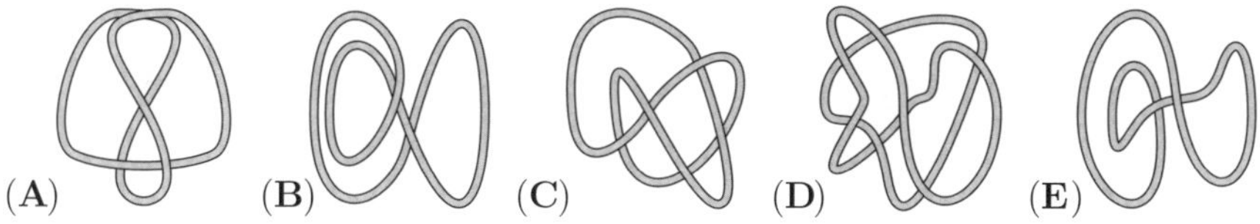

D/CH-9/10 (2) 2023

A 4.8 Im Bild ist ein Paket zu sehen. Um das Paket sind vier Bänder M, N, O und P geklebt. In welcher Reihenfolge wurden die Bänder geklebt?

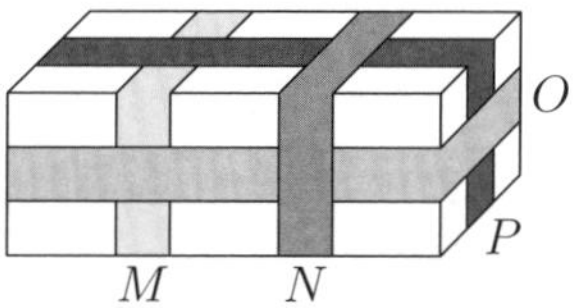

(**A**) M, P, O, N (**B**) O, M, P, N (**C**) N, P, M, O
(**D**) M, O, N, P (**E**) P, N, M, O

A-Benjamin (6), D/CH-5/6 (5) 2023

A 4.9 Edgar klebt die drei Papierteile 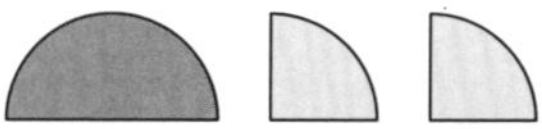 auf  die schwarze Kreisscheibe.
Wie kann die beklebte Kreisscheibe <u>nicht</u> aussehen?

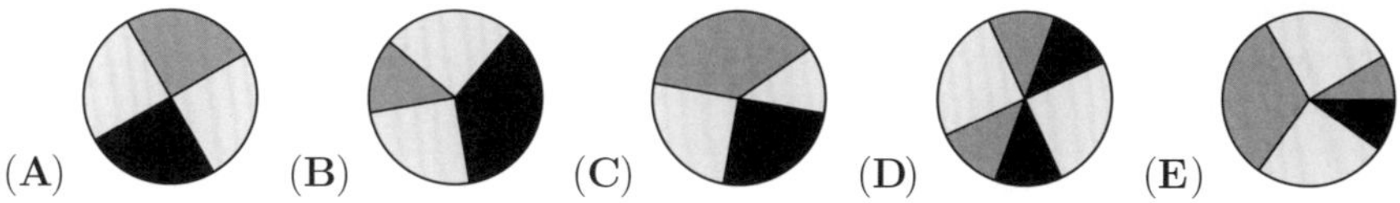

A-Benjamin (9), D/CH-5/6 (7) 2023

A 4.10 Zwei der abgebildeten Teile können so in die Mitte gelegt werden, dass Haus A mit den Häusern B und E verbunden ist, aber nicht mit Haus D.
Welche beiden Teile sind das?

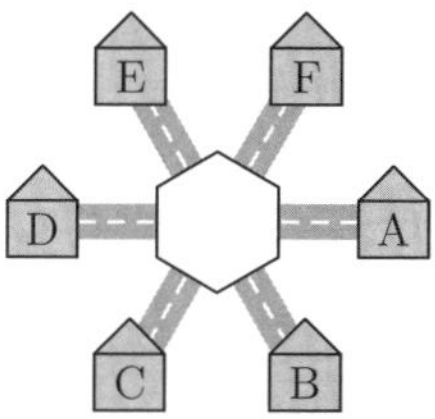

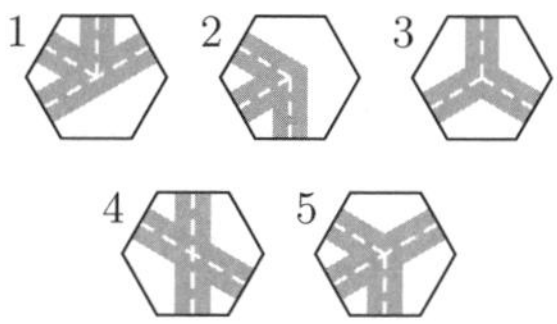

(**A**) 1 und 2 (**B**) 2 und 3 (**C**) 1 und 4 (**D**) 4 und 5 (**E**) 1 und 5

A-Ecolier (20), D/CH-3/4 (17) 2022

A 4.11 Eine Raupe  hat sich zum Schlafen zusammengefaltet. Wie könnte das aussehen?

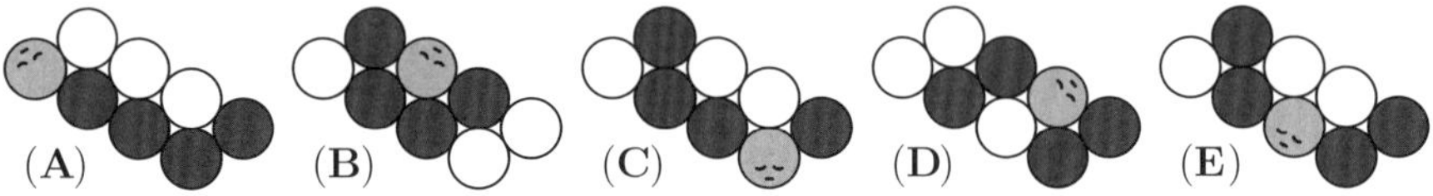

A-Ecolier (18), D/CH-3/4 (16) 2022

A 4.12 Fiona hat zwei völlig gleiche, gebogene Drähte .
Sie legt sie auf verschiedene Weise zusammen. Wie kann das nicht aussehen?

A-Benjamin (9), D/CH-5/6 (12) 2020

A 4.13 Das Quadrat $ABCD$ hat die Seitenlänge 1 cm. Wie viele verschiedene Punkte gibt es in der Ebene, die von zwei der Eckpunkte A, B, C, D jeweils 1 cm entfernt sind?

(**A**) 6 (**B**) 10 (**C**) 12 (**D**) 16 (**E**) 20

A-Kadett (15), D/CH-7/8 (24) 2023

Drehungen, Spiegelungen, Symmetrie

A 4.14 Als die Fledermaus Elise am Abend ihre Höhle verließ, zeigte die Digitaluhr in ihrer Höhle **20:20**. Als sie in derselben Nacht zurückkam und sich zum Ausruhen kopfüber gehängt hatte, sah sie auf der Uhr wiederum **20:20**.
Wie lange war Elise draußen?

(**A**) 5 Stunden und 42 Minuten (**B**) 4 Stunden und 30 Minuten
(**C**) 4 Stunden und 2 Minuten (**D**) 3 Stunden und 50 Minuten
(**E**) 3 Stunden und 32 Minuten

A-Benjamin (13), D/CH-5/6 (14) 2020

A 4.15 Das Nummernschild von Alains Traktor ist abgefallen. Er hat es aus Versehen verkehrt herum wieder angebracht, aber das macht keinen Unterschied. Welches Nummernschild könnte Alains Traktor haben?

(**A**) 04 NSN 40 (**B**) 60 HOH 09 (**C**) 80 BNB 08 (**D**) 03 HNH 30 (**E**) 08 XBX 80

A-Kadett (7), D/CH-7/8 (6) 2022

A 4.16 Welches der folgenden Quadrate ist in zwei unterschiedliche Teile geteilt?

(**A**) 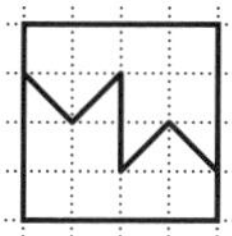 (**B**) 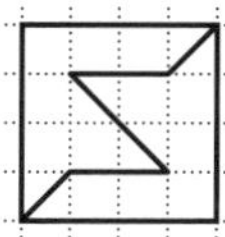 (**C**) 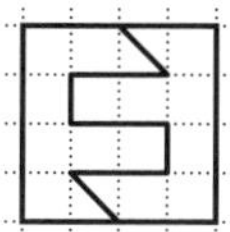 (**D**) 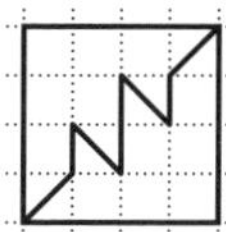 (**E**) 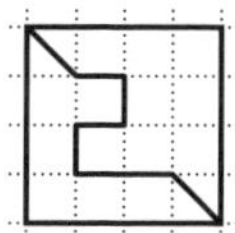

A-Junior (1), D/CH-9/10 (2) 2024

A 4.17 Die dunkle Kreisscheibe mit den drei Löchern passt genau auf das Ziffernblatt. Nun wird die dunkle Scheibe um den Mittelpunkt gedreht. Welche drei Zahlen können gleichzeitig sichtbar sein?

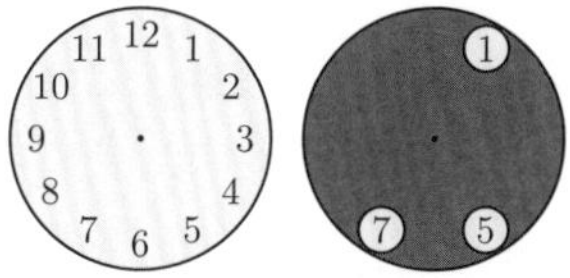

(**A**) 2, 4, 9 (**B**) 1, 5, 10 (**C**) 4, 6, 12 (**D**) 3, 6, 9 (**E**) 5, 7, 12

A-Benjamin (8), D/CH-5/6 (10) 2023

A 4.18 Auf kariertem Papier hat Florian einen 6×6-Rahmen für ein Bild markiert und 3 Kästchen ausgemalt.
Wie viele Kästchen muss Florian mindestens noch ausmalen, damit sein fertiges Bild vier Symmetrieachsen hat?

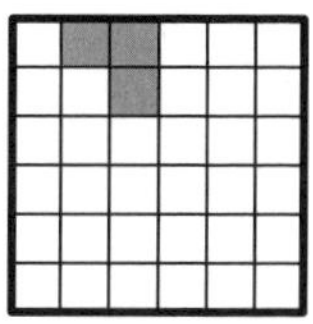

(**A**) 3 (**B**) 9 (**C**) 12 (**D**) 18 (**E**) 21

A-Benjamin (22), D/CH-5/6 (22) 2021

A 4.19 Im rechts abgebildeten Quadrat möchte Aila zwei weitere Kästchen schwarz ausmalen, sodass das Quadrat anschließend eine Symmetrieachse besitzt.
Wie viele verschiedene Möglichkeiten hat Aila dafür?

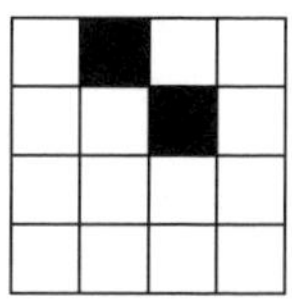

(**A**) 2 (**B**) 3 (**C**) 5 (**D**) 6 (**E**) 8

A-Kadett (22), D/CH-7/8 (16) 2024

Faltübungen

A 4.20 Fatima faltet die durchsichtige Folie im Bild rechts entlang der gestrichelten Linie nach unten. Was ist nun zu sehen?

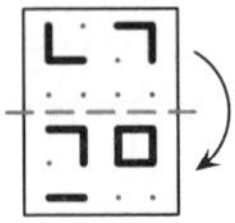

(A)  (B)  (C)  (D)  (E) 

A-Ecolier (6), D/CH-3/4 (5) 2023

A 4.21 Juna zeichnet auf ein Blatt Papier ein Rechteck. Dann faltet sie es und erhält die rechts abgebildete Ansicht von vorn. Wie könnte das gefaltete Blatt von hinten aussehen?

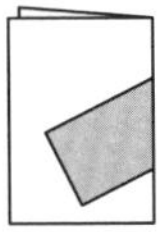

von vorn

(A) 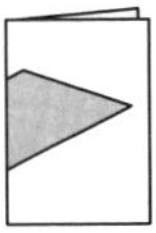 (B)  (C)  (D)  (E) 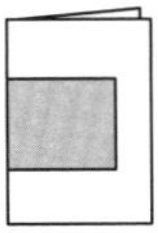

D/CH-3/4 (4) 2024

A 4.22 Kira hat die Jahreszahl 2024 auf Kästchenpapier gezeichnet. Einige Kästchen hat sie dunkel gefärbt. Dann faltet sie an der gestrichelten Linie:

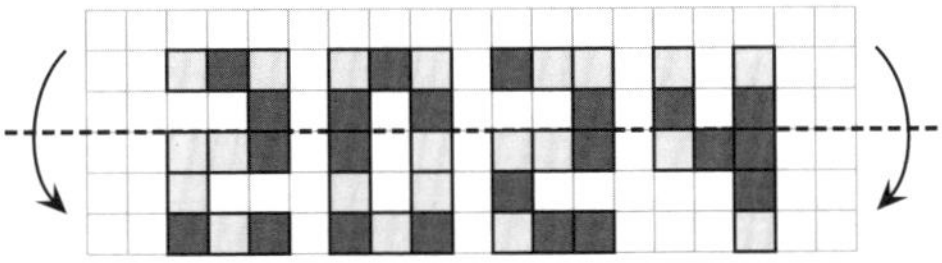

An wie vielen Stellen liegen nun 2 dunkle Kästchen aufeinander?

(A) 3 (B) 5 (C) 7 (D) 8 (E) 10

D/CH-5/6 (1) 2024

A 4.23 Auf transparentem Papier sind zwei Figuren gezeichnet. Es wird wie im Bild zweimal gefaltet. Wie sieht das gefaltete Papier nun aus?

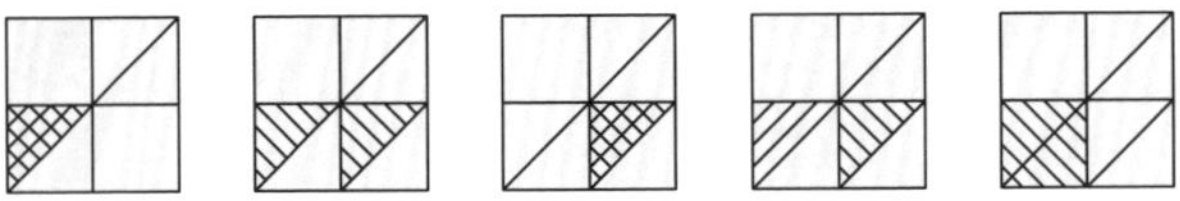

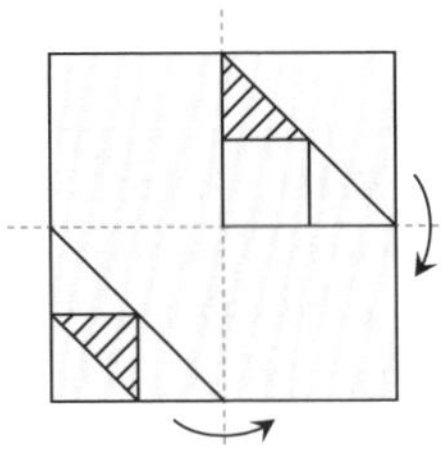

(A) (B) (C) (D) (E)

A-Benjamin (13), D/CH-5/6 (10) 2022

A 4.24 Amon faltet ein Stück Papier exakt zur Hälfte. Das tut er ein zweites Mal und erhält . Wie könnte Amons ursprüngliches Stück Papier ausgesehen haben?

P Q R

(**A**) nur wie P (**B**) nur wie Q (**C**) nur wie R
(**D**) nur wie P oder Q (**E**) wie P, Q oder R

D/CH-5/6 (10) 2021

In drei Dimensionen

A 4.25 Fritz baut mit seinem Vater ein Regal. Er hat drei Bretter an das Fenster gelehnt. Wie sieht das von draußen aus?

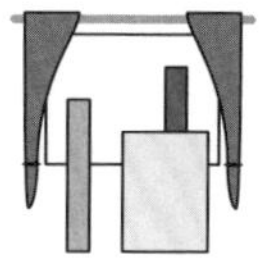

(**A**) 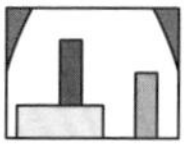 (**B**) 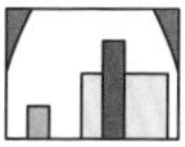 (**C**) 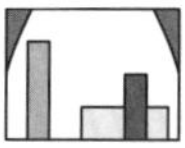 (**D**) 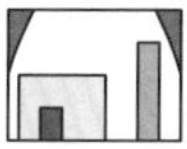 (**E**) 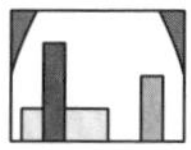

A-Benjamin (3), D/CH-5/6 (5) 2024

A 4.26 Stefan beklebt einen Würfel mit 6 Tierstickern:

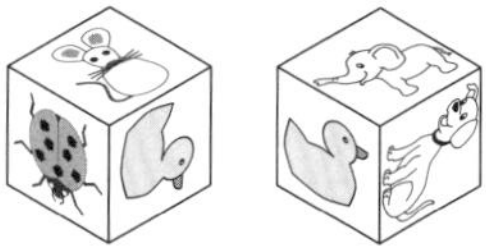

Rechts ist Stefans Würfel 2-mal abgebildet. Welches Tier liegt der Ente gegenüber?

(**A**) der Elefant (**B**) die Maus (**C**) der Käfer (**D**) der Hund (**E**) die Fliege

A-Ecolier (7), D/CH-3/4 (8) 2020

A 4.27 Auf einem Spielwürfel ist die Summe von zwei gegenüberliegenden Augenzahlen stets 7. Ein Spielwürfel rollt auf einem Papierstreifen wie im Bild rechts. Wie liegt der Spielwürfel auf dem letzten Kästchen?

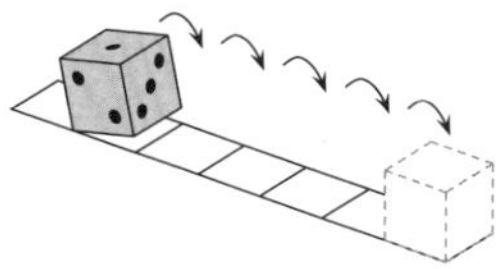

(**A**)  (**B**)  (**C**)  (**D**)  (**E**) 

A-Ecolier (10), D/CH-3/4 (10) 2020

A 4.28 Auf einem Spielwürfel ist die Summe von zwei gegenüberliegenden Augenzahlen stets 7. Jamie bewegt den Würfel auf dem gezeichneten Weg, indem er ihn über seine Kanten kippt. Am Anfang ist die 4 oben. Welche Augenzahl ist oben, wenn der Würfel am Ende des Weges angelangt ist?

(**A**) 1 (**B**) 2 (**C**) 3 (**D**) 4 (**E**) 5

D/CH-7/8 (13) 2024

A 4.29 Anna-Lena schaut von oben auf die Pyramide. Was könnte sie sehen?

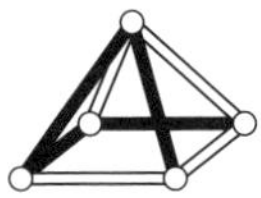

(**A**) 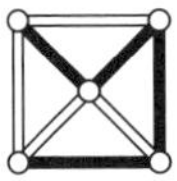 (**B**) 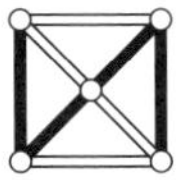 (**C**) 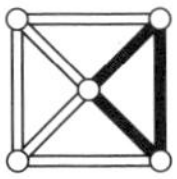 (**D**) 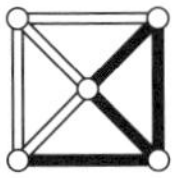 (**E**) 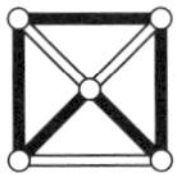

A-Ecolier (12), D/CH-3/4 (12) 2020

A 4.30 Die abgebildete 3-seitige Pyramide besteht aus 10 verzierten Kugeln. Jedes Muster gibt es 2-mal. Die folgenden 3 Abbildungen zeigen die Pyramide von 3 Seiten.

Wie sieht die Kugel mit dem Fragezeichen aus?

(**A**)  (**B**)  (**C**)  (**D**)  (**E**) 

A-Benjamin (14), D/CH-5/6 (13) 2021

A 4.31 Eine Schnecke trifft im Garten auf eine Pyramide, die aus Würfeln der Seitenlänge 10 cm gebaut ist. Sie nimmt kräftig Anlauf und kriecht mittig über das Hindernis. Die Spur, die sie auf der Pyramide hinterlässt, ist rechts zu sehen. Wie lang ist die gesamte Spur auf der Pyramide?

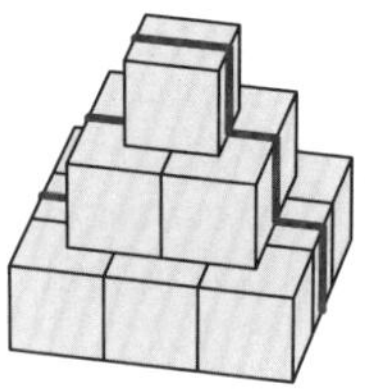

von oben

(**A**) 50 cm (**B**) 60 cm (**C**) 70 cm (**D**) 80 cm (**E**) 90 cm

A-Ecolier (19), D/CH-3/4 (21) 2022

A 4.32 Der rechts abgebildete Zylinder ist 15 cm hoch und der Umfang seiner Grundfläche beträgt 30 cm. Der abgebildete Weg von A nach B auf der Oberfläche des Zylinders verläuft immer senkrecht nach oben oder horizontal, also parallel zur Grundfläche. Wie lang ist dieser Weg?

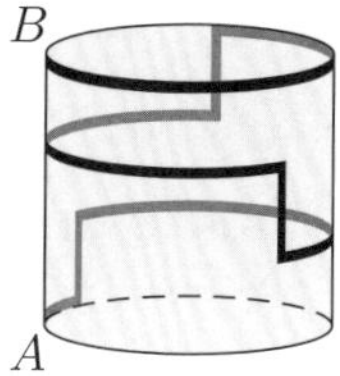

(**A**) 45 cm (**B**) 55 cm (**C**) 60 cm (**D**) 65 cm (**E**) 75 cm

A-Student (3), D/CH-11–13 (4) 2023

A 4.33 Ein Tetraeder ist mit den Zahlen von 1 bis 4 beschriftet. Es wird mit der 1 auf das Feld Start gelegt, das rechts abgebildet ist. Dann wird es von Feld zu Feld bewegt, indem es jeweils über eine Kante gekippt wird. Auf welchem Feld liegt das Tetraeder zum ersten Mal wieder mit der 1?

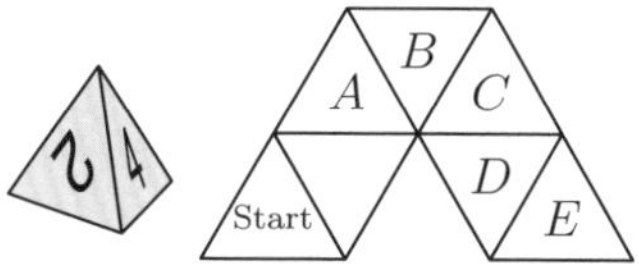

(**A**) A (**B**) B (**C**) C (**D**) D (**E**) E

A-Student (24), D/CH-11–13 (19) 2023

A 4.34 Die Oberfläche des abgebildeten Fußballs besteht aus schwarzen Fünfecken und weißen Sechsecken, die regelmäßig angeordnet sind. Es sind insgesamt 12 Fünfecke. Wie viele Sechsecke sind es?

(**A**) 10 (**B**) 12 (**C**) 18 (**D**) 20 (**E**) 24

A-Kadett (20), D/CH-7/8 (26) 2021

A 4.35 Elena baut eine Pyramide aus gleich großen Holzkugeln. Die einzelnen Schichten bestehen aus 4×4, 3×3 und 2×2 Kugeln, die jeweils quadratisch angeordnet sind. Ganz oben liegt eine einzige Kugel. Einige Kugeln berühren einander. Wie viele Berührungspunkte haben die 30 Kugeln insgesamt?

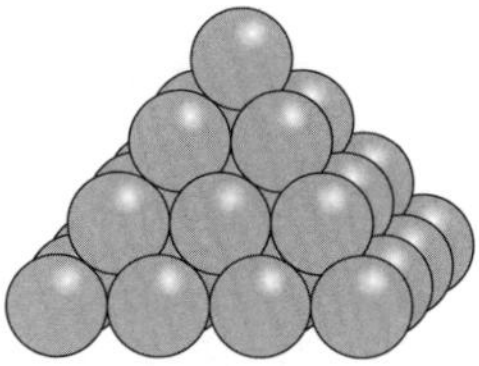

(**A**) 72 (**B**) 85 (**C**) 88 (**D**) 92 (**E**) 96

A-Kadett (27), D/CH-7/8 (26) 2020

4.2 Ebene Geometrie

Punkte und Strecken

A 4.36 Fabian wandert auf dem Rennsteig im Thüringer Wald von Allzunah zur Teufelsbuche. Vier der Wegweiser am Wegrand zeigen die richtigen Entfernungen, einer aber nicht. Welcher ist das?

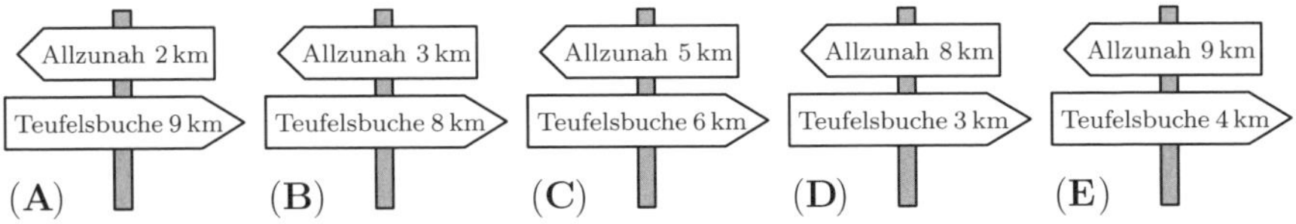

(A) (B) (C) (D) (E)

A-Benjamin (2), D/CH-5/6 (2) 2020

A 4.37 Steffi wandert auf dem Goldsteig im Oberpfälzer Wald von Neustadt durch Theisseil nach Letzau. Am Wegrand stehen zwei Wegweiser. Bei einem der beiden Wegweiser ist ein Stück abgebrochen. Welches ist das abgebrochene Teil?

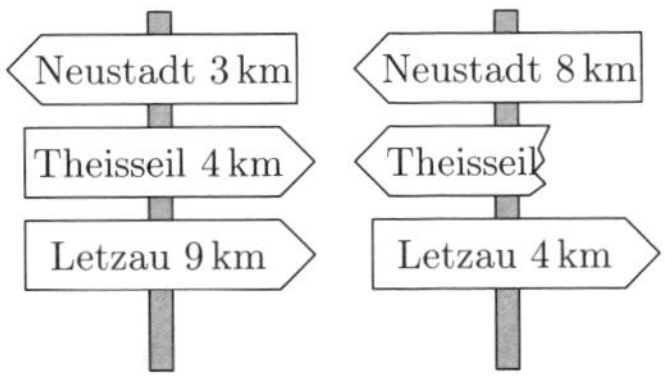

(A) 1 km (B) 3 km (C) 4 km (D) 5 km (E) 9 km

A-Kadett (11), D/CH-7/8 (11) 2020

A 4.38 Von oben sieht unser Stadtpark wie ein gleichseitiges Dreieck aus. Die vier Querwege im Park sind zueinander parallel. Im Reiseführer sind drei Routen durch den Park empfohlen und mit dicken Linien markiert. Sie haben die Längen P, Q und R. Was trifft zu?

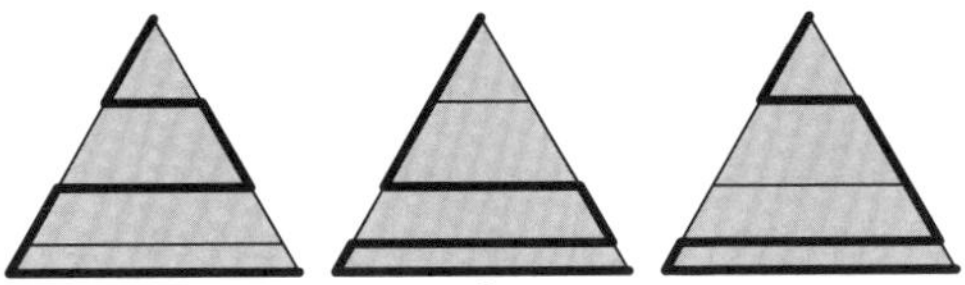

P Q R

(A) $P < R < Q$ (B) $P < Q < R$ (C) $P < Q = R$
(D) $P = R < Q$ (E) $P = Q = R$

A-Junior (3), D/CH-9/10 (3) 2021

A 4.39 Tim möchte die rechts abgebildete Figur in einem Zug zeichnen, ohne seinen Stift abzusetzen. Er kann an einer beliebigen Stelle beginnen und möchte so wenig wie möglich doppelt zeichnen. Wie lang ist dann der Weg, den Tims Stift zurücklegen muss?

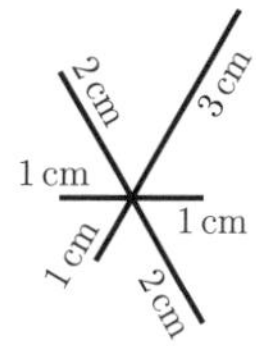

(**A**) 14 cm (**B**) 15 cm (**C**) 16 cm (**D**) 17 cm (**E**) 18 cm

A-Junior (5), D/CH-9/10 (7) 2024

A 4.40 Tiko und Kim haben im Wald eine Rennstrecke markiert. Sie laufen gleichzeitig los, Tiko von der Tanne T, Kim von der Kiefer K. Kim läuft 3-mal so schnell wie Tiko. Wo treffen sie sich?

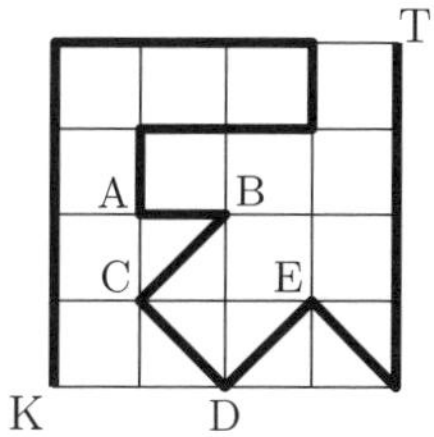

(**A**) am Punkt A (**B**) am Punkt B (**C**) am Punkt C
(**D**) am Punkt D (**E**) am Punkt E

A-Benjamin (8), D/CH-5/6 (11) 2020

A 4.41 Auf einer Geraden befinden sich die Punkte A, B, C und D. Der Abstand zwischen A und B beträgt 7 cm, der Abstand zwischen B und C beträgt 5 cm, die Punkte C und D sind 8 cm voneinander entfernt, und D und A sind 6 cm voneinander entfernt.
Welche der vier Punkte A, B, C und D sind am weitesten voneinander entfernt?

(**A**) A und B (**B**) A und C (**C**) B und D (**D**) C und D (**E**) A und D

D/CH-5/6 (23) 2022

A 4.42 Auf einer Geraden wurden die Punkte A, B, C und D markiert:

Der Abstand zwischen A und C beträgt 12 cm und der Abstand zwischen B und D beträgt 18 cm.
Wie groß ist der Abstand zwischen den Mittelpunkten der Strecken $\overline{AB}$ und $\overline{CD}$?

(**A**) 6 cm (**B**) 9 cm (**C**) 12 cm (**D**) 15 cm (**E**) 18 cm

A-Student (10), D/CH-11–13 (16) 2022

A 4.43 Die sechs Kanten der dreiseitigen Pyramide im Bild haben in cm eine ganzzahlige Länge. Vier der Längen sind angegeben. Wie lang ist die Kante $\overline{AC}$?

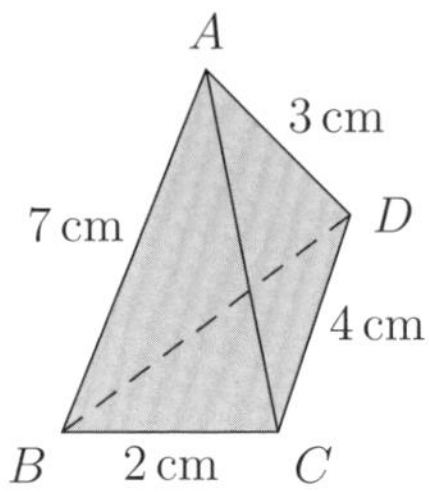

(**A**) 3 cm (**B**) 4 cm (**C**) 5 cm (**D**) 6 cm (**E**) 7 cm

A-Student (14), D/CH-11–13 (15) 2023

Einfache Figuren

A 4.44 Der Vorraum der Turnhalle wurde neu gefliest. Als Fliesen gibt es graue Rechtecke  und schwarze Quadrate ■. Die grauen Rechtecke sind 23 cm lang und 11 cm breit.
Welche Seitenlänge haben die schwarzen Quadrate?

(**A**) 3 cm (**B**) 4 cm (**C**) 5 cm (**D**) 6 cm (**E**) 7 cm

A-Ecolier (16), D/CH-3/4 (15) 2024

A 4.45 In ihrem kleinen quadratischen Garten hat Frau Kresse wie in der Zeichnung drei kleinere quadratische Beete für Gemüse und Kräuter abgeteilt.
Wie lang ist der Weg zum mittleren der kleinen Beete?

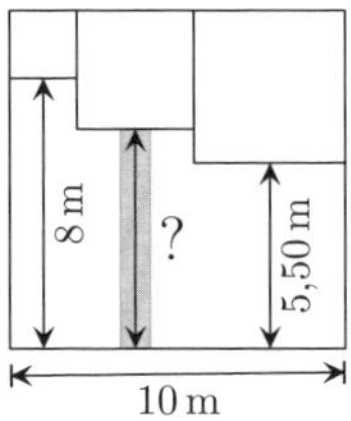

(**A**) 6,75 m (**B**) 6,50 m (**C**) 6,25 m (**D**) 6,00 m (**E**) 5,75 m

A-Benjamin (18), D/CH-5/6 (17) 2020

A 4.46 Die Figur im Bild rechts ist aus lauter gleichseitigen Dreiecken zusammengesetzt. Das kleine graue Dreieck hat die Seitenlänge 1 cm. Welche Seitenlänge hat das große graue Dreieck?

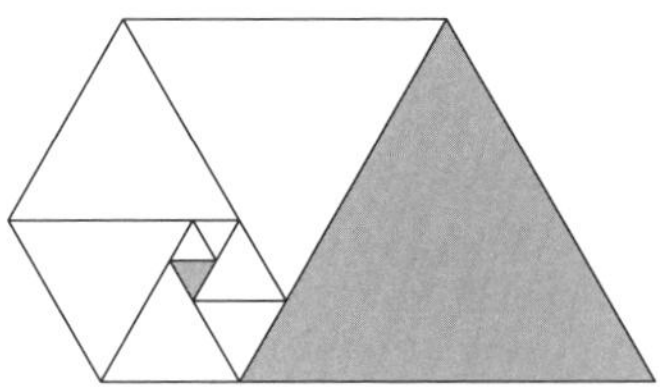

(**A**) 8 cm (**B**) 9 cm (**C**) 10 cm
(**D**) 11 cm (**E**) 12 cm

D/CH-7/8 (8) 2022

A 4.47 Zwei rechteckige Tische lassen sich auf vier verschiedene Arten zusammenschieben:

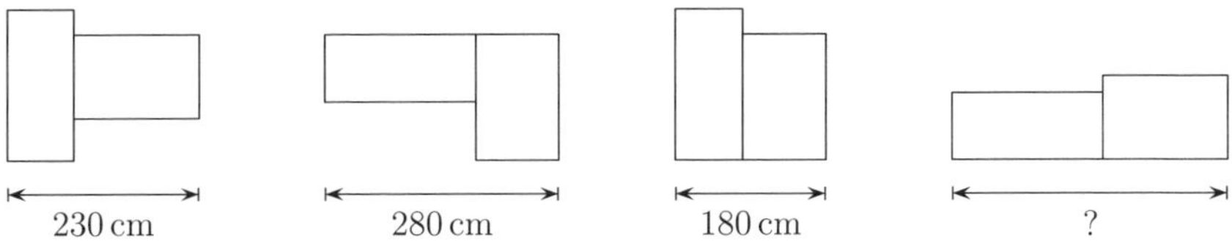

Welche Längenangabe gehört an die Stelle des Fragezeichens?

(**A**) 330 cm (**B**) 350 cm (**C**) 360 cm (**D**) 400 cm (**E**) 410 cm

D/CH-9/10 (6) 2020

A 4.48 Die großen, übereinanderliegenden Dreiecke im Bild rechts sind gleichseitig. Gegenüberliegende Seiten des Sechsecks in der Mitte sind jeweils parallel zueinander. Von fünf Sechsecksseiten sind die Längen in cm angegeben. Wie lang ist die sechste Sechsecksseite?

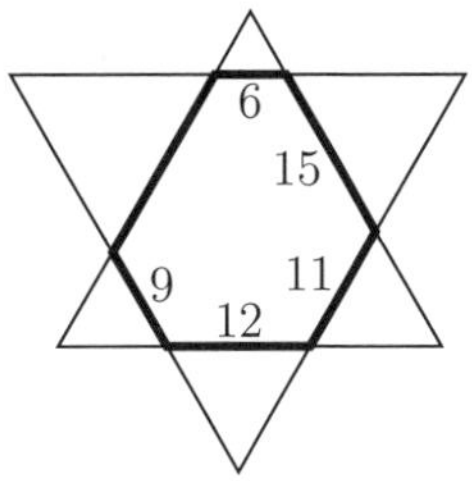

(**A**) 16 cm (**B**) 17 cm (**C**) 18 cm (**D**) 19 cm (**E**) 20 cm

A-Student (12), D/CH-11–13 (8) 2023

A 4.49 Das Quadrat $PQRS$ hat die Seitenlänge 1 cm, U ist der Mittelpunkt der Seite $\overline{RS}$, W der Mittelpunkt von $PQRS$. Die Punkte V und T liegen so auf den Seiten $\overline{PS}$ bzw. $\overline{QR}$, dass die Flächeninhalte der drei entstehenden Teilflächen gleich sind.
Wie lang ist die Strecke $\overline{SV}$?

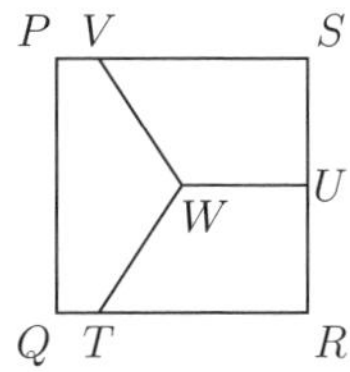

(**A**) $\frac{1}{2}$ cm (**B**) $\frac{2}{3}$ cm (**C**) $\frac{3}{4}$ cm (**D**) $\frac{4}{5}$ cm (**E**) $\frac{5}{6}$ cm

A-Junior (20), D/CH-9/10 (17) 2022

A 4.50 Das Rechteck $ABCD$ ist wie abgebildet in sieben identische Rechtecke zerlegt. Die Seite $\overline{BC}$ ist 42 cm lang. Wie lang ist die Seite $\overline{AB}$?

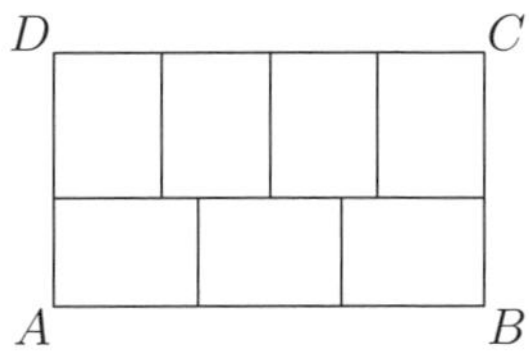

(**A**) 56 cm (**B**) 60 cm (**C**) 66 cm (**D**) 68 cm (**E**) 72 cm

A-Kadett (19), D/CH-7/8 (20) 2022

A 4.51 Im Dreieck ABC mit den Winkeln $\measuredangle BAC = 75°$ und $\measuredangle ACB = 60°$ sowie der Seitenlänge $|\overline{AC}| = 1$ wurde die Seite $\overline{AB}$ durch eine „Treppe“ ersetzt (s. Abb.).
Wie lang ist diese treppenförmige Linie?

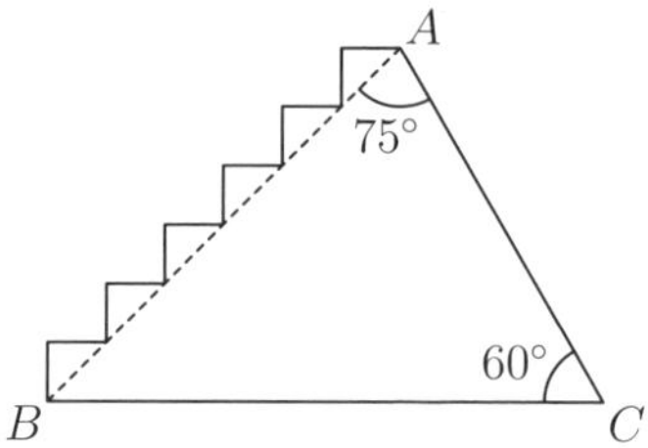

(**A**) 2 (**B**) 3 (**C**) $\frac{3}{2}$ (**D**) $\sqrt{2}$ (**E**) $\sqrt{3}$

A-Junior (21), D/CH-9/10 (21) 2021

Umfangsberechnungen

A 4.52 Der Marie-Curie-Park soll rundherum einen Zaun bekommen. Ein Teil des Zauns steht bereits. Wie lang wird der Zaun insgesamt?

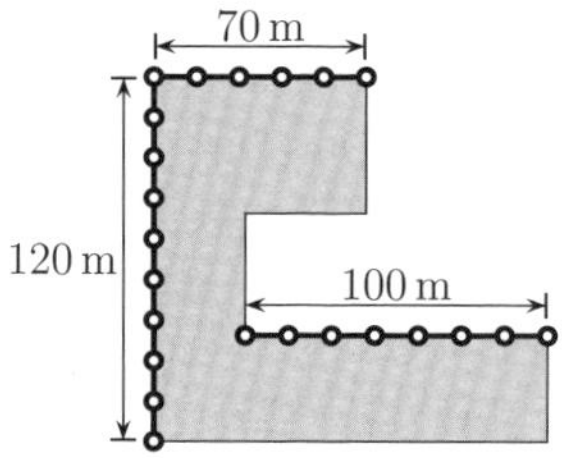

(**A**) 580 m (**B**) 590 m (**C**) 600 m
(**D**) 610 m (**E**) 620 m

A-Kadett (15), D/CH-7/8 (15) 2020

A 4.53 Per hat ein großes Rechteck in vier kleinere Rechtecke zerschnitten. Der Umfang von drei der kleinen Rechtecke ist im Bild angegeben. Welchen Umfang hat das vierte kleine Rechteck?

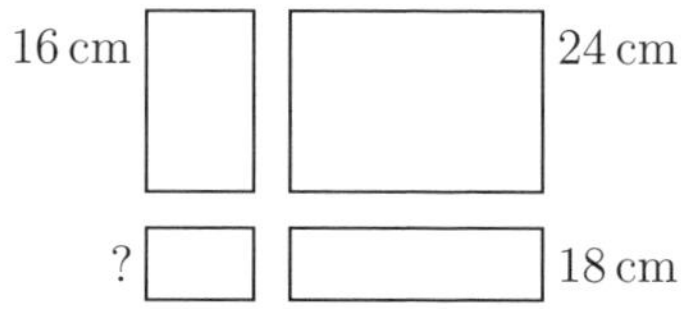

(**A**) 6 cm (**B**) 8 cm (**C**) 10 cm
(**D**) 12 cm (**E**) 14 cm

D/CH-7/8 (18) 2024

A 4.54 Das gleichseitige Dreieck im Bild wird durch drei Strecken im Inneren in drei Teile geteilt. Die Strecken sind 2 cm, 3 cm bzw. 6 cm lang und jeweils parallel zu einer der Dreiecksseiten.
Welchen Umfang hat das gleichseitige Dreieck?

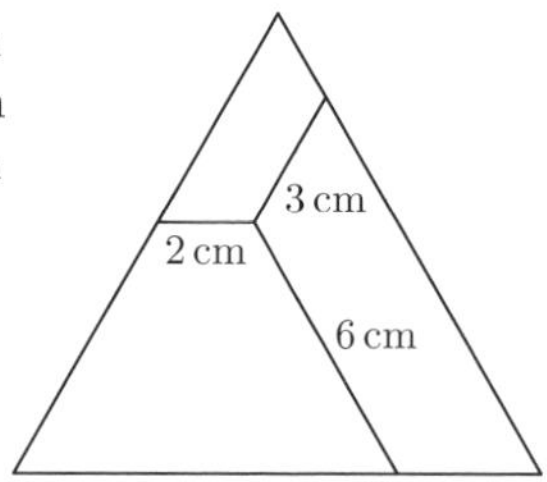

(**A**) 24 cm (**B**) 27 cm (**C**) 33 cm
(**D**) 36 cm (**E**) 42 cm

A-Junior (16), D/CH-9/10 (17) 2024

A 4.55 Die Zahlen in den Gebieten der rechts abgebildeten Figur geben jeweils den Umfang dieses Gebiets in cm an (*Abbildung nicht maßstabsgerecht*).
Wie lang ist die äußere Begrenzungslinie der Figur?

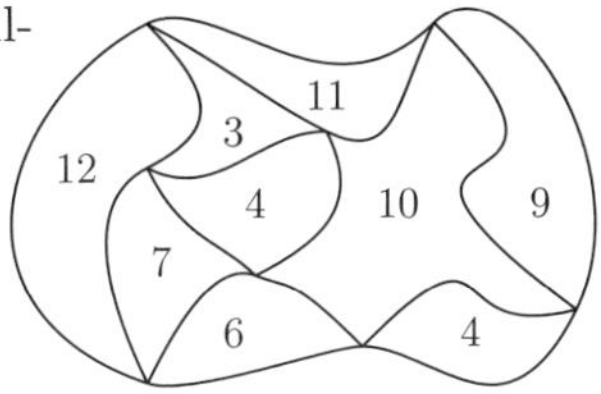

(**A**) 22 cm (**B**) 26 cm (**C**) 28 cm
(**D**) 32 cm (**E**) 34 cm

A-Junior (30), D/CH-9/10 (27) 2023

Winkelbestimmungen

A 4.56 Denise hat einen Kuchen gebacken und ihn in 10 gleich große Stücke geschnitten. Ein Stück hat sie gleich aufgegessen. Die übrigen Stücke hat sie so angeordnet, dass die Lücken zwischen benachbarten Stücken alle gleich groß sind. Wie groß ist jeweils der Winkel zwischen zwei benachbarten Stücken?

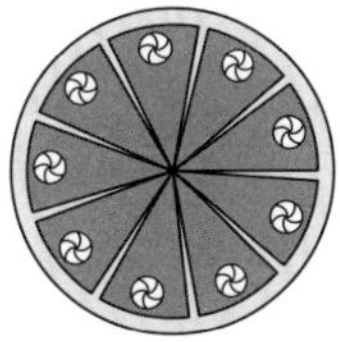

(**A**) 5° (**B**) 4° (**C**) 3° (**D**) 2° (**E**) 1°

A-Kadett (11), D/CH-7/8 (14) 2024

A 4.57 Fünf identische rechtwinklige Dreiecke können so angeordnet werden, dass die größeren spitzen Winkel in der Mitte aneinanderstoßen und den abgebildeten Stern bilden. Es ist auch möglich, eine größere Anzahl dieser Dreiecke so anzuordnen, dass jeweils die kleineren spitzen Winkel in der Mitte aneinanderstoßen. Wie viele Dreiecke sind dafür nötig?

(**A**) 10 (**B**) 12 (**C**) 18 (**D**) 20 (**E**) 24

A-Kadett (15), D/CH-7/8 (16) 2021

A 4.58 Aus 30 Rauten (Rhomben) wurde ein Mosaik gelegt. Die 20 hellen Rauten sind alle zueinander kongruent und die 10 dunklen sind alle zueinander kongruent.
Wie groß ist der größere Innenwinkel der hellen Rauten?

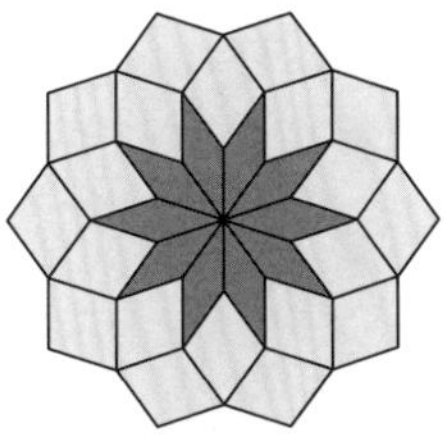

(**A**) 106° (**B**) 108° (**C**) 110° (**D**) 112° (**E**) 114°

D/CH-9/10 (12) 2023

A 4.59 Romina nimmt sich ein quadratisches Stück Papier und faltet eine Seite auf die Diagonale. So entsteht ein neues Viereck. Wie groß ist der größte Innenwinkel in dem entstandenen Viereck?

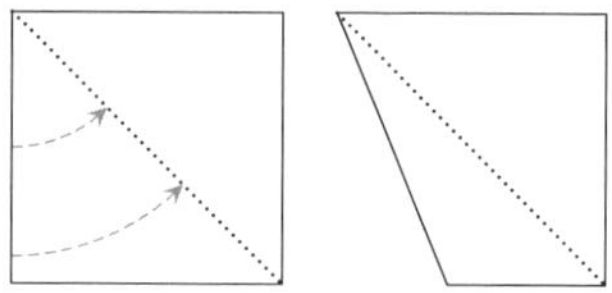

(**A**) 110° (**B**) 112,5° (**C**) 115°
(**D**) 117,5° (**E**) 120°

A-Kadett (22), D/CH-7/8 (17) 2020

A 4.60 Im Bild rechts ist der Eckpunkt S des regelmäßigen Sechsecks $NOPQRS$ gleichzeitig der Mittelpunkt des Quadrats $KLMN$. Wie groß ist der mit dem Fragezeichen markierte Winkel?

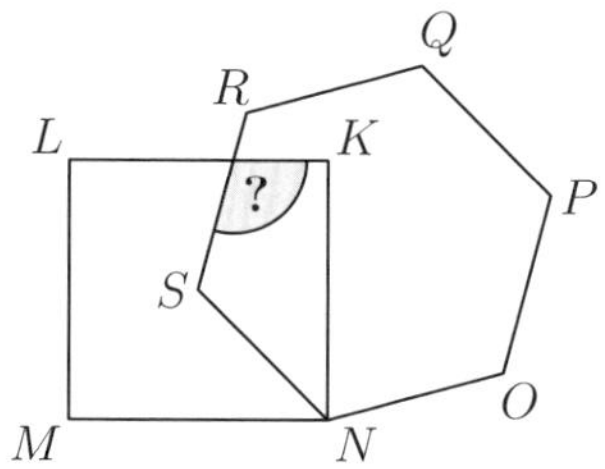

(**A**) 105° (**B**) 110° (**C**) 115°
(**D**) 120° (**E**) 125°

A-Junior (9), D/CH-9/10 (14) 2024

A 4.61 Das Bild zeigt einen Halbkreis mit Mittelpunkt M. Wie groß ist α?
(*Abbildung nicht maßstabsgerecht*)

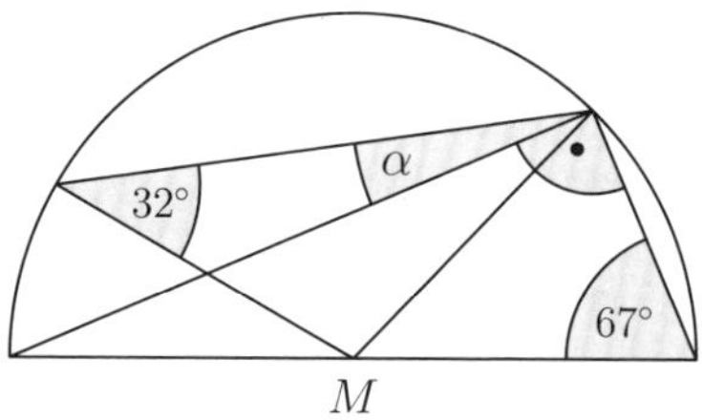

(**A**) 5° (**B**) 7° (**C**) 9° (**D**) 11° (**E**) 13°

A-Junior (24), D/CH-9/10 (15) 2021

A 4.62 Zwei Quadrate sind wie im Bild in ein gleichseitiges Dreieck gezeichnet (*Abb. nicht maßstabsgerecht*). Wie groß ist der mit dem Fragezeichen markierte Winkel?

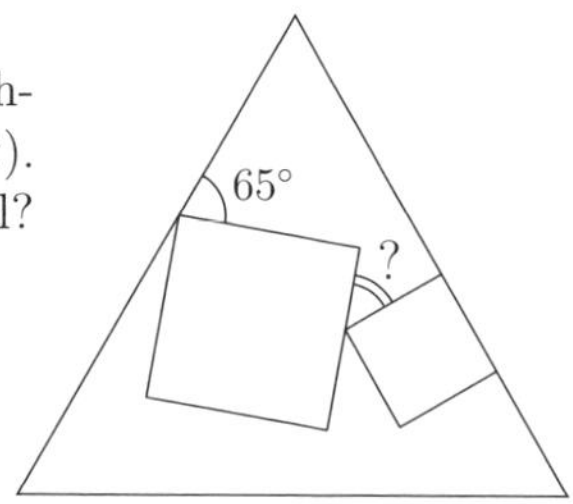

(**A**) 35° (**B**) 40° (**C**) 45° (**D**) 50° (**E**) 55°

A-Junior (17), D/CH-9/10 (17) 2020

A 4.63 Wie groß ist die Summe der 6 Winkel, die in der Figur markiert sind?

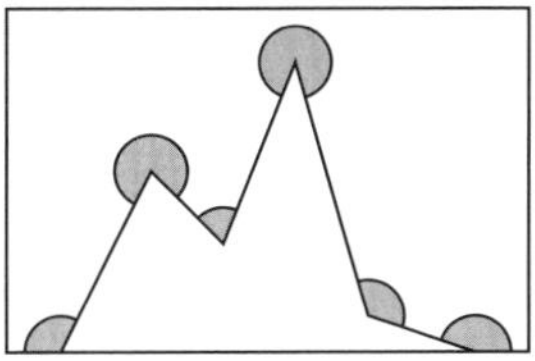

(**A**) 960° (**B**) 1020° (**C**) 1080°
(**D**) 1120° (**E**) 1140°

A-Junior (16), D/CH-9/10 (19) 2021

A 4.64 Drei Winkel α, β und γ sind auf quadratisch kariertem Papier eingezeichnet (siehe Abbildung). Welchen Wert hat $\alpha + \beta + \gamma$?

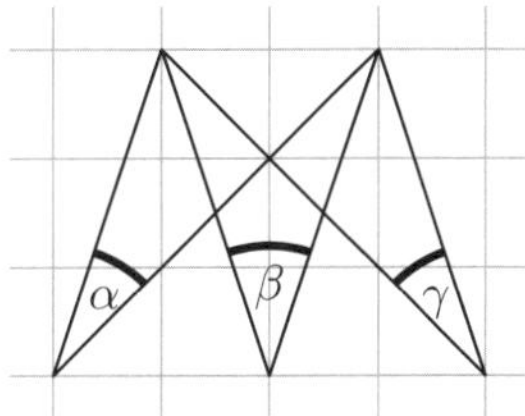

(**A**) 72° (**B**) 75° (**C**) 87,5° (**D**) 96°
(**E**) einen anderen Wert

A-Kadett (26) 2024

A 4.65 Zwei Spiegel sind wie abgebildet zusammengefügt und schließen einen Winkel der Größe α ein. Ein Lichtstrahl fällt parallel zu einem der Spiegel ein und wird nach der vierten Reflexion auf dem gleichen Weg zurückgeworfen.
Wie groß ist α?
(*Abbildung nicht maßstabsgerecht*)

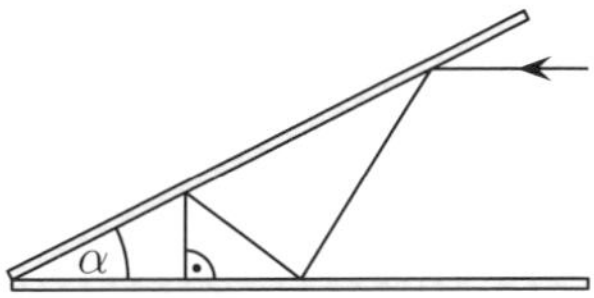

(**A**) 10° (**B**) 15° (**C**) 22,5° (**D**) 30° (**E**) 45°

A-Student (28), D/CH-11–13 (24) 2021

Flächen vergleichen

A 4.66 In welcher der folgenden Figuren ist die graue Fläche am größten?

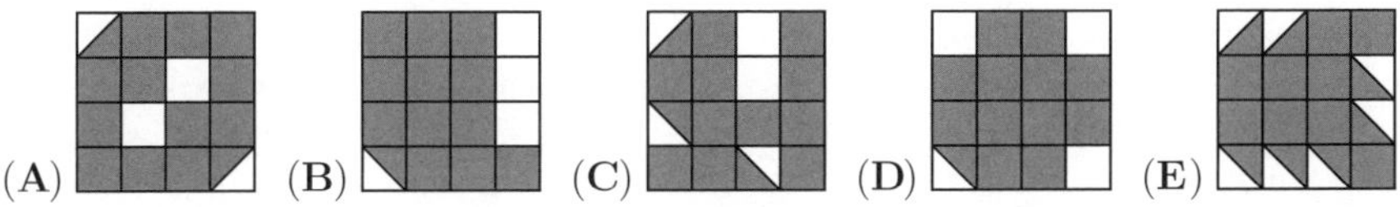

A-Ecolier (6), D/CH-5/6 (3) 2020

A 4.67 Ein großes Quadrat wurde in kleinere Quadrate unterteilt. In eines davon wurde außerdem eine Diagonale eingezeichnet. Welcher Anteil der Fläche des großen Quadrats ist grau?

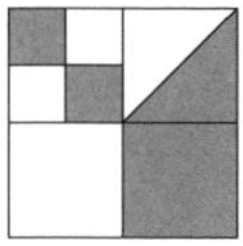

(**A**) $\frac{4}{5}$ (**B**) $\frac{3}{8}$ (**C**) $\frac{4}{9}$ (**D**) $\frac{1}{3}$ (**E**) $\frac{1}{2}$

A-Kadett (5), D/CH-7/8 (5) 2020

A 4.68 Sechs identische Rauten (auch Rhomben genannt) formen einen Stern. Jede Raute hat einen Flächeninhalt von $5\,\text{cm}^2$. Die Spitzen des Sterns bilden ein regelmäßiges Sechseck. Welchen Flächeninhalt hat dieses Sechseck?

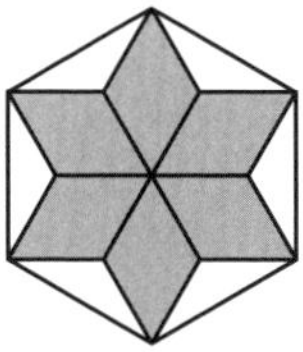

(**A**) $36\,\text{cm}^2$ (**B**) $40\,\text{cm}^2$ (**C**) $45\,\text{cm}^2$ (**D**) $48\,\text{cm}^2$ (**E**) $60\,\text{cm}^2$

A-Junior (6), D/CH-9/10 (6) 2021

A 4.69 Ein großes Quadrat wurde in 4 Rechtecke zerteilt (s. Abb.). Die Eckpunkte des grauen Vierecks sind jeweils Seitenmittelpunkte dieser Rechtecke und sein Flächeninhalt beträgt $3\,\text{cm}^2$. Welchen Flächeninhalt hat das große Quadrat?

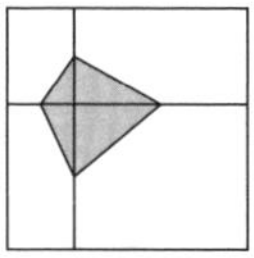

(**A**) $16\,\text{cm}^2$ (**B**) $18\,\text{cm}^2$ (**C**) $20\,\text{cm}^2$ (**D**) $24\,\text{cm}^2$ (**E**) $27\,\text{cm}^2$

A-Student (14), D/CH-11–13 (12) 2022

A 4.70 Die Punkte M und N sind die Mittelpunkte der linken und der rechten Seite des abgebildeten Rechtecks. Welcher Anteil der Fläche des Rechtecks ist grau gefärbt?

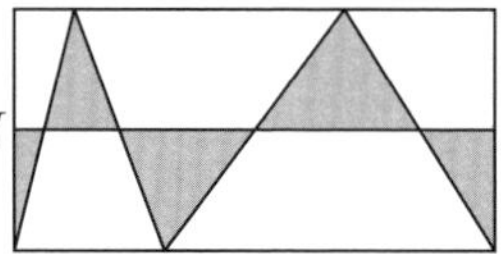

(**A**) $\frac{1}{7}$ (**B**) $\frac{1}{6}$ (**C**) $\frac{1}{5}$ (**D**) $\frac{1}{4}$ (**E**) $\frac{1}{3}$

A-Junior (14), D/CH-9/10 (16) 2023

A 4.71 In ein Quadrat mit Seitenlänge 6 cm wurden eine Diagonale, ein Halbkreis und ein Viertelkreis eingezeichnet (s. Abb.). Welchen Flächeninhalt hat die graue Fläche?

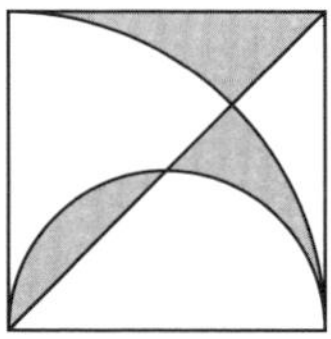

(**A**) $9\,\text{cm}^2$ (**B**) $3\pi\,\text{cm}^2$ (**C**) $\frac{10}{3}\pi\,\text{cm}^2$
(**D**) $12\,\text{cm}^2$ (**E**) $(6\pi - 9)\,\text{cm}^2$

A-Student (12), D/CH-11–13 (15) 2024

A 4.72 Sowohl die schwarze als auch die graue Linie teilen die abgebildete Fläche jeweils in zwei gleich große Teile. A, B, C und D sind die Flächeninhalte der vier mittleren Gebiete. Welche Aussage ist sicher richtig?

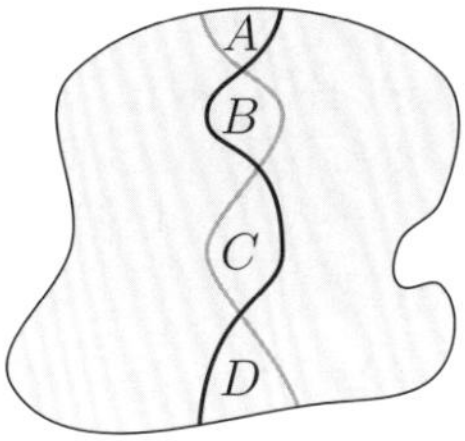

(**A**) $A + B = C + D$ (**B**) $A + C = B + D$
(**C**) $A = D$ (**D**) $C = A + B + D$
(**E**) $A + D = B + C$

A-Student (10), D/CH-11–13 (9) 2024

A 4.73 Ein Quadrat mit $84\,\text{cm}^2$ Flächeninhalt wird in vier Quadrate unterteilt und das Quadrat links oben wird schwarz gefärbt. Dann wird das Quadrat rechts unten in vier Quadrate unterteilt und von diesen das linke obere schwarz gefärbt. Dieser Ablauf wird immer wieder wiederholt.
Wie groß wäre der Flächeninhalt der schwarzen Fläche, wenn das unendlich oft wiederholt werden würde?

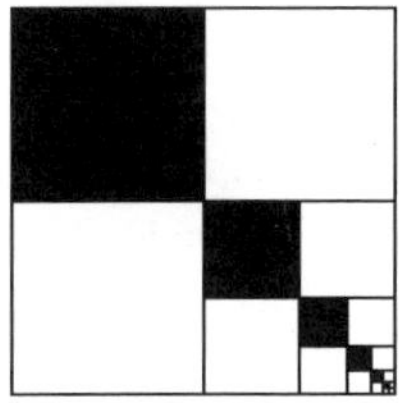

(**A**) $28\,\text{cm}^2$ (**B**) $31\,\text{cm}^2$ (**C**) $32\,\text{cm}^2$ (**D**) $34\,\text{cm}^2$ (**E**) $37\,\text{cm}^2$

A-Student (10), D/CH-11–13 (13) 2023

Rechnen mit Flächeninhalten

A 4.74 Auf Kästchenpapier sind vier Punkte markiert. Jedes Kästchen ist ein Quadrat mit der Seitenlänge 5 mm. Je drei dieser vier Punkte können als Eckpunkte eines Dreiecks gewählt werden. Welches ist der kleinste Flächeninhalt eines solchen Dreiecks?

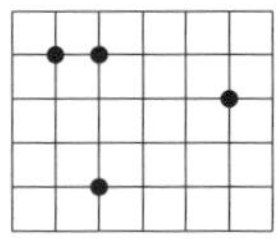

(**A**) $12{,}5\,\text{mm}^2$ (**B**) $25\,\text{mm}^2$ (**C**) $40\,\text{mm}^2$ (**D**) $50\,\text{mm}^2$ (**E**) $62{,}5\,\text{mm}^2$

A-Junior (10), D/CH-9/10 (10) 2020

A 4.75 Ein quadratisches Fenster besteht aus 6 Glasdreiecken, die alle denselben Flächeninhalt haben. Die Seitenlänge des Quadrats beträgt 15 cm. Wie weit von der unteren Quadratseite ist der Punkt entfernt, in dem die 6 Dreiecke zusammentreffen?

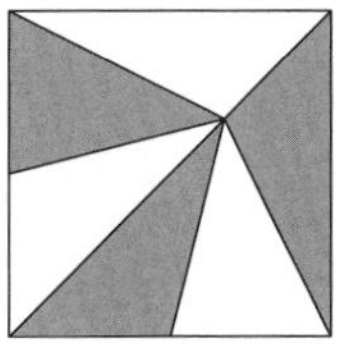

(**A**) 8,5 cm (**B**) 9 cm (**C**) 9,5 cm (**D**) 10 cm (**E**) 10,5 cm

A-Junior (20), D/CH-9/10 (20) 2020

A 4.76 Ein rechteckiger Streifen Papier, 13 cm lang und 4 cm breit, wurde einmal gefaltet (siehe Bild). Die dabei entstandenen Rechtecke haben die Flächeninhalte P und Q, wobei P doppelt so groß wie Q ist. Wie groß ist x?

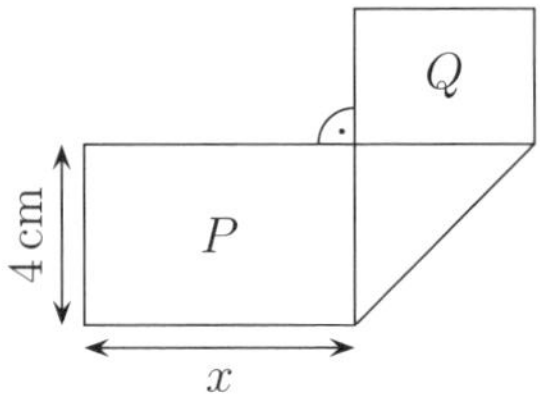

(**A**) 5 cm (**B**) 5,5 cm (**C**) 6 cm
(**D**) 6,5 cm (**E**) 7 cm

A-Kadett (15), D/CH-7/8 (18) 2021

A 4.77 Das gleichseitige Dreieck ABC hat eine Seitenlänge von 120 cm. Auf den Seiten $\overline{AC}$ und $\overline{BC}$ liegen die Punkte D, E und F so, dass die Strecken $\overline{BD}$, $\overline{DE}$ und $\overline{EF}$ das Dreieck in 4 kleinere Dreiecke teilen, die denselben Flächeninhalt haben. (*Abbildung nicht maßstabsgerecht*) Welche Länge hat die Strecke $\overline{CF}$?

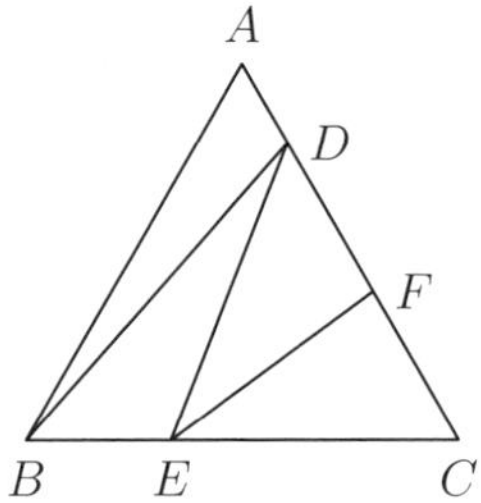

(**A**) 45 cm (**B**) 46 cm (**C**) 47 cm (**D**) 48 cm (**E**) 49 cm

D/CH-7/8 (29) 2024

A 4.78 Das große Fünfeck im Bild wurde in sieben Teile zerlegt. Die Zahlen in den Dreiecken geben jeweils deren Flächeninhalt in cm^2 an. Welchen Flächeninhalt hat das graue Viereck?

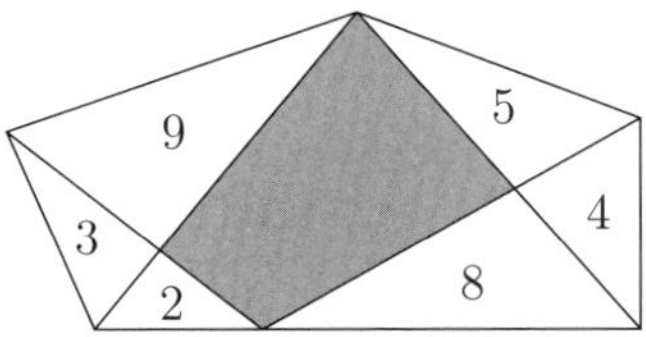

(**A**) 15 cm^2 (**B**) 16 cm^2 (**C**) 17 cm^2
(**D**) 18 cm^2 (**E**) 19 cm^2

A-Student (20), D/CH-11–13 (24) 2023

A 4.79 Das größere Rechteck in der Abbildung ist 20 % länger und 50 % breiter als das kleinere. Der Flächeninhalt des grau markierten Bereichs zwischen den zwei Diagonalen der Rechtecke beträgt 30 m^2. Welchen Flächeninhalt hat das kleinere Rechteck?

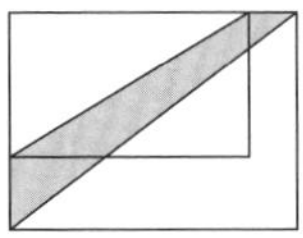

(**A**) 60 m^2 (**B**) 65 m^2 (**C**) 70 m^2 (**D**) 75 m^2 (**E**) 80 m^2

A-Student (23), D/CH-11–13 (24) 2020

4.3 Mit dem Satz des Pythagoras

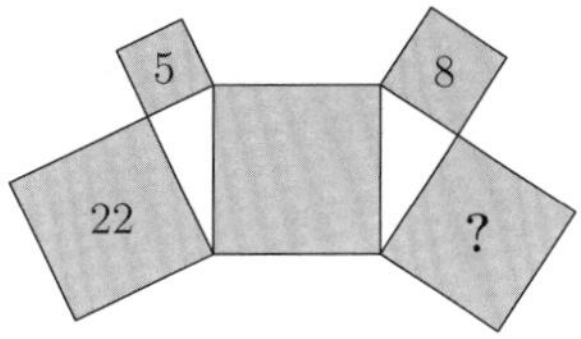

A 4.80 Fünf Quadrate und zwei rechtwinklige Dreiecke bilden die Figur rechts. Die drei Zahlen 22, 5 und 8 im Inneren dreier Quadrate geben jeweils ihren Flächeninhalt in m^2 an. Welchen Flächeninhalt hat das Quadrat mit dem Fragezeichen?

(**A**) $16\,\mathrm{m}^2$ (**B**) $17\,\mathrm{m}^2$ (**C**) $18\,\mathrm{m}^2$ (**D**) $19\,\mathrm{m}^2$ (**E**) $20\,\mathrm{m}^2$

A-Junior (11), D/CH-9/10 (13) 2022

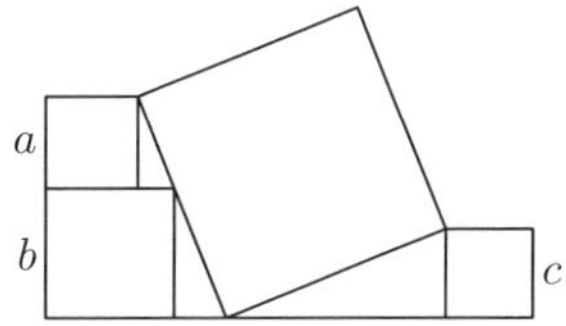

A 4.81 Die Seitenlängen der drei kleinen Quadrate rechts im Bild sind a, b und c.
Welche Seitenlänge hat das große Quadrat?

(**A**) $\frac{1}{2}(a+b+c)$ (**B**) $\sqrt{a^2+b^2+c^2}$

(**C**) $\sqrt{(a+b)^2+c^2}$ (**D**) $\sqrt{(b-a)^2+c^2}$ (**E**) $\sqrt{ab+bc+ac}$

A-Student (13), D/CH-11–13 (17) 2024

A 4.82 Hase und Igel tragen ein 5-km-Rennen entlang einer geraden Strecke aus. Der Hase ist fünfmal so schnell wie der Igel. Hektisch rennt der Hase beim Start in eine falsche Richtung los, und zwar senkrecht zur Wettbewerbsstrecke. Als er den Fehler merkt, stoppt er und rennt auf direktem Weg zum Ziel, das er zeitgleich mit dem Igel erreicht. Nach wie vielen Kilometern hat der Hase seinen Fehler bemerkt?

(**A**) 11 km (**B**) 12 km (**C**) 13 km (**D**) 14 km (**E**) 15 km

A-Junior (22), D/CH-9/10 (24) 2020

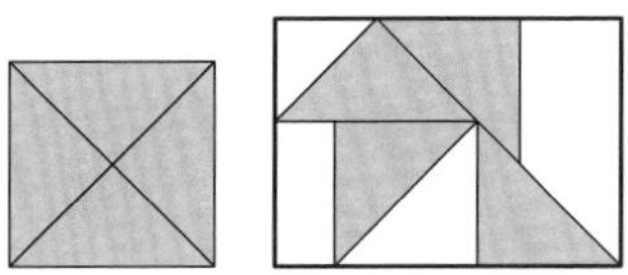

A 4.83 Delaila schneidet ein buntes quadratisches Blatt Papier mit Seitenlänge 10 cm in vier kongruente Dreiecke. Die vier Teile klebt sie auf den Deckel einer rechteckigen Kiste (s. Abb.). Welchen Flächeninhalt (in cm^2) hat der Teil des Deckels, den Delaila nicht überklebt hat?

(**A**) $50+50\sqrt{2}$ (**B**) $125\sqrt{2}-100$ (**C**) $75+25\sqrt{2}$

(**D**) $250-100\sqrt{2}$ (**E**) $75\sqrt{2}$

D/CH-11–13 (24) 2022

A 4.84 Helena hat ein quadratisches Blatt Papier mit Seitenlänge 1. Sie faltet zwei Seiten des Quadrats auf die Diagonale (s. Abb.). Welchen Flächeninhalt hat das so entstandene Drachenviereck?

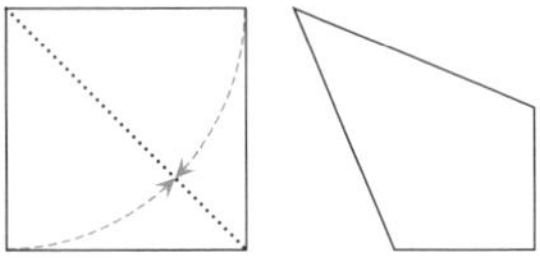

(**A**) $2-\sqrt{2}$ (**B**) $\frac{\sqrt{2}}{2}$ (**C**) $\sqrt{2}-1$ (**D**) $\frac{7}{10}$ (**E**) $\frac{3}{5}$

A-Student (27), D/CH-11–13 (26) 2020

A 4.85 Ein großes Quadrat ist in vier kleinere Quadrate zerteilt. Ein Kreis im Inneren des Quadrats berührt den Mittelpunkt der rechten Seite des großen Quadrats. Welche Seitenlänge hat das große Quadrat? (*Abbildung nicht maßstabsgerecht*)

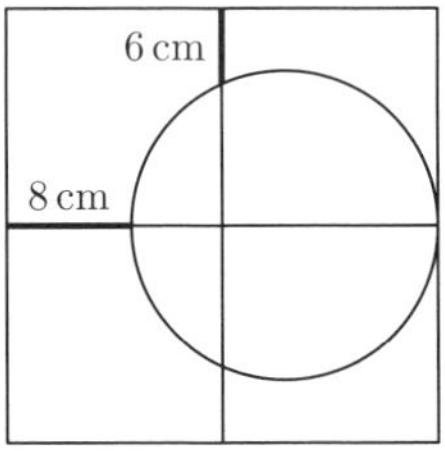

(**A**) 18 cm (**B**) 20 cm (**C**) 24 cm (**D**) 28 cm (**E**) 30 cm

A-Student (26), D/CH-11–13 (27) 2023

4.4 Ähnliche Figuren, Strahlensätze

A 4.86 Judith hat eine Holzleiste in 6 Teile zersägt und einen Drachen gebaut. Für die Diagonalen hat sie ein 60 cm langes Stück und ein 40 cm langes Stück genommen. Mit den anderen vier Teilen hat sie die Mittelpunkte der Drachenseiten verbunden. Wie lang war die Leiste, bevor sie zerschnitten wurde?

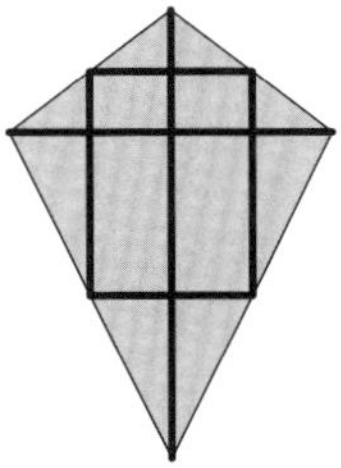

(**A**) 150 cm (**B**) 180 cm (**C**) 200 cm (**D**) 210 cm (**E**) 225 cm

A-Junior (11), D/CH-9/10 (9) 2020

A 4.87 Die Pyramide $ABCD$ hat die Kantenlängen $|AD| = 5\,\text{cm}$, $|AC| = 6\,\text{cm}$, $|AB| = 7\,\text{cm}$, $|CD| = 8\,\text{cm}$, $|BD| = 9\,\text{cm}$, $|BC| = 10\,\text{cm}$. Die Punkte M, N, P, Q, R und S sind die Mittelpunkte der Kanten.
Wie lang ist der Rundweg $MNPQRSM$?

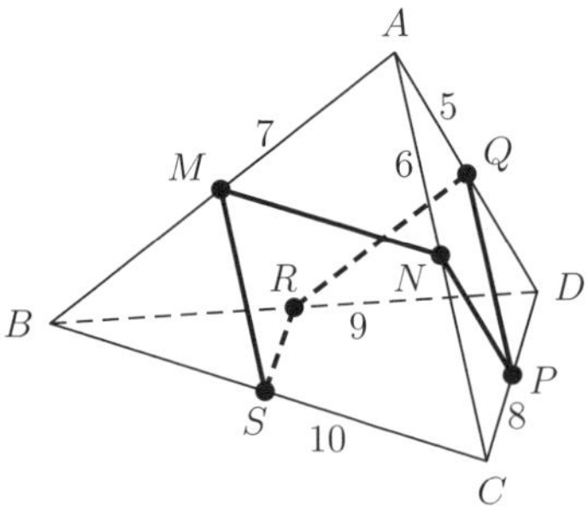

(**A**) 19 cm (**B**) 20 cm (**C**) 21 cm (**D**) 22 cm (**E**) 23 cm

A-Student (21), D/CH-11–13 (13) 2024

A 4.88 Die drei Quadrate im Bild haben die Seitenlängen 6 cm, 10 cm und 16 cm.
Welchen Flächeninhalt hat das graue Trapez?

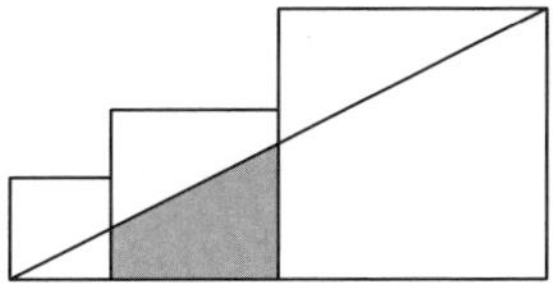

(**A**) $55\,\text{cm}^2$ (**B**) $60\,\text{cm}^2$ (**C**) $65\,\text{cm}^2$
(**D**) $70\,\text{cm}^2$ (**E**) $75\,\text{cm}^2$

A-Junior (12), D/CH-9/10 (19) 2023

A 4.89 Auf einem Blatt mit quadratischem Gitter ist eine Strecke durch den Gitterpunkt P gezeichnet. In welchem Verhältnis stehen die Flächeninhalte der drei schwarzen Dreiecke zueinander?

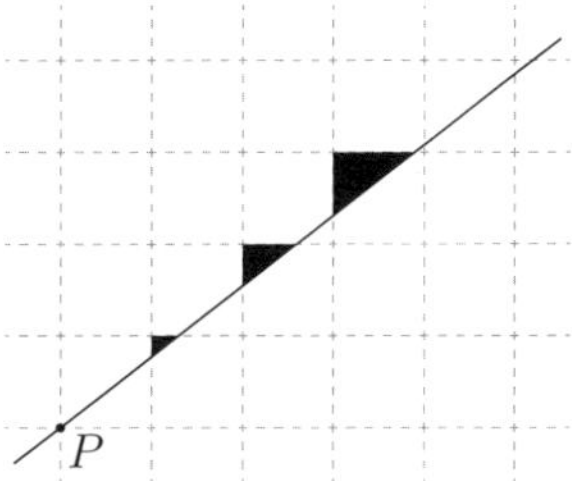

(**A**) 1 : 2 : 3 (**B**) 1 : 2 : 4 (**C**) 1 : 3 : 9
(**D**) 1 : 4 : 8 (**E**) 1 : 4 : 9

A-Student (22), D/CH-11–13 (23) 2020

A 4.90 An einem Quadrat mit Flächeninhalt 9 und einem Quadrat mit Flächeninhalt 1 „lehnt“ ein größeres Quadrat so wie in der Abbildung rechts.
Welchen Flächeninhalt hat dieses Quadrat?

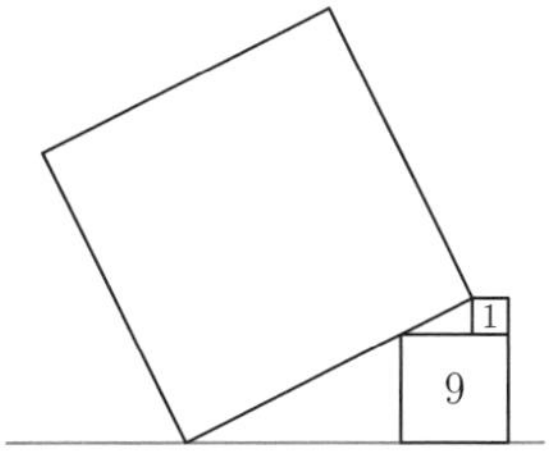

(**A**) 37 (**B**) 50 (**C**) 65 (**D**) 80 (**E**) 99

A-Student (18), D/CH-11–13 (20) 2020

A 4.91 Rechts sind drei Quadrate abgebildet. Die Punkte A, B und C liegen auf einer Geraden. Der Flächeninhalt des linken Quadrats ist $49\,\text{cm}^2$ und der Flächeninhalt des mittleren Quadrats ist $16\,\text{cm}^2$.
Welchen Flächeninhalt hat das Dreieck ADC?

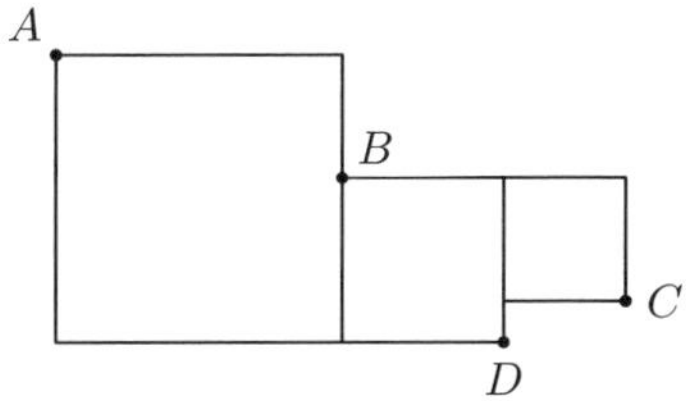

(**A**) $24{,}5\,\text{cm}^2$ (**B**) $22\,\text{cm}^2$ (**C**) $18{,}5\,\text{cm}^2$ (**D**) $16\,\text{cm}^2$ (**E**) $14{,}5\,\text{cm}^2$

A-Student (20), D/CH-11–13 (23) 2021

4.5 Rund um den Kreis

A 4.92 Die folgenden Wege von N nach M verlaufen entlang der drei Kreise mit Mittelpunkt M und den zwei senkrecht aufeinander stehenden Durchmessern. Welcher dieser Wege ist am kürzesten?

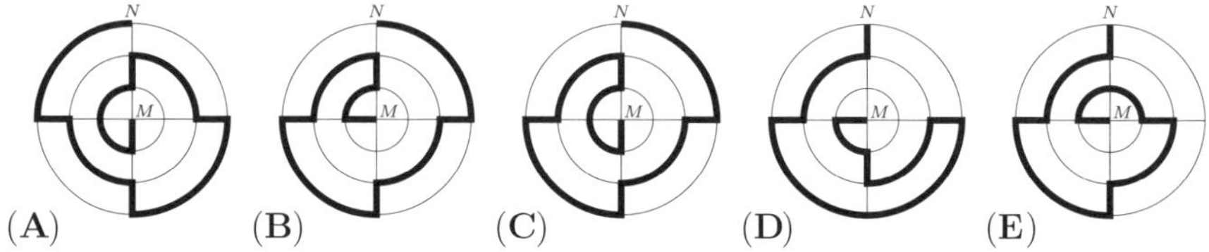

D/CH-11–13 (2) 2020

A 4.93 Das Bild zeigt ein Quadrat und 4 gleich große Kreise. Jeder der Kreise berührt zwei Seiten des Quadrats und zwei andere Kreise. Die schwarze Fläche in der Mitte ist $1\,\text{cm}^2$ groß. Welchen Flächeninhalt hat die gesamte graue Fläche?

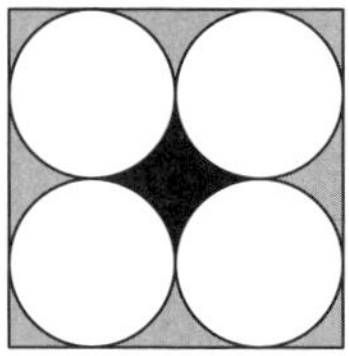

(**A**) $2\,\text{cm}^2$ (**B**) $3\,\text{cm}^2$ (**C**) $4\,\text{cm}^2$ (**D**) $5\,\text{cm}^2$ (**E**) $6\,\text{cm}^2$

A-Junior (6), D/CH-9/10 (10) 2024

A 4.94 In der Zeichnung sind fünf gleich große Halbkreise abgebildet und die Längen einiger Strecken in cm angegeben.
Wie groß ist der Radius der Halbkreise?

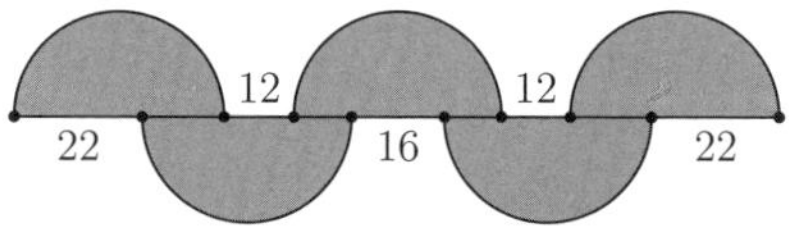

(**A**) 14 cm (**B**) 15 cm (**C**) 17 cm (**D**) 18 cm (**E**) 20 cm

A-Kadett (12), D/CH-7/8 (18) 2023

A 4.95 Drei Halbkreise berühren einander und das Rechteck, dessen längere Seite 36 cm lang ist. Die Abstände des mittelgroßen und des kleinen Halbkreises zur oberen langen Rechtecksseite betragen 5 cm und 7 cm.
Wie groß ist der Umfang des Rechtecks? (*Abbildung nicht maßstabsgerecht*)

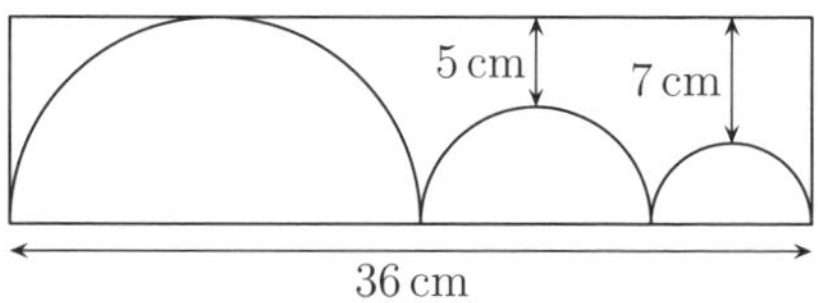

(**A**) 98 cm (**B**) 96 cm (**C**) 94 cm (**D**) 92 cm (**E**) 90 cm

A-Kadett (18), D/CH-7/8 (27) 2024

A 4.96 Zwei Kreise schneiden das Rechteck $GMFA$ wie im Bild. Es gilt $|AB| = 8\,\text{cm}$, $|CD| = 26\,\text{cm}$, $|EF| = 22\,\text{cm}$, $|GH| = 12\,\text{cm}$ und $|JK| = 24\,\text{cm}$.

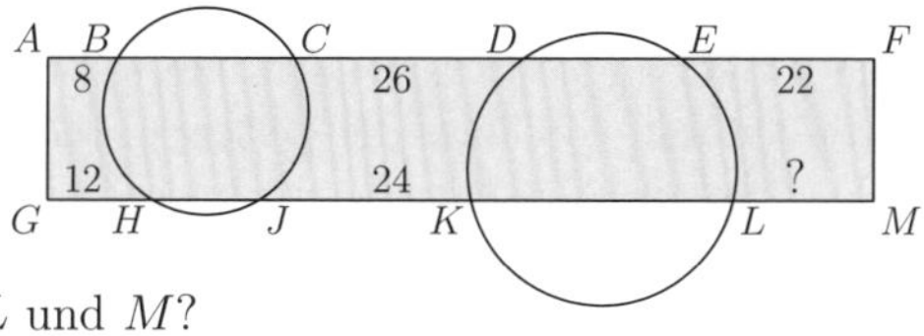

Welchen Abstand haben die Punkte L und M?

(**A**) 14 cm (**B**) 15 cm (**C**) 16 cm (**D**) 17 cm (**E**) 18 cm

A-Student (30), D/CH-11–13 (26) 2022

4.6 Räumliche Geometrie

Würfelbauwerke

A 4.97 Vincent hat mehrere gleich große Würfel gestapelt. Nun will er noch einen Würfel darauflegen.
Wie könnte sein Bauwerk dann aussehen?

(**A**)  (**B**)  (**C**)  (**D**)  (**E**) 

A-Ecolier (5), D/CH-3/4 (6) 2024

A 4.98 Der Quader rechts besteht aus dem weißen Baustein, dem schwarzen Baustein und einem grauen Baustein.
Wie sieht der graue Baustein aus?

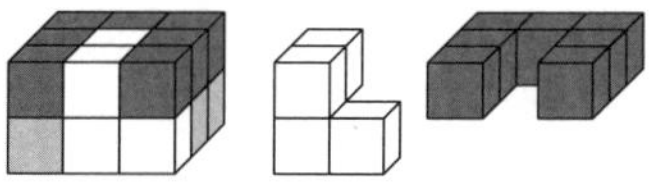

(**A**) 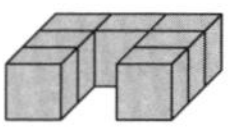 (**B**) 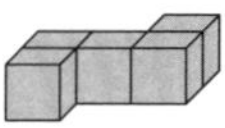 (**C**) 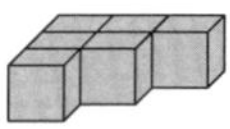 (**D**) 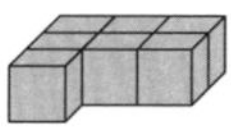 (**E**) 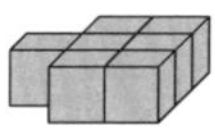

A-Ecolier (14), D/CH-3/4 (11) 2021

A 4.99 Mit drei Sorten von Bausteinen wurde wie abgebildet ein Würfel gebaut. Wie viele der kleinen weißen Würfel wurden dabei benutzt?

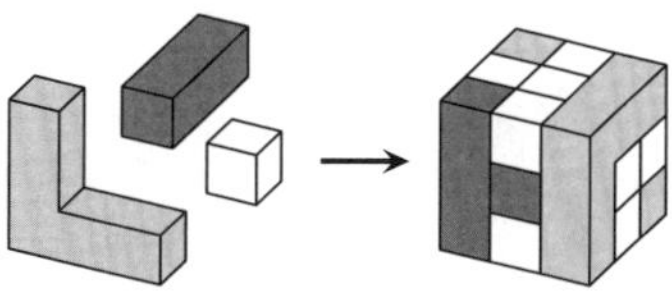

(**A**) 8 (**B**) 11 (**C**) 13 (**D**) 16 (**E**) 19

A-Ecolier (23), D/CH-3/4 (19) 2022

A 4.100 Anouk hat aus identischen Holzwürfeln eine „Stadt“ gebaut. Auf den Bildern ist der Blick von oben und von einer der Seiten zu sehen. Wie viele Holzwürfel hat Anouk höchstens benutzt?

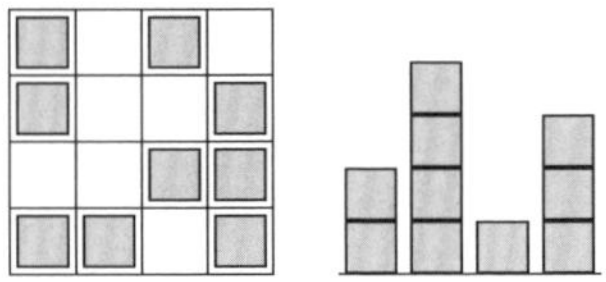

(**A**) 26 (**B**) 25 (**C**) 24 (**D**) 23 (**E**) 22

A-Kadett (19), D/CH-7/8 (19) 2020

A 4.101 Joris hat 27 gleich große Würfel, und zwar 10 weiße, 9 graue und 8 schwarze. Er baut mit ihnen einen der folgenden großen Würfel. Welchen?

(**A**)  (**B**)  (**C**) 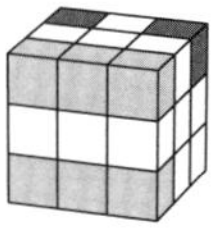 (**D**)  (**E**) 

A-Benjamin (11), D/CH-5/6 (13) 2020

A 4.102 Henning baut aus 27 identischen Würfeln einen großen Würfel wie im Bild. Jeder kleine Würfel hat genau zwei benachbarte rote Seitenflächen. Wie viele komplett rote Seitenflächen kann der große Würfel höchstens haben?

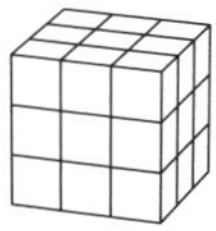

(**A**) 1 (**B**) 2 (**C**) 3 (**D**) 4 (**E**) 5

A-Kadett (16), D/CH-7/8 (18) 2020

A 4.103 Peter hat viele schwarze und weiße Würfel derselben Größe. Er möchte 27 dieser Würfel zu einem größeren $3 \times 3 \times 3$ Würfel zusammensetzen. Genau die Hälfte der Oberfläche dieses Würfels soll schwarz sein. Welches ist die kleinste Anzahl an schwarzen Würfeln, die Peter dafür verwenden muss?

(**A**) 13 (**B**) 12 (**C**) 11 (**D**) 10 (**E**) 9

A-Student (11), D/CH-11–13 (11) 2024

A 4.104 Connor baut aus 64 identischen kleinen Würfeln einen großen Würfel und malt anschließend drei seiner Seitenflächen vollständig rot an. Welches ist die größtmögliche Anzahl kleiner Würfel, die genau eine rote Seitenfläche haben?

(**A**) 27 (**B**) 28 (**C**) 32 (**D**) 34 (**E**) 40

A-Junior (26), D/CH-9/10 (26) 2020

Quader und ihre Netze

A 4.105 Vier identische Kisten wurden wie in der Abbildung zusammengeklebt. Um alle 6 Seitenflächen einer Kiste vollständig zu streichen, wird 200 ml Farbe benötigt.
Wie viel Farbe wird benötigt, um alle Seitenflächen des gesamten Bauwerks (einschließlich des Bodens) vollständig zu streichen?

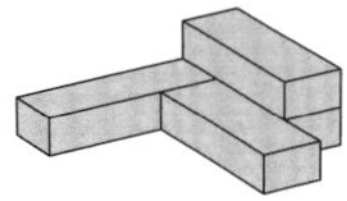

(**A**) 500 ml (**B**) 550 ml (**C**) 600 ml (**D**) 700 ml (**E**) 750 ml

A-Student (13), D/CH-11–13 (12) 2020

A 4.106 Drei Quader wurden zu einem größeren Quader zusammengestellt. In der Abbildung sind die Länge einer Quaderkante angegeben sowie die Flächeninhalte von vier Quaderflächen. Welchen Flächeninhalt hat die Quaderfläche mit dem Fragezeichen?

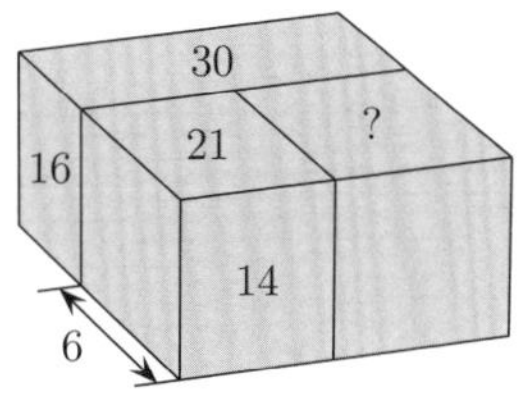

(**A**) 21 (**B**) 24 (**C**) 25,5 (**D**) 27 (**E**) 28,5

A-Student (20), D/CH-11–13 (14) 2020

A 4.107 Feodor hat auf einen Quader eine geschlossene Linie gemalt. Wie sieht das Netz dieses Quaders ganz sicher <u>nicht</u> aus?

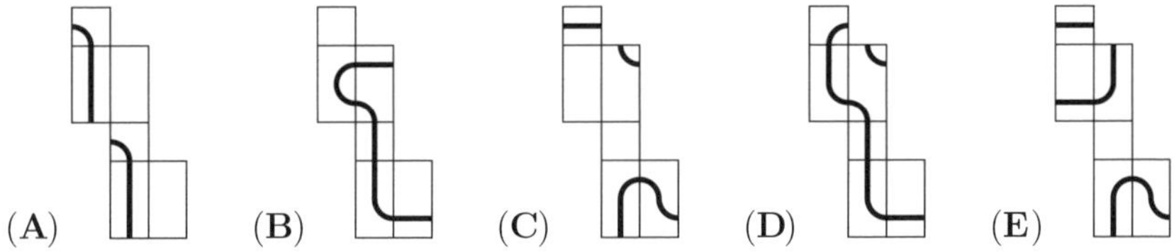

A-Junior (28), D/CH-9/10 (23) 2023

A 4.108 Zwei quaderförmige Bausteine mit denselben Abmessungen können auf drei verschiedene Weisen zu einem größeren Quader zusammengesetzt werden. Die Oberflächen dieser drei größeren Quader sind $72\,\text{cm}^2$, $96\,\text{cm}^2$ und $102\,\text{cm}^2$ groß.
Welchen Oberflächeninhalt hat ein einzelner Baustein?

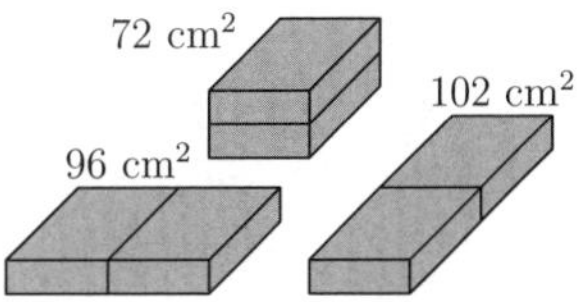

(**A**) $36\,\text{cm}^2$ (**B**) $48\,\text{cm}^2$ (**C**) $52\,\text{cm}^2$ (**D**) $54\,\text{cm}^2$ (**E**) $60\,\text{cm}^2$

A-Kadett (20), D/CH-7/8 (25) 2022

Volumenberechnung

A 4.109 Jede der fünf Vasen hat dieselbe Höhe und lässt sich mit 1 Liter Wasser bis zum Rand füllen. Vivien füllt in jede Vase einen halben Liter Wasser. In welcher Vase steht das Wasser dann am höchsten?

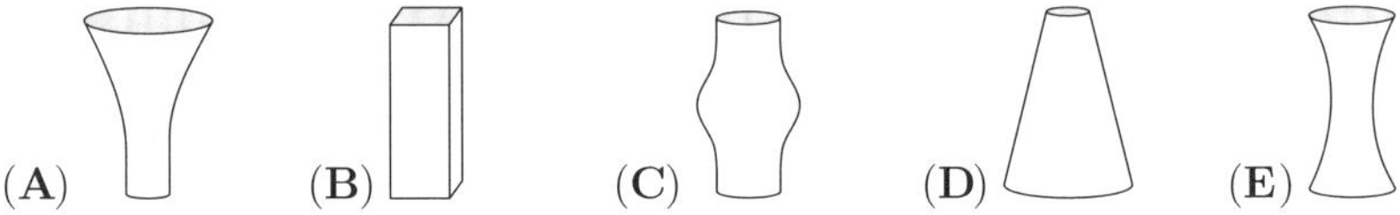

A-Kadett (6), D/CH-7/8 (7) 2021

A 4.110 In drei quaderförmige Glasbehälter gleicher Breite und Höhe, jedoch unterschiedlicher Länge wurde je ein Liter Saft gegossen. Von vorn sah das wie auf dem Bild rechts aus. Eines der folgenden Bilder zeigt, wie die drei Behälter von oben aussehen. Welches?

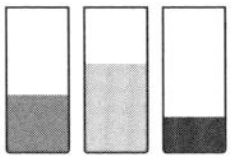

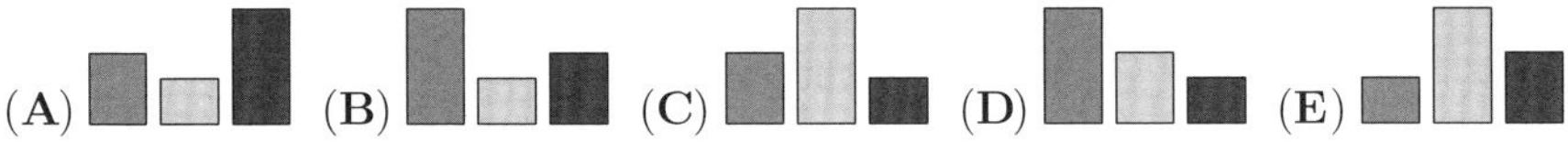

A-Benjamin (16), D/CH-5/6 (19) 2020

A 4.111 Zwei quaderförmige Gefäße stehen auf dem Tisch. In dem flachen Gefäß links steht 3 cm hoch Wasser. Es soll in das hohe Gefäß rechts umgefüllt werden. Wie hoch würde das Wasser dort stehen?

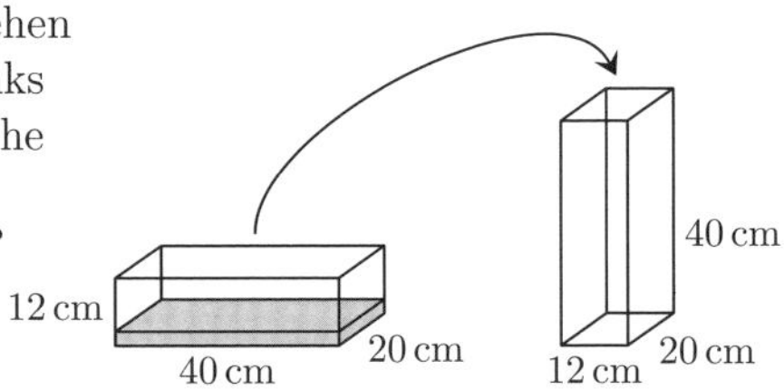

(**A**) 10 cm (**B**) 15 cm (**C**) 18 cm (**D**) 20 cm (**E**) 24 cm

A-Benjamin (12), D/CH-5/6 (21) 2022

A 4.112 Ein Blatt Papier ist x cm lang und y cm breit, wobei $x > y$ gilt. Verklebt man die beiden langen oder die beiden kurzen Seiten, erhält man den Mantel eines höheren oder eines flacheren Zylinders. Wie groß ist das Verhältnis des Volumens des höheren Zylinders zum Volumen des flacheren Zylinders?

(**A**) $1 : y^2$ (**B**) $y^2 : x^2$ (**C**) $x : y^2$ (**D**) $y : x$ (**E**) $x : 1$

A-Student (6), D/CH-11–13 (13) 2021

4.7 Geometrie im Koordinatensystem

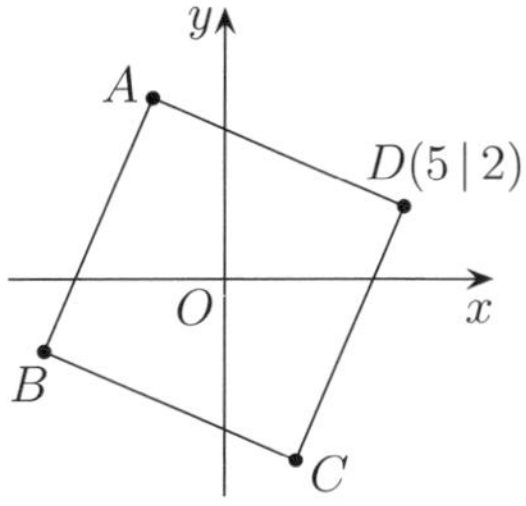

A 4.113 Der Diagonalenschnittpunkt des rechts abgebildeten Quadrats befindet sich im Punkt $O(0\,|\,0)$. Die Koordinaten des Eckpunktes D sind $(5\,|\,2)$.
Wie groß ist die Summe der vier Koordinaten der Punkte A und B?

(**A**) -7 (**B**) -4 (**C**) 0 (**D**) 3 (**E**) 7

D/CH-9/10 (11) 2022

A 4.114 In ein Koordinatensystem werden die Punkte $A(p\,|\,q)$, $B(3p\,|\,q)$ und $C(2p\,|\,3q)$ eingezeichnet, wobei $p > 0$ und $q > 0$ gilt.
Welchen Flächeninhalt hat das Dreieck ABC?

(**A**) $\frac{1}{2}pq$ (**B**) $2pq$ (**C**) $3pq$ (**D**) $4pq$ (**E**) $\frac{9}{2}pq$

A-Student (9), D/CH-11–13 (9) 2021

A 4.115 In ein Koordinatensystem wurde ein Rechteck mit den Eckpunkten $(0 \mid 0)$, $(100 \mid 0)$, $(100 \mid 50)$ und $(0 \mid 50)$ eingezeichnet. Nun soll eine Gerade durch den Punkt $(75 \mid 30)$ eingezeichnet werden, die das Rechteck in zwei flächengleiche Teile teilt. Welche Steigung hat diese Gerade?

(**A**) $\frac{1}{5}$ (**B**) $\frac{2}{3}$ (**C**) $\frac{2}{5}$ (**D**) $\frac{1}{2}$ (**E**) $\frac{1}{3}$

A-Junior (24), D/CH-9/10 (25) 2023

5 Logisches, Kryptisches, Magisches

Im abschließenden Kapitel stehen Fertigkeiten im Mittelpunkt, die nicht nur für die Mathematik unverzichtbar sind: logisches Schließen, das Erkennen von wahren Aussagen und von Widersprüchen sowie strategisches Denken. In der Mathematik entstehen durch korrektes logisches Schließen aus bekannten Sachverhalten neue Erkenntnisse. Und das ist im Alltag ja nicht anders.
Die manchmal rätselhaften Probleme sind meist in kleine Geschichten verpackt und scheinen oft nur wenig mit Mathematik zu tun zu haben, auch wenn hier und da auch eine Prise Vorstellungsvermögen oder etwas Rechnen gefragt ist. Im Kern geht es darum, Wahres und Falsches zu erkennen, Probleme zu strukturieren, Regeln zu verstehen und plausible Argumente zu finden. Erfahrungsgemäß macht das Knobeln an diesen Aufgaben besonders viel Spaß – und zwar altersunabhängig. Die Zuordnung zu den Klassenstufen sind hier also nicht zu ernst zu nehmen – und oft stehen die Jüngeren den Älteren beim Lösen in keiner Weise nach.

5.1 Logik im Alltag

Logik und Zeit

A 5.1 Die Klasse 3b führt ein Theaterstück auf. Endlich werden die neuen bunten Scheinwerfer in der Aula benutzt! Der Plan zeigt, wann welche Scheinwerfer leuchten.

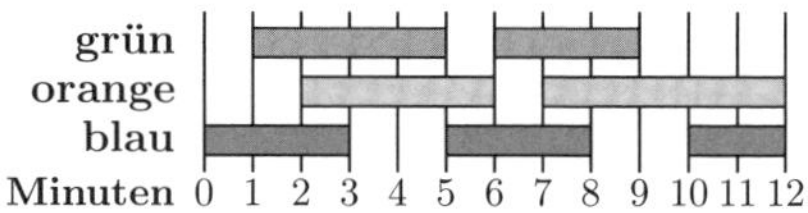

Wie viele Minuten der Gesamtzeit leuchten genau 2 Scheinwerfer gleichzeitig?

(**A**) 5 Minuten (**B**) 6 Minuten (**C**) 8 Minuten
(**D**) 9 Minuten (**E**) 10 Minuten

A-Ecolier (5), D/CH-3/4 (10) 2023

A 5.2 „Schön, dass ihr unsere Miss Mimi gefüttert habt“, freut sich die Mutter. „Wann war das?“ „Zwischen 14:00 Uhr und 14:30 Uhr“, antwortet Merle zuerst. „Das stimmt nicht“, sagt Frieder. „Es war nicht zwischen 14:00 Uhr und 14:40 Uhr.“ Beide Antworten stimmen nicht.
Zu einer der folgenden fünf Uhrzeiten wurde das Kätzchen gefüttert. Zu welcher?

(**A**) 14:05 Uhr (**B**) 14:15 Uhr (**C**) 14:20 Uhr (**D**) 14:35 Uhr (**E**) 14:45 Uhr

D/CH-5/6 (12) 2021

A 5.3 Die Pizzeria Roma und die Schneiderei nebenan haben gleich viele Stunden in der Woche geöffnet.

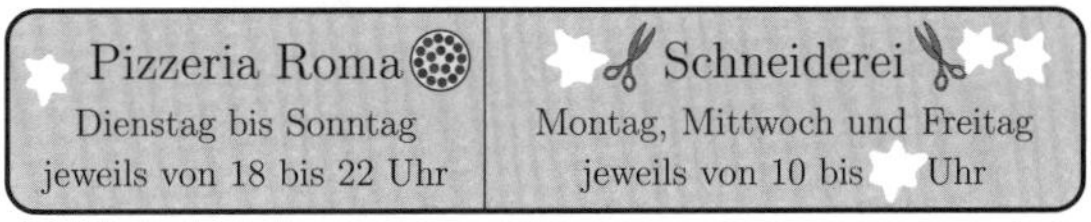

Das Schild mit den Öffnungszeiten hat ein paar Schneebälle abbekommen. Wann schließt die Schneiderei?

(**A**) um 15 Uhr (**B**) um 16 Uhr (**C**) um 17 Uhr (**D**) um 18 Uhr (**E**) um 19 Uhr

D/CH-7/8 (7) 2020

A 5.4 Als die Großmutter Besuch von ihren drei Enkelkindern hatte, wollten diese wissen, wie alt sie sei. „Was schätzt ihr denn?“, fragte die Großmutter. Jeder vermutete ein anderes Alter: 75, 78 und 81. Keiner lag richtig. Einer hatte sich um 1 Jahr, einer um 2 Jahre und einer um 4 Jahre verschätzt.
Dann ist das Alter der Großmutter

(**A**) sicher 76 Jahre. (**B**) sicher 77 Jahre. (**C**) sicher 79 Jahre.
(**D**) sicher 80 Jahre. (**E**) mit diesen Angaben nicht eindeutig bestimmt.

A-Junior (18), D/CH-9/10 (18) 2022

A 5.5 Sagt die Wettervorhersage Regen an oder hat es am Vortag geregnet, nimmt Frau Zucker ihren Schirm mit zur Arbeit, ansonsten nicht. Letzte Woche hat sie ihren Schirm am Dienstag, am Mittwoch und am Freitag mitgenommen. Am Montag und am Donnerstag hat sie ihn zu Hause gelassen. Die Wettervorhersage stimmte an jedem der 5 Tage. An wie vielen der 5 Tage hat es geregnet?

(**A**) 0 (**B**) 1 (**C**) 2 (**D**) 3 (**E**) 4

D/CH-11–13 (15) 2022

Logisches an ungewöhnlichen Orten

A 5.6 Die Fahrzeuge auf dem Parkplatz dürfen nur geradeaus fahren. Wie viele der grauen Fahrzeuge müssen fahren, damit das schwarze Auto danach den Parkplatz verlassen kann?

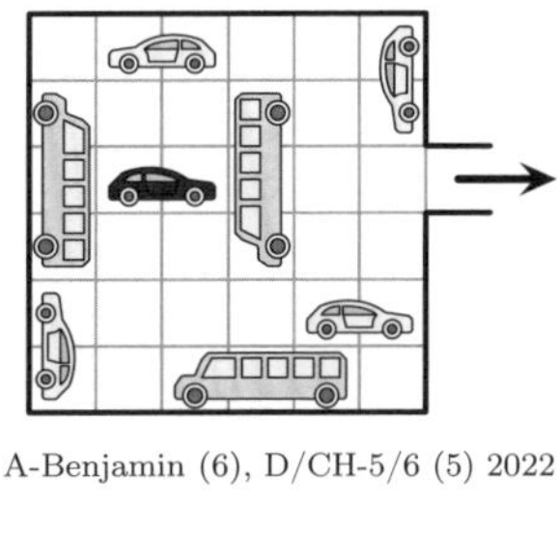

(**A**) 2 (**B**) 3 (**C**) 4 (**D**) 5 (**E**) 6

A-Benjamin (6), D/CH-5/6 (5) 2022

A 5.7 Zum Frühstück macht Frieda heute French Toast. Dafür werden die Toastscheiben von jeder Seite genau 4 Minuten in der Pfanne gebraten. In Friedas Pfanne passen aber nur 2 Scheiben gleichzeitig.
Wie lange braucht Frieda <u>mindestens</u>, um 3 Scheiben French Toast zu machen?

(**A**) 8 Minuten (**B**) 10 Minuten (**C**) 12 Minuten
(**D**) 14 Minuten (**E**) 18 Minuten

D/CH-11–13 (3) 2020

A 5.8 In einem kleinen Park stehen fünf Bäume. Ein neuer Baum soll gepflanzt werden, und zwar so, dass auf beiden Seiten eines jeden der drei Wege jeweils gleich viele Bäume stehen. In welchen Bereich muss der neue Baum gepflanzt werden?

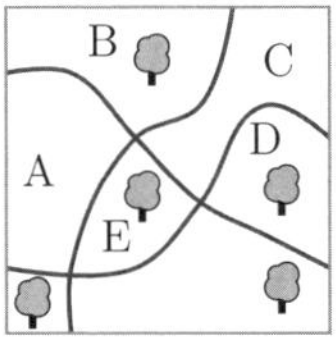

(**A**) A (**B**) B (**C**) C (**D**) D (**E**) E

A-Kadett (12), D/CH-7/8 (10) 2022

A 5.9 Vor dem Kochen stehen Pascals Gewürze wie abgebildet im Regal. Pascal kocht ein Chili sin Carne und stellt danach alle Gewürze wahllos wieder zurück. Am Ende steht ein Gewürz 4 Positionen weiter links und ein anderes 3 Positionen weiter rechts als zu Beginn. Auch am Ende steht der Zimt weiter links als der Ingwer. Nur ein Gewürz steht wieder genau dort, wo es zu Beginn stand. Welches?

(**A**) Chili (**B**) Muskat (**C**) Zimt (**D**) Ingwer (**E**) Pfeffer

D/CH-11–13 (17) 2023

A 5.10 Vier Freunde sind Pizza essen. Als sie fertig sind, sind einige Stücke übrig. Auf dem 1. Teller liegen so viele Stücke, wie es Teller mit genau einem Stück gibt. Auf dem 2. Teller liegen so viele Stücke, wie es Teller mit genau 2 Stücken gibt. Auf dem 3. Teller liegen so viele Stücke, wie es Teller mit genau 3 Stücken gibt. Auf dem 4. Teller liegen so viele Stücke, wie es leere Teller gibt.
Wie viele Stücke sind insgesamt übrig?

(**A**) 2 (**B**) 3 (**C**) 4 (**D**) 5 (**E**) 6

A-Junior (22), D/CH-9/10 (25) 2024

A 5.11 Durch unseren Stadtpark führen drei Wege und in der Mitte steht ein Baum. Welches ist die kleinste Anzahl von Bäumen, die zu pflanzen wären, damit es auf beiden Seiten eines jeden Weges dieselbe Anzahl von Bäumen gibt?

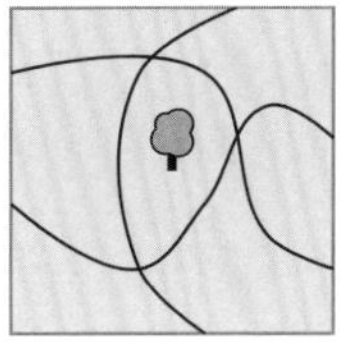

(**A**) 1 (**B**) 2 (**C**) 3 (**D**) 4 (**E**) 5

A-Junior (19), D/CH-9/10 (19) 2022

Rätselhaftes in Schule, Freizeit und Sport

A 5.12 Im Stadtpark sollen für die Joggerinnen und Jogger an einigen der 16 Wegkreuzungen (s. Abb.) Wasserspender aufgestellt werden.
Wie viele Wasserspender müssen es mindestens sein, damit von jeder Wegkreuzung der nächstgelegene Wasserspender maximal ein Wegstück entfernt ist?

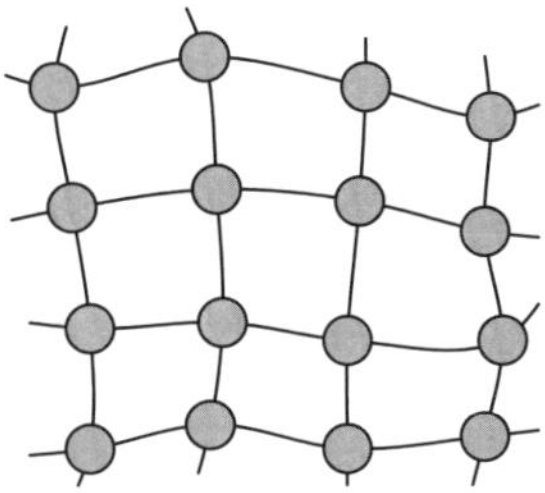

(**A**) 3 (**B**) 4 (**C**) 5 (**D**) 6 (**E**) 7

A-Student (16), D/CH-11–13 (11) 2022

A 5.13 Unsere neue Schülerin hat 3 Vornamen. In der großen Pause raten wir: *„Heißt du Ada Lilo Cleo?" „Heißt du Ada Lara Cora?" „Heißt du Alea Lara Cleo?"* Sie antwortet: „Jedes Mal war genau einer meiner 3 Vornamen richtig – und er war auch an der richtigen Position." Wie heißt unsere neue Schülerin?

(**A**) Ada Lilo Cora (**B**) Alea Lara Cora (**C**) Ada Lara Cleo
(**D**) Alea Lara Cleo (**E**) Alea Lilo Cora

A-Ecolier (13), D/CH-3/4 (23) 2020

A 5.14 In unserem Angelverein sind 25 Profis und 51 Amateure. Für das Paarangeln wurden sie in Paare aufgeteilt. Wenn ein Amateur und ein Profi zusammen angeln mussten, waren beide Angler unglücklich. Alle anderen waren glücklich. Nach dem Angeln gaben 58 Angler an, glücklich mit ihrem Partner gewesen zu sein, der Rest war es nicht. Wie viele reine Amateurpaare gab es?

(**A**) 15 (**B**) 17 (**C**) 19 (**D**) 21 (**E**) 24

A-Kadett (29), D/CH-7/8 (19) 2021

A 5.15 Bei einem Turnier spielt jedes der sechs Teams gegen jedes andere Team genau einmal. An jedem Spieltag finden drei Spiele gleichzeitig statt. Ein TV-Sender hat für jeden Spieltag ein Spiel festgelegt, das live übertragen werden soll (siehe Tabelle).
An welchem Spieltag wird D gegen F spielen?

1	2	3	4	5
C – D	A – E	E – F	A – B	A – C

(**A**) am 1. (**B**) am 2. (**C**) am 3. (**D**) am 4. (**E**) am 5.

A-Kadett (30), D/CH-7/8 (29) 2021

A 5.16 Bei einem Boulder-Wettbewerb treten 13 Kletterinnen in drei Kategorien gegeneinander an. Die Endpunktzahl einer jeden Teilnehmerin ist das Produkt ihrer Platzierungen in den drei Kategorien. Belegt eine Kletterin zum Beispiel den 4., 3. und 6. Platz, beträgt ihre Endpunktzahl $4 \cdot 3 \cdot 6 = 72$. Je kleiner die Endpunktzahl ist, desto besser ist die Endplatzierung. Hannah belegt in zwei der Kategorien den 1. Platz.
Was ist die schlechteste Endplatzierung, die Hannah haben kann, wenn in keiner der drei Kategorien zwei Kletterinnen gleich platziert sind?

(**A**) 2. Platz (**B**) 3. Platz (**C**) 4. Platz (**D**) 5. Platz (**E**) 6. Platz

A-Student (23), D/CH-11–13 (26) 2023

5.2 Abstraktere Logikaufgaben

Verzwickte Zuordnungen

A 5.17 Familie Backe hat für nächsten Donnerstag fünf Termine beim Zahnarzt vereinbart. Sie haben in einer Tabelle angekreuzt, wer zu welchen Terminen Zeit hat. Tatsächlich können die fünf Termine für alle passend aufgeteilt werden. Wann wird Nils an der Reihe sein?

	13:00	14:00	15:00	16:00	17:00
Anne		×			
Nils	×	×	×	×	
Caro	×		×	×	×
Mama		×	×	×	
Papa		×	×		

(**A**) 13:00 (**B**) 14:00 (**C**) 15:00 (**D**) 16:00 (**E**) 17:00

A-Kadett (8), D/CH-7/8 (7) 2024

A 5.18 Fünf Freunde sammeln Astro-Anstecker: Planeten , Monde und Sterne . Kathryns Anstecker sind zur Hälfte Planeten. Chris hat mehr Monde als Sterne. Philippa hat keine Monde. James hat eine gerade Anzahl von Ansteckern. Jean-Luc hat mehr Sterne als Planeten.
Die folgenden Bilder zeigen die Anstecker der fünf Freunde.
Welche Anstecker gehören Jean-Luc?

(**A**)  (**B**)  (**C**) 
(**D**)  (**E**) 

D/CH-7/8 (12) 2021

A 5.19 Um das Schloss zu öffnen, bekommt Janosch vier hilfreiche Tipps:

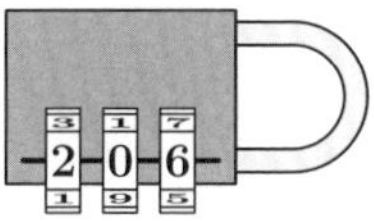

Genau zwei dieser Ziffern sind korrekt, aber beide sind am falschen Platz.

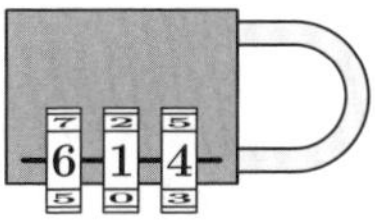

Genau eine dieser Ziffern ist korrekt, aber sie ist am falschen Platz.

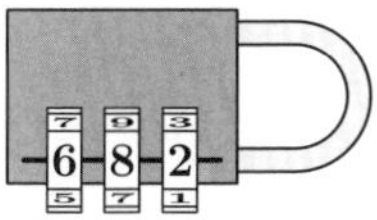

Genau eine dieser Ziffern ist korrekt, und sie ist am richtigen Platz.

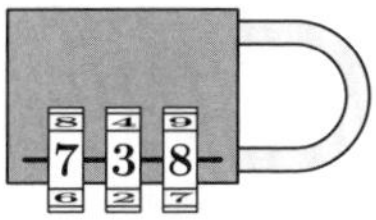

Alle drei Ziffern sind falsch.

Mit welchem Code kann Janosch das Schloss öffnen?

(**A**) 604 (**B**) 082 (**C**) 640 (**D**) 042 (**E**) 046

D/CH-5/6 (17) 2022

A 5.20 Von den Figuren im Bild will ich einige so auswählen, dass ich 2 dunkle, 2 große und 2 runde Figuren dabei habe.
Wie viele Figuren muss ich mindestens auswählen?

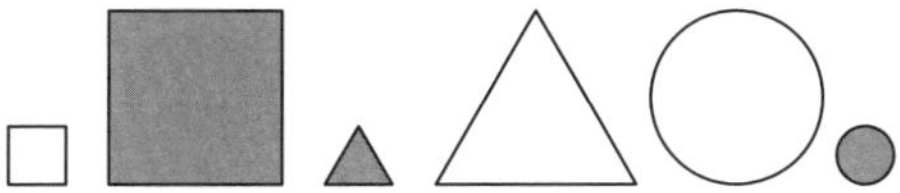

(**A**) 2 (**B**) 3 (**C**) 4 (**D**) 5 (**E**) 6

A-Ecolier (17), D/CH-3/4 (22) 2022

A 5.21 Clara hat in einem 3×4-Rechteck 5 Kästchen schraffiert. Ihr Bruder Simon schaut kurz hin und versucht nun, es nachzumalen. Er zeigt Clara die folgenden Versuche. Bei einem Versuch hat Simon die richtigen 5 Kästchen schraffiert. Bei den anderen sind von den schraffierten Kästchen nur 4 richtig und jeweils ein Kästchen ist falsch.
Welcher Versuch zeigt Claras Rechteck?

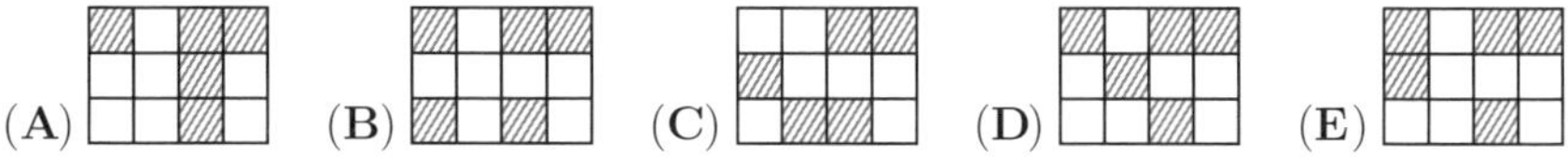

A-Ecolier (24), D/CH-3/4 (24) 2023

A 5.22 Sieben Karten mit den Zahlen von 1 bis 7 werden verdeckt auf den Tisch gelegt. David, Anastasia und Lennox nehmen jeweils zwei der Karten.

David stellt fest: „Eine meiner beiden Zahlen ist um 5 größer als die andere."
Anastasia stellt fest: „Die Summe meiner beiden Zahlen ist 6."
Lennox stellt fest: „Eine meiner beiden Zahlen ist doppelt so groß wie die andere."

Welche Zahl steht auf der Karte, die noch auf dem Tisch liegt?

(**A**) 3 (**B**) 4 (**C**) 5 (**D**) 6 (**E**) 7

D/CH-7/8 (26) 2024

A 5.23 Fünf junge Kängurus p, q, r, s, t und ihre Mütter A, B, C, D, E stehen in einer Reihe.

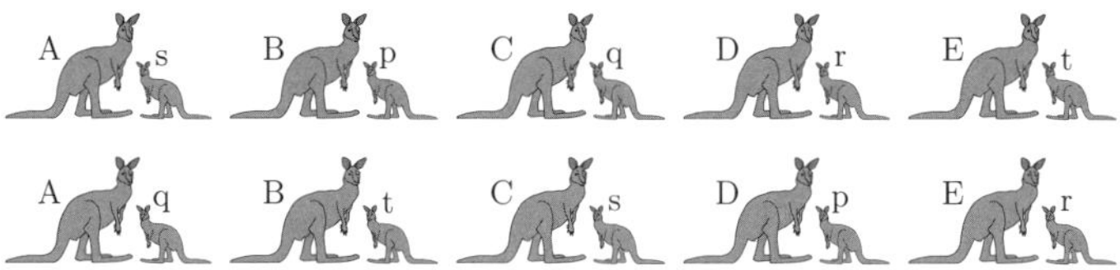

In der oberen Reihe stehen genau zwei der jungen Kängurus bei ihrer Mutter. In der unteren Reihe stehen genau drei der jungen Kängurus bei ihrer Mutter. Welches Känguru ist die Mutter von p?

(**A**) A (**B**) B (**C**) C (**D**) D (**E**) E

A-Student (30), D/CH-11–13 (27) 2021

A 5.24 Wir stellen uns eine lange Reihe vor, in der 2021 einfarbige Bälle liegen. Jeder der Bälle ist entweder blau, rot, weiß oder grün. Unter 5 nebeneinanderliegenden Bällen ist stets genau ein blauer, genau ein roter und genau ein weißer. Auf jeden roten Ball folgt ein weißer Ball. Der 2. Ball, der 20. Ball und der 202. Ball sind grün. Welche Farbe hat der letzte Ball in der Reihe?

(**A**) blau (**B**) rot (**C**) weiß (**D**) grün (**E**) Das ist nicht bestimmt.

A-Junior (25), D/CH-9/10 (29) 2021

A 5.25 Xenia und Ysette wollen wissen, welche der folgenden Figuren Zita am besten gefällt: 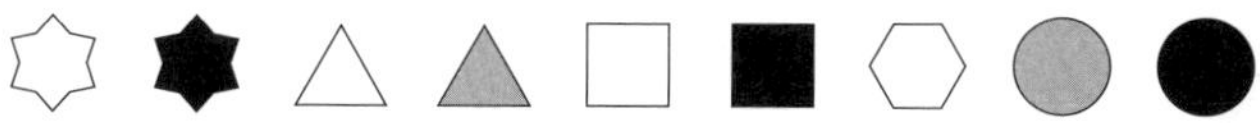

Xenia weiß, dass Zita die Form dieser Figur an Ysette verraten hat, und Ysette weiß, dass Zita die Farbe dieser Figur an Xenia verraten hat. Xenia sagt zu Ysette: „Ich kenne die Figur, die Zita am besten gefällt, nicht. Aber ich weiß auch, dass du sie ebenfalls nicht kennen kannst.“ Ysette antwortet: „Eben kannte ich die Figur noch nicht, jetzt aber schon.“ Daraufhin stellt Xenia fest: „Jetzt kenne ich die Figur auch!“
Welche Figur gefällt Zita am besten?

(**A**)  (**B**)  (**C**)  (**D**)  (**E**) 

A-Student (30), D/CH-11–13 (30) 2020

Lügengeschichten

A 5.26 Die Großmutter ruft ihre Enkel Ida, Ben, Kay und Tina zum Mittagessen. Sie bringen von der Wiese einen Blumenstrauß mit. „Wer hat denn die schönen Blumen gepflückt?“, fragt die Großmutter. Die Kinder kichern, jedes gibt eine Antwort, aber nur eine ist richtig. Ida sagt: „Ben war's.“ Ben sagt: „Kay war's.“ Kay sagt: „Ich war's nicht.“ Tina sagt: „Ich war's nicht.“
Wer hat die Blumen gepflückt?

(**A**) Ida (**B**) Ben (**C**) Kay (**D**) Tina (**E**) Das lässt sich nicht sagen.

A-Benjamin (13), D/CH-5/6 (20) 2023

A 5.27 Drei Piraten werden gefragt, wie viele Münzen und Diamanten ihr Freund Graubart hat. Ihre Antworten sind:

Pirat 1: „Graubart hat genau 8 Münzen. Er hat genau 6 Diamanten.“
Pirat 2: „Graubart hat genau 7 Münzen. Er hat genau 4 Diamanten.“
Pirat 3: „Graubart hat genau 7 Münzen. Er hat genau 7 Diamanten.“

Jeder Pirat sagt einen wahren und einen falschen Satz.
Wie viele Münzen und Diamanten hat Graubart insgesamt?

(**A**) 11 (**B**) 12 (**C**) 13 (**D**) 14 (**E**) 15

A-Benjamin (23) 2021

A 5.28 Nora, Maike und Pauline sind Drillinge. Ihre Lehrerin will wissen: „Wer von euch ist die Älteste?“ Nora antwortet: „Ich bin nicht die Älteste.“ Maike antwortet: „Ich bin die Älteste.“ Pauline antwortet: „Ich bin nicht die Jüngste.“ Die drei haben sich einen Spaß gemacht, nur eine von ihnen hat die Wahrheit gesagt. In welcher Reihenfolge wurden die drei Mädchen geboren?

(**A**) Nora, Maike, Pauline (**B**) Maike, Nora, Pauline (**C**) Pauline, Nora, Maike
(**D**) Pauline, Maike, Nora (**E**) Nora, Pauline, Maike

D/CH-11–13 (10) 2024

A 5.29 Ein Elf und ein Troll begegnen sich. Der Troll lügt immer, der Elf spricht immer die Wahrheit. Beide sagen exakt denselben Satz. Welcher der folgenden könnte das sein?

(**A**) Du sprichst die Wahrheit. (**B**) Wir sprechen beide die Wahrheit.
(**C**) Ich lüge immer. (**D**) Ich spreche die Wahrheit.
(**E**) Einer von uns beiden spricht die Wahrheit, und der andere lügt.

A-Benjamin (10), D/CH-5/6 (20) 2020

A 5.30 Dreißig fantastische Geschöpfe, Ja-Schöpfe und Naja-Schöpfe, sitzen um einen runden Tisch herum. Ja-Schöpfe sprechen stets die Wahrheit. Naja-Schöpfe sprechen mal die Wahrheit, mal lügen sie, wie es ihnen passt. Jedes Geschöpf wird zu seinen Sitznachbarn befragt, und jedes Geschöpf sagt: „Mindestens eines meiner beiden Nachbargeschöpfe ist ein Naja-Schöpf.“ Welches ist die größtmögliche Anzahl von Ja-Schöpfen, die am Tisch sitzen könnten?

(**A**) 5 (**B**) 10 (**C**) 15 (**D**) 20 (**E**) 25

A-Benjamin (23), D/CH-5/6 (24) 2022

A 5.31 Meerjungfrau Mariella hat sich verirrt, seit Tagen schwimmt sie umher. Als sie eine lila Krabbe und einen Seestern trifft, fragt sie die beiden nach dem Wochentag. Mariella weiß, dass lila Krabben montags, dienstags und mittwochs immer lügen und Seesterne donnerstags, freitags und samstags immer lügen – an den jeweils anderen Tagen sprechen sie die Wahrheit. Beide Antworten sind rätselhaft und obendrein völlig gleich: „Gestern war einer meiner Lügentage.“ Mariella überlegt kurz, dann ist alles klar. Nun muss sie nur noch den Weg nach Hause finden. Welcher Wochentag ist es?

(**A**) Donnerstag (**B**) Freitag (**C**) Samstag
(**D**) Sonntag (**E**) Montag

A-Kadett (28), D/CH-7/8 (26) 2022

A 5.32 Die Wächterin des Reichs Primalia spricht immer abwechselnd den ganzen Tag die Wahrheit oder sie lügt den ganzen Tag. An einem Tag hat sie genau vier der folgenden fünf Aussagen gemacht.
Welche Aussage ist nicht von diesem Tag?

(**A**) Ich log gestern und ich werde morgen lügen.
(**B**) Ich sage heute die Wahrheit und werde morgen die Wahrheit sagen.
(**C**) 2024 ist keine Primzahl.
(**D**) Gestern war Donnerstag.
(**E**) Morgen ist Montag.

A-Junior (24), D/CH-9/10 (21) 2024

A 5.33 In einer Stadt verständigen sich alle Einwohner ausschließlich durch Fragen. Es gibt zwei Typen von Einwohnern: die „positiven“, die ausschließlich Fragen stellen, deren Antwort Ja ist, und die „negativen“, die nur Fragen stellen, deren Antwort Nein ist. Wir treffen die Einwohner Albert und Berta. Berta fragt uns: „Sind Albert und ich beide negativ?“ Welchem Typ gehören sie an?

(**A**) Beide sind positiv.
(**B**) Beide sind negativ.
(**C**) Albert ist positiv und Berta ist negativ.
(**D**) Albert ist negativ und Berta ist positiv.
(**E**) Die Informationen reichen nicht aus, um das zu entscheiden.

A-Junior (24) 2022

Wahre Aussage gesucht

A 5.34 Shirley deckt den Tisch. Wie üblich stellt sie die 4 Tassen zufällig auf die 4 Untertassen, ohne auf die passenden Muster zu achten.
Welche Aussage ist dann gewiss richtig?

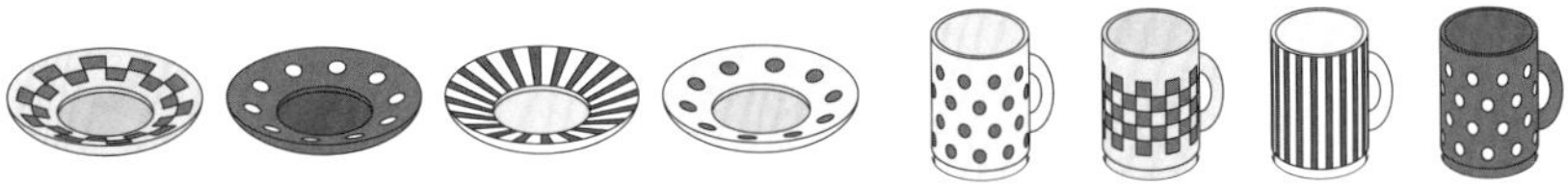

(**A**) Es ist sicher, dass keine der 4 Tassen auf ihrer passenden Untertasse steht.
(**B**) Es ist sicher, dass genau eine Tasse auf ihrer passenden Untertasse steht.
(**C**) Es ist nicht möglich, dass genau 2 Tassen auf ihrer passenden Untertasse stehen.
(**D**) Es ist nicht möglich, dass genau 3 Tassen auf ihrer passenden Untertasse stehen.
(**E**) Es ist nicht möglich, dass alle 4 Tassen auf ihrer passenden Untertasse stehen.

A-Benjamin (14), D/CH-5/6 (17) 2024

A 5.35 Aus einer Schachtel mit 20 roten und 20 blauen Spielfiguren hat Nele die Hälfte der Figuren und Moritz die andere Hälfte genommen.
Welche der folgenden Aussagen ist sicher richtig?

(**A**) Nele hat mindestens eine rote Figur.
(**B**) Nele hat gleich viele rote und blaue Figuren.
(**C**) Nele hat genauso viele rote Figuren wie Moritz.
(**D**) Nele hat genauso viele blaue Figuren wie Moritz rote Figuren hat.
(**E**) Nele hat genauso viele blaue Figuren wie Moritz.

A-Benjamin (17), D/CH-5/6 (16) 2021

A 5.36 Gegeben ist eine natürliche Zahl n. Genau eine der folgenden Aussagen über n ist wahr, und die anderen vier sind falsch.
Welche Aussage ist die wahre Aussage?

(**A**) n ist durch 3 teilbar
(**B**) n ist durch 6 teilbar
(**C**) n ist eine Primzahl
(**D**) $n = 2$
(**E**) n ist ungerade

A-Student (19), D/CH-11–13 (14) 2024

A 5.37 Ida will auf dem Markt eine Schutzhülle für ihr Smartphone kaufen. Einige der Hüllen dort sind schwarz, der Rest ist hell. Einige Hüllen sind gemustert, der Rest ist einfarbig. Die Hüllen sind entweder aus Leder oder aus Silikon. Ida stellt fest:

1) Wenn eine Hülle aus Leder ist, dann ist sie schwarz.
2) Wenn eine Hülle gemustert ist, dann ist sie hell.

Welche der folgenden Aussagen stimmt dann ganz sicher?

(**A**) Alle einfarbigen Hüllen sind schwarz. (**B**) Alle schwarzen Hüllen sind aus Leder.
(**C**) Alle Hüllen aus Silikon sind gemustert. (**D**) Alle hellen Hüllen sind gemustert.
(**E**) Alle gemusterten Hüllen sind aus Silikon.

A-Junior (23), D/CH-9/10 (28) 2020

Zugfolgen und Gewinnstrategien

A 5.38 Auf dem Tisch liegen 5 Münzen. Alle zeigen „Kopf". In jedem Zug werden genau 3 Münzen umgedreht.
Wie viele Züge sind mindestens nötig, damit alle Münzen „Zahl" zeigen?

(**A**) 2 (**B**) 3 (**C**) 4 (**D**) 5 (**E**) 6

A-Student (12), D/CH-11–13 (11) 2020

A 5.39 Kateryna und Sebastian ziehen aus einer Schachtel mit Spielsteinen abwechselnd 1, 2, 3, 4 oder 5 Steine. Wer den letzten Stein aus der Schachtel nimmt, verliert. Als noch genau 10 Spielsteine in der Schachtel sind, ist Kateryna am Zug. Wie viele Steine muss sie in der Schachtel lassen, damit Sebastian verliert?

(**A**) 9 (**B**) 8 (**C**) 7 (**D**) 6 (**E**) 5

A-Benjamin (18), D/CH-5/6 (23) 2023

A 5.40 Auf dem Tisch liegen 9 Spieltaler, die jeder eine schwarze und eine weiße Seite haben, genauso wie abgebildet. Bei jedem Spielzug werden genau 3 Taler gleichzeitig umgedreht. Am Ende sollen alle Taler mit derselben Farbe nach oben liegen. Welches ist die kleinste Anzahl von Spielzügen, die dazu benötigt wird?

(**A**) 6 (**B**) 5 (**C**) 4 (**D**) 3 (**E**) 2

A-Benjamin (19), D/CH-5/6 (23) 2020

A 5.41 Jesse und Liv spielen Schiffe versenken auf eine etwas andere Art. Jesse stellt ein Schiff auf eines der vier Felder (s. Abb.).

1	2	3	4

Liv versucht, den Standort herauszufinden. Dazu fragt sie nach einem der vier Felder. Ist das Schiff dort, ist das Spiel vorbei. Wenn nicht, schiebt Jesse das Schiff um ein Feld nach rechts oder links und Liv darf erneut nach einem Feld fragen. Mit welcher der folgenden Folgen von Abfragen findet Liv das Schiff ganz sicher?

(**A**) 1,2,3,4,1,2,3,4 (**B**) 1,2,3,4,3,2,1 (**C**) 1,3,1,3,1,3
(**D**) 1,4,4,1,1 (**E**) 2,3,3,2

D/CH-11–13 (22) 2021

A 5.42 Beim diesjährigen Schulfest treten die Lehrer Herr Richter, Herr Dorn und Herr Nicol zum Daumenwrestling an. In jeder Runde wrestlen zwei Lehrer und der dritte ruht sich aus. Nach jeder Runde tritt der Gewinner gegen den ausgeruhten Lehrer an. Insgesamt ist Herr Richter 10-mal angetreten, Herr Dorn 17-mal und Herr Nicol 15-mal.
Wer hat die 2. Runde verloren?

(**A**) Herr Richter
(**B**) Herr Dorn
(**C**) Herr Nicol
(**D**) Sowohl Herr Richter als auch Herr Dorn könnte die 2. Runde verloren haben.
(**E**) Sowohl Herr Dorn als auch Herr Nicol könnte die 2. Runde verloren haben.

A-Junior (28), D/CH-9/10 (25) 2020

A 5.43 Emily und Daniel spielen ein Spiel. Auf ein Blatt Papier schreiben sie die natürlichen Zahlen von 1 bis 7. Abwechselnd suchen sie sich eine noch vorhandene Zahl aus und streichen diese und alle ihre Teiler durch. Wer die letzte Zahl durchstreicht, gewinnt. Emily beginnt, aber Daniel nutzt jede Möglichkeit, um am Ende selbst zu gewinnen. Welche Zahl muss sich Emily im ersten Zug aussuchen, damit sie das Spiel gewinnen kann?

(**A**) 1 (**B**) 2 (**C**) 3 (**D**) 4 (**E**) 5 oder 7

D/CH-11–13 (30) 2024

5.3 Logisches Lückenfüllen

Quadratische Ausfüllrätsel

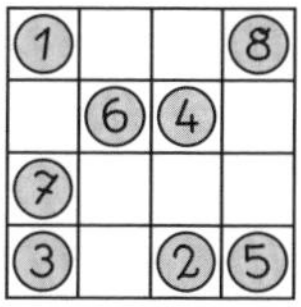

A 5.44 In jeder waagerechten Reihe und in jeder senkrechten Reihe sollen genau 2 Münzen liegen. Dazu soll eine der Münzen auf ein anderes Feld umgelegt werden. Welche?

(**A**) 5 (**B**) 1 (**C**) 4 (**D**) 7 (**E**) 3

A-Ecolier (3), D/CH-3/4 (5) 2022

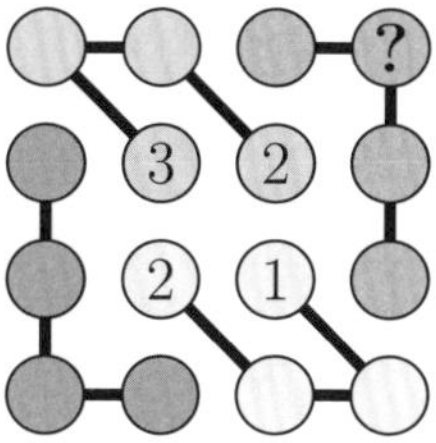

A 5.45 Lennart möchte die Figur rechts fertigstellen. In jeder Vierergruppe aus miteinander verbundenen Kreisen und ebenso in jeder Spalte und in jeder Zeile sollen die Zahlen 1, 2, 3 und 4 jede genau einmal stehen.
Welche Zahl gehört in den Kreis mit dem Fragezeichen?

(**A**) 1 (**B**) 2 (**C**) 3 (**D**) 4 (**E**) Das ist nicht möglich.

A-Benjamin (15), D/CH-5/6 (9) 2022

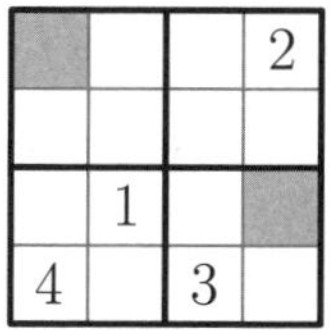

A 5.46 Anna will das Sudoku fertig ausfüllen. In jeder Zeile, in jeder Spalte und in jedem der vier dick umrandeten Quadrate soll jede der Zahlen 1, 2, 3, 4 genau einmal stehen.
Welche Summe haben die beiden Zahlen, die Anna in die grauen Felder eintragen muss?

(**A**) 3 (**B**) 4 (**C**) 5 (**D**) 6 (**E**) 7

D/CH-3/4 (16) 2023

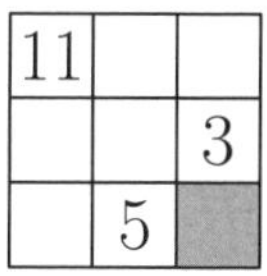

A 5.47 In jedes Kästchen des abgebildeten 3×3-Feldes soll eine natürliche Zahl eingetragen werden. Dabei soll in jeder Zeile und in jeder Spalte die jeweils mittlere Zahl der Durchschnitt der beiden äußeren Zahlen sein. Drei Zahlen sind schon eingetragen.
Welche Zahl gehört in das graue Kästchen unten rechts?

(**A**) 7 (**B**) 5 (**C**) 3 (**D**) 2 (**E**) 1

D/CH-7/8 (14) 2022

A 5.48 Kaisa möchte ein 4×4-Quadrat so mit Zahlen füllen, dass die Summe der vier Zahlen in jeder Zeile und in jeder Spalte gleich ist. Einige Zahlen hat sie bereits eingetragen. Welche Zahl gehört in das graue Kästchen?

1		6	3
	2	2	8
	7		4
		7	

(**A**) 5 (**B**) 6 (**C**) 7 (**D**) 8 (**E**) 9

A-Junior (27), D/CH-9/10 (23) 2020

A 5.49 Ahmed will die Zahlen von 1 bis 25 so in das 5×5-Feld eintragen, dass die fünf Zahlen in jeder Zeile und die fünf Zahlen in jeder Spalte jeweils dieselbe Summe haben. Einige Zahlen hat Ahmed schon eingetragen. Welche Zahl muss Ahmed in das Feld mit dem Fragezeichen eintragen?

	24		5	
22		17		4
	11		15	
25		9		1
	2		?	

(**A**) 7 (**B**) 12 (**C**) 14 (**D**) 19 (**E**) 21

A-Student (17), D/CH-11–13 (18) 2021

Kompliziertere magische Figuren

A 5.50 In jeden Kreis der abgebildeten Figur soll eine Zahl geschrieben werden. Zwischen zwei benachbarten Kreisen steht immer die Summe der Zahlen in diesen beiden Kreisen. Welche Zahl muss an der Stelle des Fragezeichens stehen?

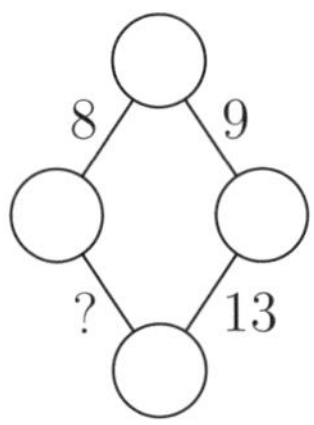

(**A**) 12 (**B**) 13 (**C**) 14 (**D**) 15 (**E**) 16

A-Kadett (8), D/CH-7/8 (10) 2023

A 5.51 Bei jedem der 3 Sechsecke ist die Summe der 6 Zahlen an den Ecken gleich 30. Welche Zahl muss in dem Kreis mit dem Fragezeichen stehen?

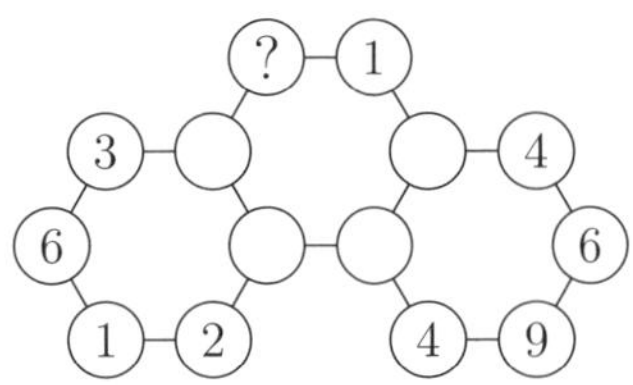

(**A**) 3 (**B**) 4 (**C**) 5 (**D**) 6 (**E**) 7

A-Benjamin (12), D/CH-5/6 (11) 2021

A 5.52 In die leeren Kreise sind die Zahlen 1, 2, 3, 7, 9 und 12 einzutragen. Dabei sollen zwei Zahlen in benachbarten Kreisen dieselbe Summe haben wie die Zahlen in den beiden gegenüberliegenden Kreisen.
Welche Zahl gehört in den Kreis mit dem Fragezeichen?

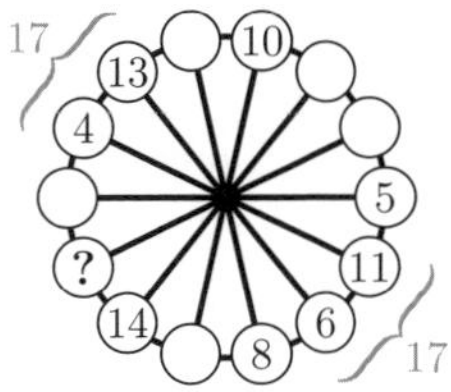

(**A**) 1 (**B**) 2 (**C**) 7 (**D**) 9 (**E**) 12

D/CH-5/6 (16) 2020

A 5.53 Sieben Karten mit den Zahlen von 1 bis 7 werden wie im Bild in die Ringe gelegt. In jedem Ring ist die Summe aller Zahlen 10. Welche Zahl steht auf der Karte mit dem Fragezeichen?

(**A**) 1 (**B**) 2 (**C**) 4 (**D**) 5 (**E**) 7

A-Ecolier (13), D/CH-3/4 (14) 2024

A 5.54 Die Zahlen von 1 bis 7 werden in die 7 Kreise eingetragen. Zwischen zwei benachbarten Kreisen steht immer die Summe dieser beiden Zahlen.
Welche Zahl wird in den grauen Kreis eingetragen?

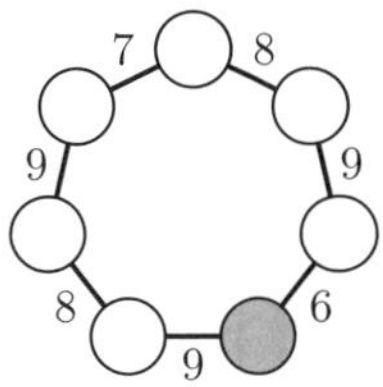

(**A**) 1 (**B**) 2 (**C**) 3 (**D**) 4 (**E**) 5

A-Ecolier (23), D/CH-3/4 (22) 2023

A 5.55 In die sechs Kreise sollen die Zahlen 1, 2, 3, 4, 5, 6 eingetragen werden. Dabei soll in jedem der vier kleinen Dreiecke die Zahl in der Mitte gleich dem Produkt der Zahlen in den drei Eckpunkten sein. Was ist dann die Summe der Zahlen in den drei grauen Kreisen?

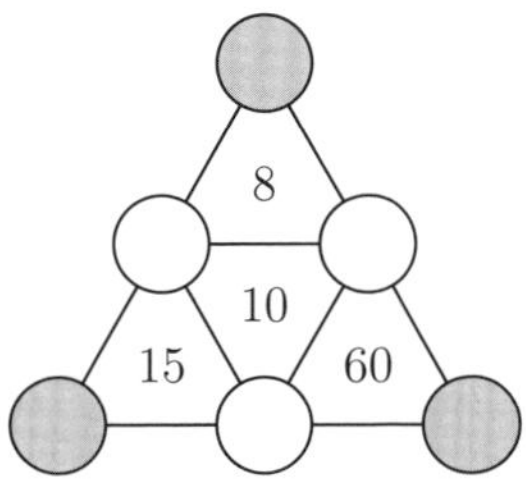

(**A**) 8 (**B**) 11 (**C**) 12 (**D**) 13 (**E**) 16

A-Benjamin (24), D/CH-5/6 (13) 2022

A 5.56 An drei der Würfelecken stehen die Zahlen 6, 7 und 8. Es sollen die Zahlen von 1 bis 5 so ergänzt werden, dass die Summen der 4 Eck-Zahlen jeder Würfelseite gleich sind. Für welche Zahl steht das Fragezeichen?

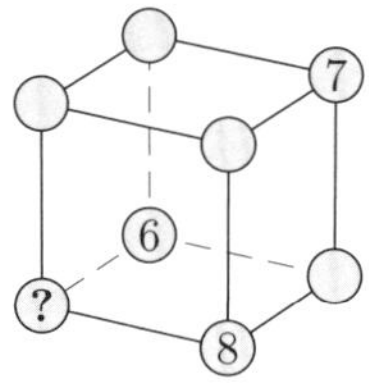

(**A**) 1 (**B**) 2 (**C**) 3 (**D**) 4 (**E**) 5

A-Benjamin (21), D/CH-5/6 (16) 2024

A 5.57 Einige Zellen der Bienenwabe enthalten Honig. Die Zahl in jeder Zelle gibt an, wie viele ihrer Nachbarzellen Honig enthalten. Wie viele Zellen in dieser Bienenwabe enthalten Honig?

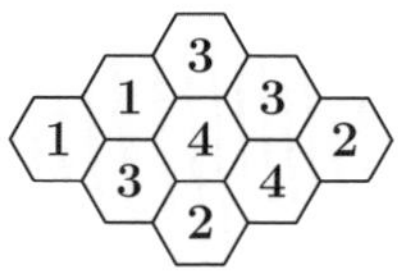

(**A**) 4 (**B**) 5 (**C**) 6 (**D**) 7 (**E**) 8

A-Ecolier (22), D/CH-3/4 (23) 2024

A 5.58 Einige Zellen der Bienenwabe enthalten Honig. Die Zahl in jeder Zelle gibt an, wie viele ihrer Nachbarzellen Honig enthalten. Wie viele Zellen in dieser Bienenwabe enthalten Honig?

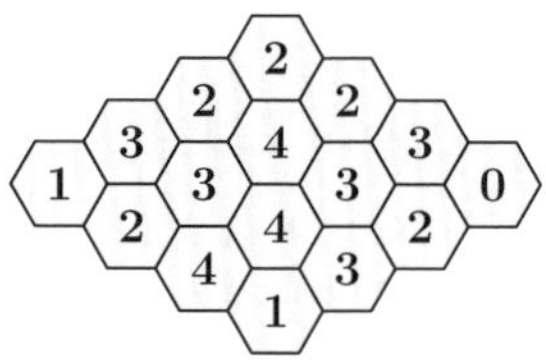

(**A**) 7 (**B**) 8 (**C**) 9 (**D**) 10 (**E**) 11

A-Benjamin (23), D/CH-5/6 (19) 2024

A 5.59 Die Zahlen von 1 bis 6 sollen in die sechs Quadrate in der abgebildeten Figur geschrieben werden. Auf jedem der drei Kreise liegen vier der Quadrate. Addiert man die vier Zahlen, die zum selben Kreis gehören, so soll die Summe bei allen drei Kreisen dieselbe sein. Die 6 ist bereits eingetragen. Welche Zahl gehört in das Quadrat mit dem Fragezeichen?

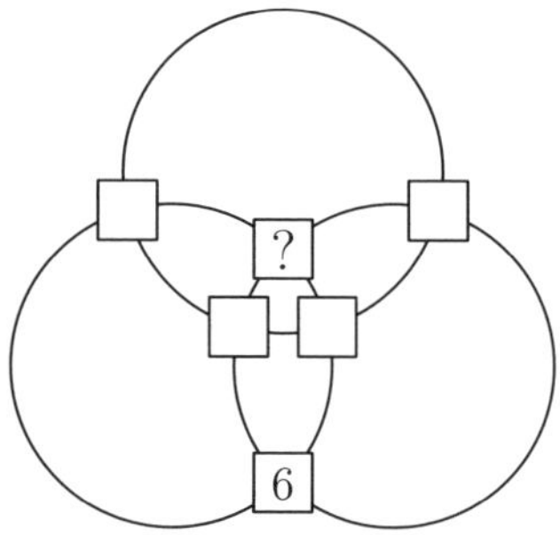

(**A**) 1 (**B**) 2 (**C**) 3 (**D**) 4 (**E**) 5

A-Junior (14), D/CH-9/10 (13) 2021

A 5.60 Jeremias möchte in jedes der 9 Kästchen der Figur rechts eine Zahl schreiben. Dabei soll die Summe der 3 Zahlen auf jeder Linie, die durch das Kästchen in der Mitte verläuft, 13 sein. Die Summe der 8 Zahlen auf dem Außenkreis soll 40 sein.
Welche Zahl muss Jeremias in das Kästchen in der Mitte schreiben?

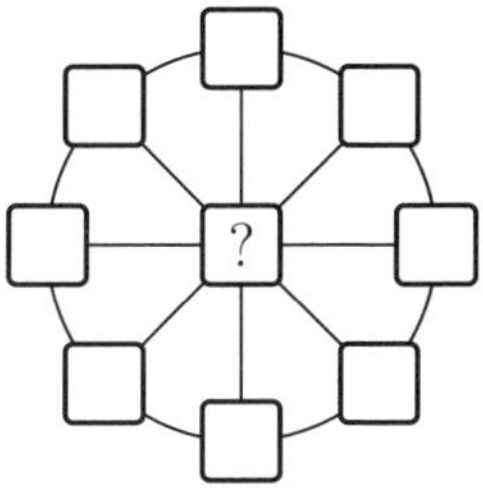

(**A**) 3 (**B**) 4 (**C**) 5 (**D**) 6 (**E**) 7

A-Junior (15), D/CH-9/10 (14) 2020

A 5.61 Malte schreibt an die Eckpunkte eines 20-Ecks die Zahlen von 1 bis 20. Dann schreibt er an jede Seite den Betrag der Differenz der beiden Zahlen, die an den Eckpunkten dieser Seite stehen. An jeder Seite steht nun entweder eine 1 oder eine 2. An wie vielen Seiten steht eine 1?

(**A**) 2 (**B**) 4 (**C**) 10 (**D**) 12 (**E**) 16

A-Student (21), D/CH-11–13 (22) 2022

A 5.62 In die Sechsecke sollen die Zahlen von 1 bis 11 geschrieben werden. Dabei soll die Summe der drei Zahlen in den Sechsecken um einen schwarzen Punkt bei allen sechs Punkten die gleiche sein. Drei Zahlen wurden schon eingetragen. Welche Zahl muss in das Sechseck mit dem Fragezeichen geschrieben werden?

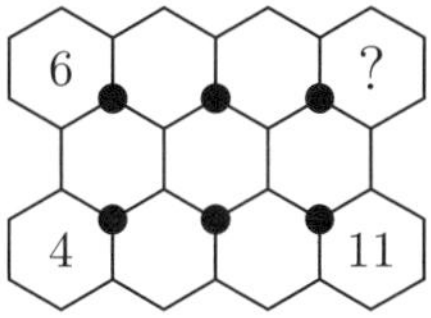

(**A**) 1 (**B**) 3 (**C**) 5 (**D**) 7 (**E**) 9

A-Student (28), D/CH-11–13 (22) 2023

A 5.63 Valeska schreibt an die Ecken einer quadratischen Pyramide die Zahlen 1, 2, 3, 4 und 5. Dann schreibt sie auf jede der fünf Seitenflächen die Summe der Zahlen, die an den zugehörigen Ecken stehen. Vier dieser Summen sind 7, 8, 9 und 10. Welche Zahl steht auf der fünften Seitenfläche?

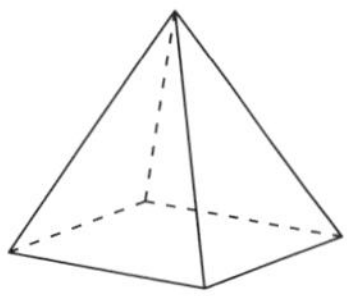

(**A**) 10 (**B**) 11 (**C**) 12 (**D**) 13 (**E**) 14

A-Junior (25), D/CH-9/10 (27) 2020

Lösungen

1 Zahlen und Rechnen

L 1.1 (**D**) Elli hüpft von der 1 zur 4, dann zur 7, dann zur 10, dann zur 13, dann zur 16 und dann zur 19. Da die 19 keine Nachbarzahl hat, die um 3 größer ist (das müsste die 22 sein), ist hier Schluss. Die gesuchte Zahl ist 19.

L 1.2 (**A**) Die Ergebnisse sind $2 \cdot 10 = 20$, $6 + 14 = 20$, $7 \cdot 3 = 21$, $40 : 2 = 20$, $16 - 4 = 12$. Genau 3-mal ist das Ergebnis 20, und zwar so, wie es in Bild (**A**) ausgemalt ist.

L 1.3 (**D**) Hätte Lara noch 5 Flaschen für die leeren Plätze im zweiten Getränkekasten, so hätte sie 2 volle Kästen mit jeweils gleich vielen Flaschen. Insgesamt wären es $19 + 5 = 24$ Flaschen. Also passen in einen Kasten $24 : 2 = 12$ Flaschen.

L 1.4 (**B**) Da das Maßband ganz gleichmäßig um die Dose gewickelt ist, ist der Unterschied zwischen zwei direkt übereinander stehenden Zahlen immer der gleiche. Wir lesen ab, dass dieser Unterschied immer 11 ist. Also muss an der Stelle mit dem Fragezeichen $15 + 11 = 26$ stehen.

L 1.5 (**B**) Der Unterschied zwischen den angezeigten 50 Gramm und 80 Gramm entspricht genau der Masse einer hellen Murmel. Folglich wiegt eine helle Murmel 80 Gramm − 50 Gramm = 30 Gramm. Mit der linken Anzeige finden wir dann, dass die dunkle Murmel 50 Gramm − 30 Gramm = 20 Gramm wiegt.

L 1.6 (**C**) Alle vier Kinder zusammen haben $1 + 4 + 6 + 9 = 20$ Ostereier gefunden. Wenn jedes Kind nach dem Weitergeben dieselbe Anzahl Ostereier haben soll, also $20 : 4 = 5$, dann müssen an Max 4 Eier und an Jule ein Ei, insgesamt also 5 Eier, weitergegeben werden.

L 1.7 (**D**) Wir überlegen, welche Zahlen in den leeren Kästchen stehen könnten. Über der 7 muss eine Zahl stehen, die größer als 7 ist, also 8 oder 9. Da rechts daneben eine Zahl steht, die größer als diese ist, muss über der 7 die 8 stehen und rechts daneben die 9.
Wer die Pfeile im rechten unteren Bereich genau betrachtet, erkennt, dass alle diese 4 Zahlen kleiner als 5 sein müssen. Das sind also die Zahlen 1, 2, 3 und 4.
Übrig bleibt 6, die folglich in das Kästchen mit dem Fragezeichen gehört.
Es gibt zwei Möglichkeiten, die Kästchen wie gefordert auszufüllen, siehe Bild.

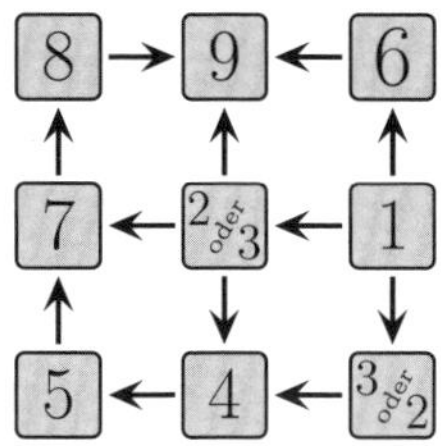

L 1.8 (**B**) Insgesamt zählt Linus nach Sorten $24+26+40 = 90$ Schuhpaare. Zieht er davon die schwarzen und braunen Schuhpaare ab, so erhält er $90-27-20 = 43$ Schuhpaare, die eine andere Farbe haben.

L 1.9 (**D**) Inga startet am Cantorplatz, und ihr 1. Halt ist am Dom. Dann ist ihr 2. Halt am Eisstadion, ihr 3. Halt an der Flohgasse und ihr 4. Halt die Endhaltestelle Gutshof. Nun liegen noch $65 - 4 = 61$ Halte vor ihr bis zur Pause. Die beiden Endhaltestellen sind genau 6 Halte voneinander entfernt. Nach 6 weiteren Halten ist Inga also am Altmarkt. Und 12 Halte nach dem Gutshof ist sie wieder am Gutshof. Dann ist sie auch nach 24, 36, 48 und 60 Halten wieder am Gutshof. Einen Halt später macht sie Pause. Das ist an der Flohgasse.

L 1.10 (**A**) Auf jedem Zahlenrad stehen 10 Ziffern. Wenn wir ein Zahlenrad um 180° drehen, also um die Hälfte einer vollen Umdrehung, so drehen wir um genau 5 Ziffern weiter. Aus der 6 wird eine 1, aus der 3 eine 8, aus der 4 eine 9 und aus der 8 eine 3. Die richtige Kombination ist 1893.

L 1.11 (**C**) Dieses Jahr haben die Kinder zusammen 23 Stimmen. Der Vater hat 36 Stimmen, also 13 mehr als die Kinder. Jedes Jahr nimmt die Anzahl der Stimmen des Vaters um 1 und die Anzahl der Stimmen der Kinder zusammen um 3 zu. Der „Vorsprung“ des Vaters verringert sich also jedes Jahr um 2. Folglich können die Kinder den Vater in 7 Jahren zum ersten Mal überstimmen.

L 1.12 (**A**) Wenn wir uns das senkrechte Brett ganz links wegdenken, sind es pro Abschnitt immer 8 Bretter (1 senkrechtes und 7 waagerechte). Das bedeutet, dass die Gesamtzahl der Bretter um 1 größer ist als ein Vielfaches von 8. Von den Antworten trifft das nur auf die 65 zu ($65 = 8 \cdot 8 + 1$).

L 1.13 (**D**) Würden wir in alle Kästchen ein Pluszeichen schreiben, so wäre das Ergebnis der Rechnung $2 + 3 + 4 + 5 + 6 + 7 = 27$. Wenn wir nun eines der Pluszeichen durch ein Minuszeichen ersetzen, verringert sich das Ergebnis um das Doppelte der Zahl, vor der nun das Minuszeichen steht, denn zum einen wird der positive Summand weggelassen und dann durch das Minuszeichen obendrein noch abgezogen. Da sich 27 und das gewünschte Ergebnis 15 um $27 - 15 = 12$ unterscheiden, gehört das Minuszeichen wegen $12 : 2 = 6$ also vor die 6, das heißt zwischen 5 und 6, wie es bei (**D**) steht.

L 1.14 (**C**) Nios Oma hat von 6 Tellern je 3 Ravioli heruntergenommen, also insgesamt $6 \cdot 3 = 18$. So viele Ravioli lagen vorher zusammen auf 2 Tellern. Also waren es vorher auf jedem Teller $18 : 2 = 9$ Ravioli. Jetzt liegen auf jedem Teller 3 Ravioli weniger, das heißt $9 - 3 = 6$.

L 1.15 (**A**) Wir berechnen der Reihe nach die 5 Ergebnisse. Die 0 können wir beim Rechnen ignorieren, denn sie trägt hier nichts zu den Ergebnissen bei.
(**A**) $2 - 0 + 2 + 1 = 5$, (**B**) $2 + 0 - 2 + 1 = 1$, (**C**) $2 - 0 - 2 + 1 = 1$,
(**D**) $2 + 0 + 2 - 1 = 3$, (**E**) $2 - 0 + 2 - 1 = 3$.
Das größte Ergebnis hat die Rechnung bei (**A**).

L 1.16 (**D**) Es ist $(20 \cdot 24) : (2 \cdot 0 + 2 \cdot 4) = 20 \cdot 24 : 8 = 20 \cdot 3 = 60$.

L 1.17 (**B**) Es gibt nur eine Möglichkeit, die 5 Teile passend zusammenzufügen. Das Ergebnis der Rechenaufgabe ist $12 + 20 = 32$.

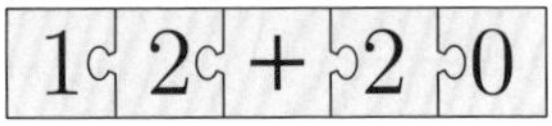

L 1.18 (**D**) Wir wissen, dass die Summe und die Differenz zweier gerader Zahlen ebenso wie die Summe und die Differenz zweier ungerader Zahlen gerade ist. Die Summe und die Differenz aus einer geraden und einer ungeraden Zahl ist ungerade. Außerdem ist jedes Produkt, in dem ein Faktor gerade ist, eine gerade Zahl. Also sind (**A**), (**B**), (**C**) und (**E**) gerade Zahlen – wir brauchen nicht zu rechnen. Bei (**D**) wird die gerade Zahl $20 \cdot 19$ zu der ungeraden Zahl 21 addiert. Diese Summe ist ungerade, die Rechnung bei (**D**) ist also die gesuchte Rechnung.

L 1.19 (**C**) Da eine Woche 7 Tage hat und $2023 : 7 = 289$ Rest 0 gilt, sind 2023 Tage genau 289 Wochen. Der Wochentag in 2023 Tagen ist derselbe wie heute.

L 1.20 (**A**) Die Teile mit einer 2 sind Randteile. An die linke 2 passt von den anderen Teilen nur das Minuszeichen und an die rechte 2 nur die 0. Demzufolge steht die 1 in der Mitte. Das Ergebnis der Rechenaufgabe ist $2 - 102 = -100$.

L 1.21 (**A**) Es ist $\dfrac{20+22}{20-22} = \dfrac{42}{-2} = -\dfrac{42}{2} = -21$.

L 1.22 (**A**) Die beiden Faktoren im Zähler sind jeweils 10-mal so groß wie die jeweils direkt unter ihnen stehenden Faktoren im Nenner. Also ist das Ergebnis der Rechnung $10 \cdot 10 = 100$.

L 1.23 (**A**) Da $20 = 2^2 \cdot 5$ ist, muss der „hintere Teil“ der Jahreszahl ein Produkt aus 5 und einer Quadratzahl sein, die größer ist als 2^2. Dafür kommen nur 3^2 und 4^2 in Frage, denn der „hintere Teil“ der Jahreszahl wäre mit 5^2 bereits $5 \cdot 5^2 = 125$, also zu groß. Daher ist genau für die beiden Jahreszahlen 2045 und 2080 das Produkt aus dem „vorderen Teil“ und dem „hinteren Teil“ eine Quadratzahl.

L 1.24 (**D**) Da die Faktoren der Rechnung Teiler von 2024 sein sollen, ist es ratsam, zunächst die Primfaktorzerlegung von 2024 zu ermitteln: $2024 = 2^3 \cdot 11 \cdot 23$. Da 11 und 23 Primzahlen sind, gehört in die erste und in die letzte Lücke kein Multiplikationszeichen. Dann sind noch drei Ziffern 2 übrig – genau so, wie sie als Faktoren in der Primfaktorzerlegung von 2024 vorkommen. Das gewünschte Produkt ist also $11 \cdot 2 \cdot 2 \cdot 2 \cdot 23$. Der Schüler muss 4 Multiplikationszeichen einfügen.

L 1.25 (**A**) Die kleinste natürliche Zahl mit der Quersumme 2021 muss auf die größtmögliche Anzahl von Neunen enden. Da $2021 : 9 = 224$ Rest 5 ist, ist $5\underbrace{99\ldots9}_{224-\text{mal}}$ diese Zahl. Addieren wir 2021, so erhalten wir $6\underbrace{00\ldots0}_{220-\text{mal}}2020$, und diese Zahl hat die Quersumme 10.

L 1.26 (**A**) Beim Durchlesen des Aufgabentextes fällt auf, dass für zwei der Bilder die Zuordnung der Bilder klar ist: Von Mike ist das Bild bei (**D**), von Yusuf ist das Bild bei (**B**). Von den übrigen Bildern sind nur auf dem Bild bei (**C**) genau zwei Tiere zu sehen, und zwar ein Känguru und ein Biber, das ist also das Bild von Paula. Welches Elisas Bild ist, können wir noch nicht sagen, aber da Leon keine Enten gemalt hat, muss von ihm das Bild bei (**A**) sein, und das war gesucht.

L 1.27 (**E**) Die Anfangsbuchstaben der Namen ergeben die Reihenfolge, die den Tauchzeiten entspricht, denn mit dem 1. Satz ergibt sich die Reihenfolge Artur, Benno, Curt (von kurz nach lang) und mit dem 2. Satz die Reihenfolge Curt, Dieter, Egon (ebenfalls von kurz nach lang). Somit ist die Reihenfolge der Pinguine entsprechend ihrer Tauchzeit Artur, Benno, Curt, Dieter, Egon, wobei Artur am kürzesten getaucht ist. Durch Aufsummieren der Zeitdifferenzen erhalten wir die Lösung: Artur ist $5\,\text{s} + 10\,\text{s} + 10\,\text{s} + 5\,\text{s} = 30\,\text{s}$ kürzer als Egon getaucht.

L 1.28 (**C**) Pit landet nacheinander auf den Stufen 5, 10, 15, 20, 25, 30, 35 und Ulla auf den Stufen 33, 31, 29, 27, 25, ... und so weiter. Nach 5 Sprüngen treffen sie sich auf der 25. Stufe.

Lösungsvariante: Zu Beginn beträgt der Abstand von Pit zu Ulla 35 Stufen. Bei jedem Sprung verringert sich dieser um $5+2 = 7$ Stufen. Somit sind $35 : 7 = 5$ Sprünge bis zum Treffen notwendig. Und wegen $5 \cdot 5 = 25$ ist das auf der 25. Stufe.

L 1.29 (**E**) Wie in der Abbildung können wir für jedes Tier zählen, wie viele Sprünge es braucht, um im Feld Z zu landen. Wir stellen fest, dass alle drei gleich viele Sprünge brauchen, und zwar 11.

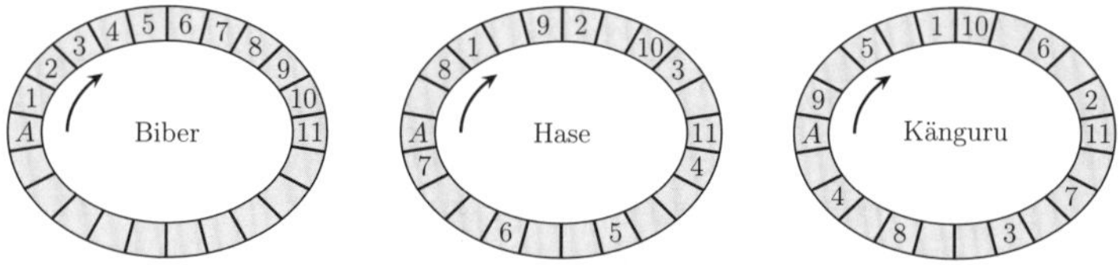

L 1.30 (**A**) In den linken Boxen sind zusammen 7 Kaninchen und den rechten Boxen sind zusammen 5 Kaninchen. Es sind also insgesamt $7+5 = 12$ Kaninchen. Von diesen sind 8 Kaninchen in den oberen Boxen und demzufolge die restlichen $12 - 8 = 4$ Kaninchen in den unteren.

L 1.31 (**E**) Da es 3-mal so viele weiße Eier wie braune waren, ist die Anzahl aller Eier 4-mal so groß wie die Anzahl der braunen Eier. Weil es insgesamt $7 + 5 + 6 + 2 + 16 = 36$ Eier waren, waren davon folglich $36 : 4 = 9$ Eier braun. Die einzige Möglichkeit, mit den genannten Zahlen die Zahl 9 zusammenzustellen, ist $9 = 7 + 2$. Die braunen Eier stammen also von Adele und Dörte.

L 1.32 (**B**) Alle Kängurus stehen im Kreis einzeln oder zu zweit nebeneinander, da sonst mindestens ein Känguru zwei Kängurus als Nachbarn hätte und keinen Biber. Von drei aufeinanderfolgenden Tieren sind also höchstens zwei Kängurus. Daher sind auch insgesamt höchstens zwei Drittel der Tiere Kängurus, das heißt höchstens $\frac{2}{3} \cdot 18 = 12$. Wie das Beispiel zeigt, sind 12 Kängurus möglich. Also ist 12 die größtmögliche Anzahl.

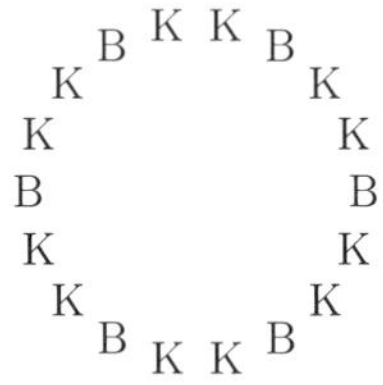

L 1.33 (**E**) Bei der Wahl (**E**) bezahlt man pro Kugel Eis 5,50 € : 5 = 1,10 €. Die eine Kugel bei (**A**) kostet mehr als 1,10 €, die zwei Kugeln bei (**B**) kosten mehr als $2 \cdot 1{,}10$ € = 2,20 €, die drei Kugeln bei (**C**) kosten mehr als $3 \cdot 1{,}10$ € = 3,30 € und die vier Kugeln bei (**D**) kosten mehr als $4 \cdot 1{,}10$ € = 4,40 €.
Also bezahlt man – wie schon zu erwarten war – bei der Wahl (**E**) pro Kugel Eis am wenigsten.

L 1.34 (**A**) Da es im Kreisdiagramm nur zwei Prozentzahlen gibt, die fast gleich sind (die 11 % und die 12 %), entsprechen diese den Schülerinnen und Schülern, die zu Fuß kommen oder mit dem Auto gebracht werden. Mit dem Fahrrad kommen ungefähr doppelt so viele wie mit dem Bus, das sind dann folglich die 47 % und die 24 %. Mit dem Moped kommen demzufolge 6 % der Schülerinnen und Schüler.

L 1.35 (**A**) Wir schauen uns die verfügbaren Zutaten an und vergleichen mit dem Rezept. Wir sehen zuerst, dass die 2 Liter Milch für genau 60 Waffeln reichen würden. Die Mutter hat knapp 1 kg Mehl, das ist knapp ein Viertel der Menge, die für 60 Waffeln erforderlich sind. Das Mehl würde also für knapp ein Viertel der 60 Waffeln reichen, das heißt für etwas weniger als 15 Waffeln. Als nächstes stellen wir fest, dass in dem Rezept die gleiche Menge Zucker wie Butter gebraucht wird. Da die Mutter aber doppelt so viel Zucker wie Butter hat, reicht der Zucker sicher für die Waffeln, die sich mit den vorhandenen 200 g Butter backen lassen. Die 200 g sind ein Zehntel der Menge, die im Rezept steht, also können damit nicht mehr als ein Zehntel von 60 Waffeln gebacken werden, das heißt 6 Waffeln. Die 7 Eier reichen für 6 Waffeln, denn dafür braucht die Mutter ja nur ein Zehntel der 50 Eier aus dem Rezept, also nur 5 Eier. Die Mutter kann höchstens 6 Waffeln backen.

L 1.36 (**C**) Runden wir die Zahlen in den Antwortmöglichkeiten auf Zehner, erhalten wir (**A**) 3790, (**B**) 4910, (**C**) 5300, (**D**) 6590, (**E**) 7310. Runden wir die Zahlen in den Antwortmöglichkeiten auf Hunderter, erhalten wir (**A**) 3800, (**B**) 4900, (**C**) 5300, (**D**) 6600, (**E**) 7300. Nur bei (**C**) erhalten wir beide Male dieselbe Zahl, das ist also die richtige Antwort.
Übrigens haben genau die natürlichen Zahlen, die auf 95, 96, 97, 98, 99, 00, 01, 02, 03 und 04 enden, die genannte Eigenschaft.

L 1.37 (**C**) Es ist sinnvoll anzunehmen, dass sich die markierten Frösche unter allen Fröschen gleichmäßig verteilt haben. Beim zweiten Mal wurden $\frac{5}{50}$ aller markierten Frösche gefangen. Damit wäre eine sinnvolle Schätzung, dass auch etwa $\frac{5}{50} = \frac{1}{10}$ <u>aller</u> Frösche gefangen wurden. Dann wäre die Anzahl der Frösche im Teich etwa $10 \cdot 100 = 1000$.

L 1.38 (**C**) Auf 3 Stücken ist nur Paprika, und 7 andere Stücke sind mit Mais belegt. Da jedes Stück belegt ist, muss auf den restlichen $12 - 3 - 7 = 2$ Stücken Spinat liegen. Die übrigen $5 - 2 = 3$ Stücke mit Spinat können nur zu denen gehören, auf denen auch Mais liegt. Also sind 3 Stücke sowohl mit Mais als auch mit Spinat belegt.

L 1.39 (**E**) Die äußeren Boxen in der unteren Reihe „liefern" einen Kreis in die linke Box der mittleren Reihe sowie einen Kreis und ein Quadrat in die rechte Box der mittleren Reihe. Diese drei Figuren tauchen dann in der oberen Box auf. Die weiteren in der oberen Box vorhandenen Figuren – zwei Kreise und zwei Dreiecke – müssen ebenfalls aus den beiden Boxen in der mittleren Reihe „geliefert" werden. Damit das funktioniert, müssen wir ein Dreieck und einen Kreis in die mittlere Box der unteren Reihe stecken. Diese beiden Figuren tauchen dann sowohl in der linken als auch in der rechten Box der mittleren Reihe wieder auf. Das nebenstehende Bild zeigt die fertige „Zahlenmauer".

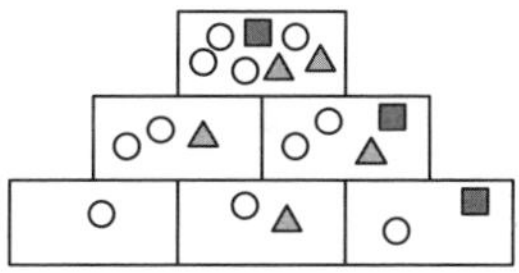

L 1.40 (**C**) Addieren wir die 5 ursprünglichen Zahlen 3, 4, 5, 6, 7, so erhalten wir als Summe 25. Durch Claudes „Trickserei" ist die Summe um $70 - 25 = 45$ größer geworden. Wie ist das geschehen? Wenn Claude eine 0 an eine Zahl anhängt, geht statt der Zahl selbst ihr Zehnfaches in die Summe ein. Folglich kommt durch das Anhängen der 0 das Neunfache der gewählten Zahl hinzu. Also ist die gesuchte Zahl $45 : 9 = 5$.

L 1.41 (**E**) Das Lösen wird übersichtlicher, wenn wir zu □ + □ = □ + ■ umformen und nun dafür passende Paare von Summanden finden. Möglich sind $4 + 6 = 7 + \mathbf{3}$ und $4 + 6 = 3 + \mathbf{7}$ und $3 + 7 = 6 + \mathbf{4}$ und $3 + 7 = 4 + \mathbf{6}$, und als Letztes $3 + 6 = 4 + \mathbf{5}$, wobei die jeweils fett markierte Zahl ins graue Kästchen gehört. Alle fünf Zahlen können im grauen Kästchen stehen.

L 1.42 (**C**) Wir schauen uns an, wie sich der Betrag in der Kasse verändert hat, nachdem Herr Duft $18 - 6 = 12$ weitere Stück Seife verkauft hat. Der Geldbetrag ist von 56 Euro auf 104 Euro angewachsen, also um 104 Euro$-$56 Euro $= 48$ Euro. Somit kostet ein Stück Seife 48 Euro : $12 = 4$ Euro. Mit den ersten 6 Stück Seife hat Herr Duft also $6 \cdot 4$ Euro $= 24$ Euro eingenommen. Dann waren zu Beginn 56 Euro $-$ 24 Euro $= 32$ Euro Wechselgeld in der Kasse.

L 1.43 (**E**) Wer erkennt, dass $2023 = 2 \cdot 1015 - 7$ ist, kann schnell zur Lösung gelangen. Verdoppeln wir nämlich die Anzahl der Summanden in der gegebenen Addition und lassen einen Summanden 7 weg, so erhalten wir als Summe 2023 und verwenden wie gefordert insgesamt $2 \cdot 10 - 1 = 19$-mal die Ziffer 7. Der Summand 77 kommt 6-mal vor.

$$\begin{array}{r} 777 \\ +\ 777 \\ +\ 77 \\ +\ 77 \\ +\ 77 \\ +\ 77 \\ +\ 77 \\ +\ 77 \\ +\ 7 \\ \hline 2023 \end{array}$$

Lösungsvariante: Finja erhält die 3 an der Einerstelle von 2023 nur, wenn die Anzahl der Summanden 9 ist, da nur $9 \cdot 7, 19 \cdot 7, 29 \cdot 7, 39 \cdot 7, \ldots$ auf 3 enden und $19, 29, 39, \ldots$ nicht in Frage kommen, weil $19 \cdot 7 < 2023$ ist und sonst zu viele Ziffern 7 vorkämen. Wegen $2023 - 9 \cdot 7 = 1960$ endet die Summe der Zehnerziffern der Summanden auf 6, was nur möglich ist, wenn es 8 Zehnerziffern sind. Und wegen $1960 - 8 \cdot 70 = 1400$ endet die Summe der Hunderterziffern der Summanden auf 4, was nur möglich ist, wenn es 2 Hunderterziffern sind. Da $2 \cdot 700 = 1400$ ist, sind wir fertig und erhalten 2 Summanden 777, $8 - 2 = 6$ Summanden 77 (das sind die gesuchten) und $9 - 2 - 6 = 1$ Summand 7. Die Ziffer 7 kommt wegen $2 \cdot 3 + 6 \cdot 2 + 1 \cdot 1 = 19$ tatsächlich 19-mal vor, so wie gefordert.

L 1.44 (**D**) Mit den 14 Litern Kraftstoff kommt Lucia 140 km weit. Nach 55 km Fahrt schafft sie damit noch 140 km $-$ 55 km $=$ 85 km. Außer der 95 km entfernten Tankstelle kann sie alle erreichen. Sie kann also insbesondere die 75 km entfernte Tankstelle erreichen. Von dort sind es noch 520 km $-$ 55 km $-$ 75 km $=$ 390 km bis zu Lucias Tante, und dafür reichen die 40 Liter, wenn sie volltankt. Würde Lucia früher tanken, würde die Tankfüllung nicht bis zur Tante reichen.

L 1.45 (**A**) Die Ziffern, die auf den Karten jeweils ganz links stehen, sind alle voneinander verschieden. Für die kleinstmögliche 9-stellige Zahl muss Beate die Karten also von links nach rechts nach der Ziffer, die ganz links steht, aufsteigend ordnen: [107] [31] [4] [59] [8] . In der Mitte liegt die Karte bei (**A**).

L 1.46 (**A**) Wir sortieren zuerst die verfügbaren Ziffern: 1, 5, 7 sind ungerade, 2, 4, 8 sind gerade. Lutz wählt eine ungerade und 2 gerade Ziffern, und zwar jeweils die größten verfügbaren, da er die größtmögliche 3-stellige Zahl daraus bildet. Er wählt also 7, 8 und 4. Um die größte Zahl mit diesen Ziffern zu erhalten, muss Lutz die Ziffern nun von groß nach klein sortieren. Die gesuchte Zahl ist 874.

L 1.47 (C) Runa hat die 14 Zweien in den Zimmernummern 2, 12, 20, 21, 22, 23, 24, 25, 26, 27, 28, 29, 32 entdeckt. Die nächste Zimmernummer mit einer Zwei wäre die 42. Oskar hat die 3 Fünfen in den Zimmernummern 5, 15, 25 entdeckt. Die nächste Zimmernummer mit einer Fünf wäre die 35. Das Hotel hat demnach mindestens 32, aber weniger als 35 Zimmer, also höchstens 34 Zimmer.

L 1.48 (D) Für das größtmögliche Ergebnis muss die Summe STR + UT größtmöglich sein und die Zahl OHH, die abgezogen wird, kleinstmöglich.
Die Summe STR + UT wird größtmöglich, wenn zunächst S an der Hunderterstelle durch die größtmögliche Ziffer, also 9, ersetzt wird. Dann müssen die Ziffern an den Zehnerstellen T und U durch die größtmöglichen verbleibenden Ziffern, also 7 und 8, ersetzt werden. Da der Buchstabe T ein weiteres Mal als Einerziffer auftaucht, müssen wir T durch 8 und U durch 7 ersetzen. Schließlich muss die verbleibende Einerziffer R durch die größtmögliche verbleibende Ziffer, also 6, ersetzt werden. Die Zahl OHH ist kleinstmöglich, wenn O durch 1 und H durch 2 ersetzt wird.
Das gesuchte größtmögliche Ergebnis ist $986 - 122 + 78 = 864 + 78 = 942$.

L 1.49 (C) Damit das Ergebnis der Rechnung so klein wie möglich wird, muss bei den drei Karten links (bei Plus) jeweils die kleinere der beiden Zahl zu sehen sein. Bei den drei Karten rechts (bei Minus) dagegen muss jeweils die größere der beiden Zahl zu sehen sein.
Wir berechnen für jede Karte, um wie viel sich das Ergebnis ändert, wenn man die Karte rechts (bei Minus) mit ihrem größeren Wert statt links (bei Plus) mit ihrem kleineren Wert hinlegt: Bei $(5, 12)$ ist die Änderung $-12 - 5 = -17$, bei $(3, 11)$ ist sie $-11 - 3 = -14$, bei $(0, 16)$ ist sie $-16 - 0 = -16$, bei $(7, 8)$ ist sie $-8 - 7 = -15$, bei $(4, 14)$ ist sie $-14 - 4 = -18$, bei $(9, 10)$ ist sie $-10 - 9 = -19$. Die Änderungen bei den drei Karten $(9, 10)$, $(4, 14)$ und $(5, 12)$ haben die kleinsten Werte. Diese drei Karten sind also rechts (bei Minus) hinzulegen, und die drei Karten $(3, 11)$, $(0, 16)$ und $(7, 8)$ links (bei Plus). Das kleinstmögliche Ergebnis ist also $3 + 0 + 7 - 10 - 14 - 12 = -26$.

L 1.50 (B) Die mittlere der 3 Zahlen endet auf 98. Da es 3 aufeinanderfolgende Zahlen sind, enden die linke Zahl auf 97 und die rechte Zahl auf 99. Die linke Zahl ist also 497, die mittlere somit 498 und die rechte 499. Die Ziffern, die Lotta weggewischt hat, sind von links nach rechts 9 4 4 9.

L 1.51 (D) Da der zweite Summand auf 4 endet und das Ergebnis auf 2, muss der erste Summand auf 8 enden. Von den Einern gibt es dann einen Übertrag 1, der zusammen mit der 6 an der Zehnerstelle des zweiten Summanden 7 ergibt. Das ist schon der Zehner des Ergebnisses. Also ist der Zehner des ersten Summanden 0. Von den Zehnern kommt kein Übertrag. Also ergeben die beiden Hunderter der Summanden zusammen 5. Wie die Hunderter genau lauten, können wir nicht sagen. Das ist aber auch nicht wichtig, denn es ist ja nach der Summe der vier Ziffern auf den umgedrehten Karten gefragt. Die gesuchte Summe ist $8+0+5 = 13$.

L 1.52 (**E**) Von der ersten zur zweiten Zahl wechselt die Ziffer an der Hunderterstelle. Somit endet die erste Zahl auf 99, die zweite auf 00 und die dritte auf 01. Also gilt ◇ = 9, △ = 0 sowie □ = 1. Die gesuchte nächstgrößere Zahl beginnt mit ♡△ und endet auf 2. Da die erste Zahl mit 1 beginnt, beginnen die folgenden Zahlen mit 2 und das Symbol für die Ziffer 2 ist gefunden: ♡ = 2. Die gesuchte nächstgrößere Zahl ist 202, in Symbolen ♡△♡.

L 1.53 (**D**) Da das Ergebnis der Rechnung auf 2 endet, endet die Summe der Einerziffern der drei Summanden auf 2. Da $3 + 4 = 7$ ist, muss die Summe der Einerziffern 12 sein. Die dritte Fliege sitzt wegen $12 - 7 = 5$ also auf der Ziffer 5. Wir merken uns den Übertrag 1 von den Einerziffern. Die Summe der Zehnerziffern endet wegen des Übertrags nicht auf 8, sondern auf 7. Die Summe der Hunderterziffern ist $2 + 1 + 4 = 7$, also so wie im Ergebnis der Rechnung. Daher liefert die Summe der Zehnerziffern keinen Übertrag und ist damit gleich 7. Eine der Zehnerziffern ist 1. Also haben die beiden Ziffern, auf denen die ersten beiden Fliegen sitzen, wegen $7 - 1 = 6$ die Summe 6.
Für die Ziffern, die von den ersten beiden Fliegen verdeckt sind, gibt es mehrere Möglichkeiten. Da ihre Summe in jedem Fall 6 ist, ist die gesuchte Summe der drei verdeckten Ziffern stets $5 + 6 = 11$.
Die richtige Rechnung könnte zum Beispiel $2\underline{6}3 + 1\underline{0}4 + 41\underline{5} = 782$ lauten.

L 1.54 (**C**) In der Rechnung rechts tauchen die Zehnerziffern **A** und **C** und die Einerziffern **B** und **D** jeweils doppelt so oft auf wie in der ursprünglichen Rechnung. Das gesuchte Ergebnis ist $2 \cdot 43 = 86$.

L 1.55 (**D**) In der ersten Rechnung ist die Summe zweier gleicher Ziffern eine 2-stellige Zahl. Also muss △ durch eine Ziffer ersetzt werden, die größer oder gleich 5 ist. Außerdem muss ■ durch 1 ersetzt werden, da die Summe zweier Ziffern höchstens 18 ist. Wir setzen nacheinander alle möglichen Ziffern für △ in die erste Rechnung ein und ermitteln für jeden Fall, durch welche Ziffer ● ersetzt werden müsste. Anschließend überprüfen wir, ob die zweite Rechnung stimmt.

△5 + △5 = ■1 ●0	●0 + △5 ≠ ■1 ■1
△6 + △6 = ■1 ●2	●2 + △6 ≠ ■1 ■1
△7 + △7 = ■1 ●4	●4 + △7 = ■1 ■1
△8 + △8 = ■1 ●6	●6 + △8 ≠ ■1 ■1
△9 + △9 = ■1 ●8	●8 + △9 ≠ ■1 ■1

Nur der dritte Fall ist möglich: △ muss durch 7 ersetzt werden, ● durch 4 und ■ durch 1. Das gesuchte Produkt ist $7 \cdot 4 \cdot 1 = 28$.

$$\begin{array}{r} 1\ A\ B\ C\ D\ E \cdot 3 \\ \hline A\ B\ C\ D\ E\ 1 \end{array} \qquad \begin{array}{r} 1\ A\ B\ C\ D\ 7 \cdot 3 \\ \hline A\ B\ C\ D\ 7\ 1 \end{array}$$

L 1.56 (B) Wir ermitteln die Ziffern der sechsstelligen Zahl $1ABCDE$ und beginnen bei E. Da $E \cdot 3$ auf 1 endet, muss $E = 7$ sein.
Da $7 \cdot 3 = 21$ ist, gibt es einen Übertrag 2. Also endet $D \cdot 3 + 2$ auf 7. Das ist nur für $D = 5$ möglich.
Analog berechnen wir nacheinander $C = 8$, $B = 2$ und schließlich $A = 4$.
Tatsächlich gilt $142857 \cdot 3 = 428571$, und wir erhalten $A + B + C + D + E = 4 + 2 + 8 + 5 + 7 = 26$.

Lösungsvariante: Wenn wir die Zahl $ABCDE$ mit x bezeichnen, können wir die Bedingung aus der Aufgabe als Gleichung $(100000 + x) \cdot 3 = 10x + 1$ schreiben. Auflösen nach x führt über $300000 + 3x = 10x + 1$ zu $x = 299999 : 7 = 42857$.

L 1.57 (D) Kristina schreibt die Zahl ABC, wobei A, B und C die Ziffern sind. Ihr großer Bruder hängt eine Ziffer, die wir D nennen, an Kristinas Zahl rechts an, wodurch ihre Zahl um 2024 wächst. Also gilt $ABC + 2024 = ABCD$. Wir schreiben diese Rechnung in Form einer schriftlichen Addition und ermitteln schrittweise die Ziffern A, B, C, D.

$$\begin{array}{r} 2\ 0\ 2\ 4 \\ +\quad A\ B\ C \\ \hline A\ B\ C\ D \end{array} \qquad \begin{array}{r} 2\ 0\ 2\ 4 \\ +\quad 2\ B\ C \\ \hline 2\ B\ C\ D \end{array} \qquad \begin{array}{r} 2\ 0\ 2\ 4 \\ +\quad 2\ 2\ C \\ \hline 2\ 2\ C\ D \end{array} \qquad \begin{array}{r} 2\ 0\ 2\ 4 \\ +\quad 2\ 2\ 4 \\ \hline 2\ 2\ 4\ D \end{array} \qquad \begin{array}{r} 2\ 0\ 2\ 4 \\ +\quad 2\ 2\ 4 \\ \hline 2\ 2\ 4\ 8 \end{array}$$

Die Ziffer A kann nur 2 oder 3 sein, wobei 3 nicht möglich ist, da es von der Hunderterstelle keinen Übertrag gibt. Also ist $A = 2$.
Die Ziffer B kann nur 2 oder 3 sein, wobei auch hier 3 nicht möglich ist, da es von der Zehnerstelle keinen Übertrag gibt. Also ist $B = 2$.
Nun sehen wir, dass die Ziffer C nur 4 oder 5 sein kann. C kann nicht 5 sein, da es von der Einerstelle keinen Übertrag gibt. Damit ist $C = 4$ und folglich $D = 8$. Kristinas Bruder hat eine 8 angehängt.

L 1.58 (C) Wenn sich nur die letzte Stelle verändert, dann wäre sie 7, 8 oder 9. In keinem der Fälle wären alle Ziffern verschieden. Ebenso reicht es nicht, wenn sich nur die letzten beiden oder die letzten drei Stellen verändern. Also muss sich die 1 vor dem Komma ändern. Die kleinste Zahl, die mit „092" beginnt und aus sechs verschiedenen Ziffern besteht, ist die 092,134. Bis dahin wird $92{,}134\,\text{m}^3 - 91{,}876\,\text{m}^3 = 0{,}258\,\text{m}^3$ Wasser verbraucht.

L 1.59 (D) Es ist $1000 = 2 \cdot 2 \cdot 2 \cdot 5 \cdot 5 \cdot 5$. Da alle Vielfachen von 5 (außer 5 selbst) mindestens 2-stellig sind, müssen die drei Fünfen als Ziffern auftreten. Das Produkt der beiden restlichen Ziffern muss $2 \cdot 2 \cdot 2 = 8$ sein. Dafür kommen nur 1 und 8 oder 2 und 4 in Frage. In beiden Fällen gibt es für die Anordnung der Faktoren $5 \cdot 4 = 20$ Möglichkeiten, insgesamt also 40.
Es ist auch machbar, die Möglichkeiten systematisch aufzulisten.

L 1.60 (**C**) Eine 10-stellige Zahl liegt zwischen 10^9 und 10^{10}. Die erste Ziffer der gegebenen Zahl ist eine 2, also liegt die gegebene Zahl zwischen $2 \cdot 10^9$ und $3 \cdot 10^9$. Ihr Quadrat liegt folglich zwischen $4 \cdot 10^{18}$ und $9 \cdot 10^{18}$. Das Quadrat hat daher genauso viele Stellen wie 10^{18}, und das sind 19.

L 1.61 (**D**) Da die Quersumme der natürlichen Zahl N doppelt so groß wie die Quersumme ihres Nachfolgers $N+1$ ist, muss N auf die Ziffer 9 enden, denn sonst wäre ihre Quersumme um 1 kleiner und nicht größer. N hat also die Form $\overline{x9}$, wobei x eine noch zu bestimmende natürliche Zahl ist. $N+1$ hat dann die Form $\overline{(x+1)0}$ und für die Quersummen gelten $Q(N) = Q(x){+}9$ sowie $Q(N{+}1) = Q(x{+}1)$. Wenn x nicht auf 9 endet, gilt $Q(x+1) = Q(x)+1$ und somit $Q(x)+9 = 2 \cdot (Q(x)+1)$, also $Q(x) = 7$. Die kleinste Zahl mit dieser Eigenschaft ist 79, die man auch durch Probieren finden kann. Tatsächlich gilt $Q(79) = 16 = 2{\cdot}8 = 2{\cdot}Q(80) = 2{\cdot}Q(79{+}1)$. Wenn die Zahl x auf 9 endet, ist ihre Quersumme sicher größer als 7. Also haben wir mit 16 bereits das Minimum für die Quersumme von N gefunden.
Die genannte Eigenschaft gilt, wie die Rechnung zeigt, übrigens für jede Zahl, die auf 9 endet und deren übrige Ziffern die Summe 7 haben, also zum Beispiel auch für 529 oder die große Zahl 20 001 049.

L 1.62 (**B**) Für die Ziffern von N kommen nur die einstelligen Teiler von 20 in Frage, also 1, 2, 4 und 5. Das Produkt der Ziffern von N und das Produkt der Ziffern von $N+1$ unterscheiden sich genau um den Faktor, den die Einerziffer liefert, das Produkt der anderen Ziffern ist dasselbe. Wenn N auf 1 endet, dann ist $20 = 20 \cdot 1$ das Produkt der Ziffern von N und somit $20 \cdot (1+1) = 20 \cdot 2 = 40$ das Produkt der Ziffern von $N+1$. In den anderen drei Fällen ist das Produkt der Ziffern von $N+1$ gleich $10 \cdot (2+1) = 30$, $5 \cdot (4+1) = 25$ und $4 \cdot (5+1) = 24$. Das Produkt 35 bei (**B**) ist nicht möglich. Konkrete Beispiele für N in den vier möglichen Fällen sind: (**A**) 541, (**C**) 522, (**D**) 54, (**E**) 45.
Zur Lösung gelangt auch, wer sieht, dass 35 durch 7 teilbar ist, und sich überlegt, dass 7 jedoch nicht als Ziffer von $N+1$ in Frage kommt.

L 1.63 (**D**) In jedem Feld der Zielscheibe steht eine Primzahl. Wir zerlegen also 18 in Primfaktoren: $18 = 2 \cdot 3 \cdot 3$. Olivia hat folglich einmal die 2 und zweimal die 3 getroffen. Insgesamt hatte sie 3 Treffer.

L 1.64 (**D**) Da 144 nicht auf 0 und nicht auf 5 endet, ist 144 nicht durch 5 teilbar. Die 5 kann nicht zu den vier Zahlen gehören, deren Produkt 144 ist, und muss im Kreis in der Mitte stehen.
Das lässt sich auch durch Zerlegen herausfinden: $144 = 12 \cdot 12 = 2 \cdot 6 \cdot 3 \cdot 4$; die 5 ist nicht dabei.

L 1.65 (**E**) Da m und n ungerade sind, ist auch $m \cdot n$ ungerade und somit auch die Zahl $m \cdot n + 2$.

L 1.66 (**D**) Da $a \geq 1$ gilt, ist $b \cdot c \leq 10\,000$. Wegen $b \leq c$ gilt $b^2 \leq b \cdot c \leq 10\,000$ und somit $b \leq \sqrt{10\,000} = 100$. Da für $a = 1$, $b = 100$, $c = 100$ die Ungleichungen erfüllt sind, kann b höchstens gleich 100 sein.

L 1.67 (**E**) Die Primfaktorzerlegung von 171 ist $171 = 3 \cdot 3 \cdot 19$. Also gilt $17{,}1 = 9 \cdot 1{,}9$ und damit ist 1,9 Millionen Euro ein ganzzahliger Anteil von 17,1 Millionen Euro. Josephines Anteil könnte also exakt 1,9 Millionen Euro betragen. Durch Nachrechnen kann man sich davon überzeugen, dass 17,1 Millionen kein ganzzahliges Vielfaches der Werte unter (**A**) bis (**D**) ist.

L 1.68 (**C**) Wir suchen nach der kleinstmöglichen Anzahl von Markierstangen, also nach möglichst großen Abständen zwischen benachbarten Stangen in ganzen Metern. Die Abstände müssen so gewählt sein, dass jeder der drei Abschnitte, die bereits abgeteilt sind, in diese Abstände geteilt werden kann. Die Meterzahl muss also ein Teiler der Längen aller drei Abschnitte und dabei die größtmögliche Zahl sein. Weil $66 = 6 \cdot 11$ ist und 24 sowie 30 nicht durch die Primzahl 11 jedoch durch 6 teilbar sind, ist 6 der größte gemeinsame Teiler der drei Zahlen 24, 30 und 66. Der Abstand zwischen zwei benachbarten Markierstangen ist in diesem Fall also 6 m. Für die gesamte Strecke von 120 m sind damit $120 : 6 + 1 = 21$ Stangen nötig. Folglich müssen $21 - 4 = 17$ Stangen noch dazukommen.

L 1.69 (**B**) Die Zahl im Kästchen mit dem Fragezeichen bezeichnen wir mit x und die beiden anderen Zahlen in der unteren Zeile der Figur mit a und b. Dann stehen in der mittleren Zeile der Figur die Zahlen $a \cdot x$ und $b \cdot x$ und ganz oben $a \cdot x \cdot b \cdot x = a \cdot b \cdot x^2$. Also gilt $180 = a \cdot b \cdot x^2$. Wir müssen also herausfinden, welche Quadratzahlen größer als 1 Teiler von 180 sind. Dazu zerlegen wir 180 in Primfaktoren: $180 = 2 \cdot 2 \cdot 3 \cdot 3 \cdot 5 = 2^2 \cdot 3^2 \cdot 5$. In einer Quadratzahl größer als 1 kommt jeder Primfaktor in einer geraden Anzahl vor. Die einzigen Quadratzahlen, die größer als 1 und Teiler von 180 sind, sind somit 2^2, 3^2 und $2^2 \cdot 3^2 = 6^2$. Also kann x nur eine der Zahlen 2, 3 und 6 sein. Das sind 3 verschiedene Zahlen.
Die jeweils anderen Primfaktoren von 180 können beliebig auf die beiden äußeren Kästchen in der unteren Reihe aufgeteilt werden, wobei in einem Kästchen auch die Zahl 1 stehen kann.

L 1.70 (**C**) Man könnte alle positiven Teiler von $5! = 2^3 \cdot 3 \cdot 5$ bestimmen, das sind 16, und dann zählen, wie viele davon ungerade sind, das sind 4, nämlich 1, 3, 5 und $3 \cdot 5 = 15$. Also ist der gesuchte Anteil gleich $\frac{1}{4}$.
Wer bemerkt, dass sich die Menge der Teiler von 5! geschickt unterteilen lässt, gelangt zum Ergebnis, ohne alle Teiler bestimmen zu müssen. Jeder Teiler von 5! ist entweder ungerade oder das Doppelte, das Vierfache oder das Achtfache eines ungeraden Teilers, da $8 = 2^3$ die größte Zweierpotenz ist, die 5! teilt. Dann ist sofort ersichtlich, dass es von diesen 4 Sorten jeweils gleich viele gibt, das heißt der Anteil der ungeraden Teiler von 5! ist gleich $\frac{1}{4}$.

L 1.71 (**B**) Wir fassen die Faktoren von 6! geschickt zusammen und erhalten: $6! \cdot 7! = 7! \cdot 1 \cdot 2 \cdot 3 \cdot 4 \cdot 5 \cdot 6 = 7! \cdot 8 \cdot 3 \cdot 5 \cdot 6 = 7! \cdot 8 \cdot 9 \cdot 5 \cdot 2 = 7! \cdot 8 \cdot 9 \cdot 10 = 10!$ Also ist $N = 10$.

L 1.72 (**B**) Die Nummern der Stufen, die sowohl ausgebessert als auch markiert wurden, sind genau die gemeinsamen Vielfachen von 6 und 8, also die Vielfachen des kleinsten gemeinsamen Vielfachen von 6 und 8, und das ist 24. Also ist jede 24. Stufe eine ausgebesserte Stufe, die mit einer Markierung versehen wurde. Das sind wegen $272 : 24 = 11$ Rest 8 genau 11 Stufen.

L 1.73 (**E**) Wenn eine der Eckzahlen durch 3 teilbar ist, dann müssen es auch ihre Nachbarn sein, damit die Summe der Zahlen auf je zwei nebeneinanderliegenden Plättchen stets durch 3 teilbar ist. Wenn also eine der Eckzahlen durch 3 teilbar ist, dann müssen alle acht Eckzahlen durch 3 teilbar sein. Das ist aber nicht möglich, da von den verfügbaren Zahlen nur 3, 6, 9, 12 durch 3 teilbar sind. Diese 4 Zahlen müssen folglich übrig sein.
Dass die übrigen Zahlen wie gewünscht auf die Ecken des Achtecks gelegt werden können, zeigt das Beispiel rechts.

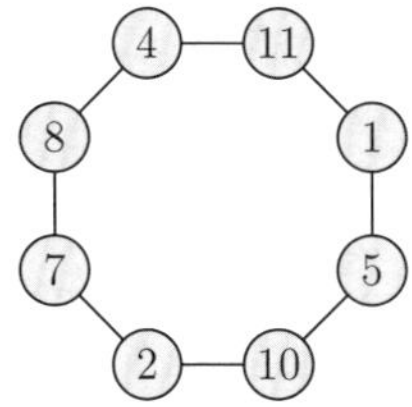

L 1.74 (**B**) Durch Ausmultiplizieren und anschließendes Ausklammern erhalten wir, dass die Summe gleich $2 \cdot (a^2 + b^2 + c^2 - ab - bc - ca)$, also eine gerade ganze Zahl ist. Folglich kann das Ergebnis sicher nicht 1 sein.
Dass die anderen Zahlen möglich sind, zeigen die Beispiele: (**A**) $a = b = c = 0$; (**C**) $a = b = 0$, $c = 1$; (**D**) $a = 0$, $b = 1$, $c = 2$; (**E**) $a = b = 0$, $c = 2$.

L 1.75 (**D**) Die beiden gesuchten Zahlen sind 7 und 8. N könnte zum Beispiel gleich $2^2 \cdot 3^2 \cdot 5 \cdot 11$ sein. Die anderen Antworten sind nicht möglich: (**A**) Wenn N nicht durch 2 und nicht durch 3 teilbar ist, so ist N auch nicht durch 4, 6, 8, 9 und 10 teilbar. (**B**) Wenn N nicht durch 4 und nicht durch 5 teilbar ist, so ist N auch nicht durch 8 und 10 teilbar. (**C**) Wenn N nicht durch 6 und nicht durch 7 teilbar ist, so ist N auch nicht durch 2 (und 4, 8 und 10) oder nicht durch 3 (und 9) teilbar. (**E**) Wenn N nicht durch 10 und nicht durch 11 teilbar ist, so ist N auch nicht durch 2 (und 4, 6 und 8) oder nicht durch 5 teilbar.

L 1.76 (**C**) Beim Backen werden jeweils $30 = 5 \cdot 6$ Salamischeiben verbraucht und beim Öffnen einer neuen Packung kommen $18 = 3 \cdot 6$ Salamischeiben dazu. Bei beiden Aktionen ändert sich die Anzahl der übrigen Salamischeiben also um ein Vielfaches von 6. Daher ändert sich der Rest der vorhandenen Salamischeiben beim Teilen durch 6 nicht. Wegen $71 : 6 = 11$ Rest 5, ist dieser Rest gleich 5. Somit bleiben definitiv nicht weniger als 5 Salamischeiben übrig. Dass 5 Scheiben wirklich übrig bleiben können, zeigt das Beispiel: Mit drei extra Packungen haben wir $71 + 3 \cdot 18 = 125$ Scheiben. Damit lassen sich vier Maxi-Salami-Pizzas backen und es bleiben 5 Salamischeiben übrig.

L 1.77 (D) Keine dreistellige Zahl ist durch 0 teilbar. Leopold hat also keine Zahl aufgeschrieben, die auf 0 endet. Das bedeutet, dass die acht Zahlen, die Leopold aufgeschrieben hat, alle die gleiche Hunderterziffer und die gleiche Zehnerziffer haben. Die Hunderterziffer nennen wir x und die Zehnerziffer y. Leopold hat sicher die Zahlen $xy2$, $xy3$, $xy4$, $xy5$, $xy6$, $xy7$, $xy8$ aufgeschrieben sowie eine der beiden Zahlen $xy1$ oder $xy9$.
Die Zahl xyz ist genau dann durch z teilbar, wenn auch $xy0$ durch z teilbar ist. Also ist $xy0$ sicher durch die Zahlen von 2 bis 8 teilbar und somit auch durch ihr kleinstes gemeinsames Vielfaches $2^3 \cdot 3 \cdot 5 \cdot 7 = 840$. Also gilt $xy0 = 840$.
Da 849 nicht durch 9 teilbar ist, hat Leopold die Zahlen von 841 bis 848 aufgeschrieben. Die Quersumme der kleinsten dieser Zahlen ist gleich $8 + 4 + 1 = 13$.

L 1.78 (C) Da die 6 Faktoren aufeinanderfolgende natürliche Zahlen sind, ist mindestens einer von ihnen durch 5 teilbar und mindestens einer durch 2. Das Produkt ist also durch 10 teilbar und endet folglich auf 0. Demzufolge gilt $B = 0$. Da A, B, C und D aufeinanderfolgende Ziffern sind, müssen A, C und D die Ziffern 1, 2 und 3 sein. Da mindestens einer der 6 Faktoren durch 3 teilbar ist, ist auch das Produkt und damit auch die Quersumme des Produkts durch 3 teilbar, d. h. $2A + 4B + 2C + 4D$ ist durch 3 teilbar. Wir können nun die 6 Fälle für die einzelnen Belegungen durchtesten oder noch etwas umformen: Wegen $B = 0$ ist $2A + 4B + 2C + 4D = 2A + 2C + 4D = 2(A + C + D) + 2D = 12 + 2D$. Da 12 durch 3 teilbar ist, ist auch $2D$ durch 3 teilbar, also ist $D = 3$.
Da unter den 6 aufeinanderfolgenden Faktoren immer drei durch 2 teilbare und davon mindestens eine durch 4 teilbare sein müssen, ist ihr Produkt durch 16 teilbar. Somit kann A nicht 1 sein, also ist $A = 2$ und $C = 1$ und die 12-stellige Zahl lautet 200 133 133 200. Die 6 Faktoren lassen sich damit auch eindeutig rekonstruieren und lauten 74, 75, 76, 77, 78, 79.

L 1.79 (B) Yara hat von einer noch unbekannten Anzahl von Schachpartien die Hälfte gewonnen und ein Drittel verloren. Die unbekannte Zahl muss also sowohl durch 2 als auch durch 3 teilbar sein, also auch durch $2 \cdot 3 = 6$. Damit kann die unbekannte Zahl nur 6 oder 12 sein. Wäre sie 6, hätte Yara $6 : 2 = 3$ Partien gewonnen und $6 : 3 = 2$ verloren. Da sie aber auch noch 2-mal unentschieden gespielt hat, kann dann die Summe nicht 6 sein. Also muss sie 12 Partien gespielt haben, und tatsächlich ist auch $(12 : 2) + (12 : 3) + 2 = 6 + 4 + 2 = 12$. Yara hat also noch $15 - 12 = 3$ Partien zu spielen.

L 1.80 (C) Alle Fahrräder haben einen Platten. Da drei Fünftel der Vorderräder einen Platten haben, haben die anderen zwei Fünftel der Fahrräder ausschließlich am Hinterrad einen Platten. Aus dem gleichen Grund haben genau zwei Fünftel der Fahrräder ausschließlich am Vorderrad einen Platten. Insgesamt haben also vier Fünftel genau einen Platten, entweder am Vorderrad oder am Hinterrad. Die 5 Fahrräder, bei denen beide Räder platt sind, sind das fehlende Fünftel. Somit gibt es insgesamt $5 \cdot 5 = 25$ Fahrräder in der Werkstatt.

L 1.81 (**E**) Wenn wir die Brüche alle auf den Hauptnenner 12 bringen, so sind ihre Zähler (**A**) $9p+3q$, (**B**) $8p+4q$, (**C**) $6p+6q$, (**D**) $4p+8q$, (**E**) $3p+9q$. Wegen $p<q$, gilt $9p+3q<8p+4q<6p+6q<4p+8q<3p+9q$. Der Wert bei (**E**) ist somit am größten.

Lösungsvariante: Wir interpretieren die Brüche als arithmetische Mittel von 4 bzw. 3 bzw. 2 Zahlen. Bei (**E**) stehen im Zähler die Summanden p, q, q, q. Hier ist die Anzahl der Summanden q im Verhältnis zur Anzahl der Summanden p am größten. Also ist der Durchschnitt der Zahlen im Zähler bei (**E**) am größten.

L 1.82 (**E**) Wir nennen Adas Zahl x. Dann ist $x-\frac{1}{10}=\frac{1}{10}x$. Nach Multiplikation mit 10 erhalten wir $10x-1=x$, woraus $9x=1$ und daraus $x=\frac{1}{9}$ folgt.

L 1.83 (**E**) Wir berechnen zuerst, wie viel Wasser Nick jetzt im Vergleich zu vorher verbraucht. Er verbraucht $\frac{3}{4}$ der Menge wegen der Verkürzung der Dauer. Von diesen $\frac{3}{4}$ verbraucht er $\frac{3}{4}$ der Menge wegen des neuen Duschkopfes. Das heißt, dass Nicks Wasserverbrauch jetzt $\frac{3}{4}\cdot\frac{3}{4}=\frac{9}{16}$ des alten Wasserverbrauchs ist. Also hat er seinen Wasserverbrauch insgesamt um $1-\frac{9}{16}=\frac{7}{16}$ reduziert.

Lösungsvariante: In einem Viertel der alten Duschzeit duscht Nick jetzt nicht mehr, reduziert also den gesamten Wasserverbrauch, den er in dieser Zeit vorher hatte. In den restlichen drei Vierteln der alten Duschzeit duscht er jetzt mit dem wassersparenden Duschkopf, reduziert also ein Viertel des Wasserverbrauchs, den er in dieser Zeit vorher hatte. Insgesamt hat Nick seinen Wasserverbrauch also um $1\cdot\frac{1}{4}+\frac{1}{4}\cdot\frac{3}{4}=\frac{7}{16}$ reduziert.

L 1.84 (**B**) Wir multiplizieren die Gleichung $\frac{\square}{17}=\frac{5}{\triangle}$ mit $17\cdot\triangle$ und erhalten so $\square\cdot\triangle=5\cdot 17$. Also ist $\square$ ein Teiler von $5\cdot 17$ und $\triangle$ ist durch $\square$ eindeutig bestimmt, $\triangle=5\cdot 17:\square$. Da $5\cdot 17$ die vier Teiler 1, 5, 17 und $5\cdot 17=85$ hat, kann das Quadrat durch vier Zahlen ersetzt werden.

L 1.85 (**B**) Da b kleiner ist als 1, ist das Produkt $a\cdot b$ kleiner als a, also eine der Zahlen p und q. Des Weiteren sind a und b beide größer als $\frac{3}{4}$. Somit ist $a\cdot b$ größer als $\frac{3}{4}\cdot\frac{3}{4}=\frac{9}{16}$ und damit größer als $\frac{1}{2}$. Das trifft nur auf q zu.

L 1.86 (**D**) In den Anzeigen (**A**), (**B**) und (**C**) ist es für den Sonntag wärmer vorhergesagt als für den Samstag. In (**E**) ist es für den Samstag wärmer vorhergesagt als für den Freitag. Einzig in (**D**) fällt die erwartete Höchsttemperatur in den angezeigten drei Tagen von Tag zu Tag.

L 1.87 (**C**) Wenn 4 aufeinanderfolgende ganze Zahlen die Summe 2 haben, ist klar, dass sowohl positive als negative Zahlen darunter sind, allerdings mehr positive als negative. Dafür gibt es nur eine Möglichkeit: -1, 0, 1, 2. Die gesuchte kleinste Zahl ist -1.

L 1.88 (**B**) Das Produkt ist kleinstmöglich, wenn es negativ ist und einen größtmöglichen Betrag hat. Wenn wir die drei betragsgrößten Zahlen -5, 4 und 6 wählen, so ist das Produkt negativ. Also ist $(-5) \cdot 4 \cdot 6 = -120$ das kleinste Produkt, welches man erhalten kann.

L 1.89 (**E**) Für eine reelle Zahl $x \neq 0$ sind die geraden Potenzen $x^2, x^4, x^6, \ldots$ alle positiv, und alle ungeraden Potenzen $x^1, x^3, x^5, \ldots$ haben dasselbe Vorzeichen, nämlich das von x.
Also hat $-a^4b^3c^2$ dasselbe Vorzeichen wie $-b$, und $a^3b^5c^6$ hat dasselbe wie ab. Dann muss a auf jeden Fall negativ sein, also $a < 0$ gelten.

L 1.90 (**E**) Martins Gehalt beträgt 20 % des Gehalts seines Chefs, also $\frac{20}{100} = \frac{1}{5}$. Das heißt, Martins Chef erhält das Fünffache von Martins Gehalt. Das Gehalt von Martins Chef beträgt wegen $5 = \frac{500}{100}$ also 500 % von Martins Gehalt.

L 1.91 (**A**) Von den 200 Angestellten sind 49 % weiblich, also $\frac{49}{100} \cdot 200 = 98$. Die übrigen $200-98 = 102$ Angestellten sind nicht weiblich. Da von den Angestellten und Auszubildenden zusammen 50 % weiblich sind und die Auszubildenden alle weiblich sind, müssen es $102 - 98 = 4$ Auszubildende sein.

L 1.92 (**C**) Es wurden bereits $56+44+40+32+8+0 = 180$ Stimmen ausgezählt. Da das 90 % der abgegebenen Stimmen sind, wurden insgesamt $\frac{100\,\%}{90\,\%} \cdot 180 = 200$ Stimmen abgegeben. Es sind also noch $200 - 180 = 20$ Stimmen auszuzählen. Mit diesen 20 Stimmen könnte Sarah auf $56 + 20 = 76$ Stimmen kommen, Marco auf $44 + 20 = 64$ und Olina $40 + 20 = 60$. Diese drei könnten so insgesamt die meisten Stimmen erhalten. Knut kann höchstens auf $32 + 20 = 52$ und Elias höchstens auf $8 + 20 = 28$ Stimmen kommen. Die beiden bleiben somit sicher hinter Sarah. Drei der Fünf könnten also die meisten Stimmen erhalten.

L 1.93 (**B**) Von der grauen Fläche gehören 45 % sowohl zum Mond als auch zum Stern, und es gehören $100\,\% - 40\,\% - 45\,\% = 15\,\%$ zum Mond, aber nicht zum Stern. Wegen $45\,\% : 15\,\% = 3$ liegt von der Fläche des Mondes also 3-mal so viel innerhalb des Sterns wie außerhalb, also 75 % innerhalb und 25 % außerhalb, wie bei (**B**) angegeben.

L 1.94 (**D**) Es sei x die Anzahl der Liegestütze, die Lucys kleine Schwester geschafft hat. Dann hat Lucys große Schwester $\frac{3}{2}\cdot x$ und Lucy hat $\frac{3}{2}\cdot\frac{3}{2}\cdot x=\frac{9}{4}\cdot x$ Liegestütze geschafft. Insgesamt haben sie 95 Liegestütze geschafft, also gilt $95=x+\frac{3}{2}\cdot x+\frac{9}{4}\cdot x=\frac{19}{4}\cdot x$ und somit $x=20$. Also hat Lucys kleine Schwester 20, Lucys große Schwester hat 30 und Lucy hat 45 Liegestütze geschafft.

L 1.95 (**D**) Die Masse der Pilze zu Beginn bezeichnen wir mit m. Da die Pilze zu Beginn zu 90 % aus Wasser bestehen, ist der Anteil der Trockenmasse 10 %. Das heißt, die Trockenmasse ist gleich $\frac{1}{10}m$. Als das Wasser nur noch 20 % der Masse ausgemacht hat, hat der Trockenanteil 80 % der Masse ausgemacht. Folglich hatten die Pilze zu diesem Zeitpunkt die Masse $\frac{100\,\%}{80\,\%}\cdot\frac{1}{10}m=\frac{1}{8}m$. Die Masse hat sich also um $m-\frac{1}{8}m=\frac{7}{8}m$ verringert, was einem Anteil von $\frac{7}{8}=0{,}875=87{,}5\,\%$ entspricht.
Die Aufgabe lässt sich auch lösen, indem wir für die gesammelten Pilze eine Masse festlegen, zum Beispiel 100 g, und dann die Masse berechnen, die die Pilze nach einiger Zeit im Ofen haben.

L 1.96 (**D**) Wir bezeichnen das Alter von Jonas, Moritz und Simon mit j, m bzw. s. Da das Durchschnittsalter der drei Brüder 10 ist, gilt $(j+m+s):3=10$, das heißt $j+m+s=30$. Da das Durchschnittsalter von Jonas und Simon 11 ist, gilt $(j+s):2=11$, das heißt $j+s=22$. Daraus ergibt sich $m=30-22=8$ für das Alter von Moritz. Da das Durchschnittsalter von Jonas und Moritz 12 ist, gilt $(j+m):2=12$, das heißt $j+m=24$. Daraus ergibt sich $s=30-24=6$ für das Alter von Simon. Schließlich erhalten wir $j=30-8-6=16$ für das Alter von Jonas – das ist der älteste der drei Brüder, (**D**) ist die Lösung.

L 1.97 (**C**) Wenn bei vier verschiedenen Primzahlen die 2 dabei ist, so ist ihre Summe ungerade. Dann ist ihr Durchschnitt sicher keine natürliche Zahl. Die 2 ist also nicht dabei. Die vier nächstgrößeren Primzahlen sind 3, 5, 7 und 11. Ihre Summe ist 26 und ihr Durchschnitt 6,5. Die kleinste natürliche Zahl, die Durchschnitt von vier verschiedenen Primzahlen ist, ist also sicher größer oder gleich 7. Wenn wir die Primzahlen 3, 5, 7 und 13 wählen, erhalten wir als Durchschnitt 7. Also ist 7 die Lösung.

L 1.98 (**B**) Es seien a,b,c,d,e die fünf Zahlen, und es gelte $a\leq b\leq c\leq d\leq e$. Nach Aufgabentext gilt $\frac{1}{5}\cdot(a+b+c+d+e)=24$, also $a+b+c+d+e=5\cdot 24=120$. Ebenso gilt $a+b+c=3\cdot 19=57$ und $c+d+e=3\cdot 28=84$. Folglich gilt für die drittgrößte Zahl $c=(a+b+c)+(c+d+e)-(a+b+c+d+e)=57+84-120=21$.

L 1.99 (B) Wenn man bei N zwischen q und r ein Dezimalkomma setzt, so erhält man $\overline{pq},\overline{rs}$, was gleich $\overline{pq}+\frac{\overline{rs}}{100}$ ist. Da dieser Wert gleich dem Durchschnitt von $\overline{pq}$ und $\overline{rs}$ ist, gilt $\overline{pq}+\frac{\overline{rs}}{100}=\frac{\overline{pq}+\overline{rs}}{2}$ und somit $100\cdot\overline{pq}+\overline{rs}=50\cdot\overline{pq}+50\cdot\overline{rs}$ bzw. $50\cdot\overline{pq}=49\cdot\overline{rs}$. Daraus folgt, dass $\overline{rs}$ ein Vielfaches von 50 sein muss, weil 49 und 50 teilerfremd sind. Somit ist entweder $\overline{rs}=0$ oder $\overline{rs}=50$, da $\overline{rs}$ höchstens 2-stellig ist. Wäre $\overline{rs}=0$, so wäre auch $\overline{pq}=0$ und damit auch $N=0$. Das widerspricht der Bedingung aus der Aufgabenstellung, dass N eine 4-stellige Zahl ist. Also ist $\overline{rs}=50$ und somit $\overline{pq}=49$. Das heißt $N=4950$, und N hat die Quersumme $4+9+5+0=18$.

Lösungsvariante: Wer erkennt, dass der Durchschnitt von zwei natürlichen Zahlen entweder eine natürliche Zahl oder um 0,5 größer als eine natürliche Zahl ist, sieht direkt, dass entweder $\overline{rs}=0$ oder $\overline{rs}=50$ gilt. Im ersten Fall wäre dann $\overline{pq},00=\frac{\overline{pq}+0}{2}$, also $\overline{pq}=0$ und somit $N=0$. Im zweiten Fall erhalten wir $\overline{pq},50=\frac{\overline{pq}+50}{2}$. Das können wir umformen zu $2\cdot\overline{pq}+1=\overline{pq}+50$, und weiter zu $\overline{pq}=49$. Also ist $N=4950$, und N hat die Quersumme 18.

L 1.100 (D) Weil das Team nach 9 Spielen im Durchschnitt mehr Tore geworfen hat als nach 6 Spielen, war die durchschnittliche Anzahl an Toren bei den Spielen 7, 8 und 9 größer als bei den ersten 6 Spielen. Im 7., 8. und 9. Spiel wurden insgesamt $33+27+29=89$ Tore geworfen. In den ersten 6 Spielen hat das Team insgesamt also weniger als $\frac{89}{3}\cdot 6=178$ Tore geworfen, das heißt höchstens 177. Folglich kann das Team in den ersten 9 Spielen insgesamt höchstens $177+89=266$ Tore geworfen haben. Damit die durchschnittliche Anzahl an Toren pro Spiel nach 10 Spielen größer als 30 ist, muss das Team in allen 10 Spielen zusammen mindestens $10\cdot 30+1=301$ Tore geworfen haben. Im 10. Spiel waren es also mindestens $301-266=35$ Tore.

L 1.101 (D) Die Fünferpotenzen 5^5, 5^6 und 5^7 enden alle auf 5. Also enden die drei Faktoren jeweils auf 6. Und Produkte von Zahlen, die alle auf 6 enden, enden ihrerseits auf 6.

L 1.102 (E) Wird eine Zahl, die zwischen 0 und 1 liegt, quadriert, so ist das Ergebnis kleiner als die ursprüngliche Zahl. Somit gilt $0{,}815^4=(0{,}815^2)^2<0{,}815^2<0{,}815$. Wird von einer Zahl, die zwischen 0 und 1 liegt, die Wurzel gezogen, so ist das Ergebnis hingegen größer als die ursprüngliche Zahl. Somit gilt $\sqrt[4]{0{,}815}=\sqrt{\sqrt{0{,}815}}>\sqrt{0{,}815}>0{,}815$.
Folglich ist $\sqrt[4]{0{,}815}$ die größte der fünf Zahlen.

L 1.103 (**D**) Mit jeder 6 ($= 2 \cdot 3$), die Seyma multipliziert, erhöhen sich die Exponenten von 2 und 3 in der Primfaktorzerlegung des Produkts jeweils um 1. Mit jeder 15 ($= 3 \cdot 5$), die Seyma multipliziert, erhöhen sich die Exponenten von 3 und 5 jeweils um 1. Da der Primfaktor 3 sowohl in der 6 als auch in der 15 vorkommt, muss der Exponent von 3 gleich der Summe der Exponenten von 2 und von 5 sein. Das ist nur bei (**D**) der Fall.

L 1.104 (**C**) Wir berechnen die entsprechenden Potenzen der ersten natürlichen Zahlen:
$1^1 = 1$, $2^2 = 4$, $3^3 = 27$, $4^4 = 256$, $5^5 = 3125$, $6^6 = 6 \cdot 6^5 > 6 \cdot 5^5 > 6 \cdot 3000 = 18000$.
Also hat 6^6 bereits mehr als 4 Stellen. Die Ziffern a, b, c, d sind somit alle kleiner als 6, da die Summe $a^a + b^b + c^c + d^d = \overline{abcd}$ eine vierstellige Zahl ist.
Wären a, b, c, d alle kleiner als 5, so wäre $\overline{abcd} \leq 4 \cdot 4^4 = 1024$. Damit wäre $a = 1$. Daraus folgt aber, dass sogar $\overline{abcd} \leq 1^1 + 3 \cdot 4^4 = 769$ gilt, und somit $\overline{abcd}$ nicht vierstellig sein kann. Also ist mindestens eine der Ziffern eine 5. Wären zwei oder mehr der Ziffern Fünfen, so wäre $\overline{abcd} \geq 2 \cdot 5^5 + 2 \cdot 1^1 = 6252$. Damit wäre $a \geq 6$, was wir oben schon ausgeschlossen haben. Also ist genau eine der Ziffern eine 5 und wir können abschätzen: $\overline{abcd} \geq 5^5 + 3 \cdot 1^1 = 3128$ und $\overline{abcd} \leq 5^5 + 3 \cdot 4^4 = 3893$. Folglich ist sicher $a = 3$.
Die Zahl $\overline{abcd}$ lässt sich auch eindeutig bestimmen, sie lautet 3435.

2 Gleichungen, Ungleichungen und Funktionen

L 2.1 (**C**) Die Gesamtzahl der aufgeschriebenen Blumen ist die Summe aus der Anzahl der Blumen, die Pavel aufgeschrieben hat, und der Anzahl, die Vera aufgeschrieben hat. Da Vera die dreifache Anzahl im Vergleich zu Pavel hat, ist diese Summe also das Vierfache von Pavels Anzahl. Folglich erhalten wir Pavels Anzahl, wenn wir 20 durch 4 teilen: $20 : 4 = 5$.
Veras Anzahl ist dann $3 \cdot 5 = 15$ und die Summe ist – wie vorgegeben – 20.

L 2.2 (**A**) Die Länge des Kochlöffels und die Länge der Kelle unterscheiden sich genau um die Höhe des Topfes. Der Topf ist folglich $38\,\text{cm} - 25\,\text{cm} = 13\,\text{cm}$ hoch. Da sich auch die Länge des Schneebesens und die Länge des Siebs genau um die Höhe des Topfes unterscheiden, ist das Sieb somit $30\,\text{cm} - 13\,\text{cm} = 17\,\text{cm}$ lang.

L 2.3 (**D**) Das Auswärtsteam erzielte in der 1. Halbzeit 5 Tore weniger als das Heimteam. Um am Ende ein Tor Vorsprung zu haben, musste es in der zweiten Halbzeit 6 Tore mehr erzielen als das Heimteam. Da das Auswärtsteam in der 2. Halbzeit doppelt so viele Tore wie das Heimteam erzielte, fielen in der 2. Halbzeit 6 Tore für das Heimteam und 12 Tore für das Auswärtsteam. Der Endstand war $20 : 21$.

L 2.4 (**A**) Die Figur, die Hakan gelegt hat, ist so breit wie 5 lange Rechtecksseiten zusammen. Also ist jedes Rechteck $45\,\text{cm} : 5 = 9\,\text{cm}$ lang. Die Figur ist so hoch wie 2 lange und 3 kurze Rechtecksseiten zusammen. Folglich sind 3 kurze Rechtecksseiten zusammen $30\,\text{cm} - 2 \cdot 9\,\text{cm} = 12\,\text{cm}$ lang. Damit ist jede kurze Rechtecksseite $12\,\text{cm} : 3 = 4\,\text{cm}$ lang.

L 2.5 (**E**) Wir wissen nicht, wie viele Müsliriegel Steffi aus der 1. Packung mitnimmt. Da sie aber aus der 2. Packung genauso viele mitnimmt, wie noch in der 1. Packung übrig sind, nimmt sie aus der 1. und 2. Packung zusammen genauso viele Müsliriegel mit, wie in einer vollen Packung sind, also 10. Es könnten aus diesen beiden Packungen also zum Beispiel 3 und 7 Müsliriegel sein oder auch andere Zahlen wie 5 und 5, in Summe sind es jedenfalls 10.
Dazu kommen 2 Müsliriegel aus der 3. Packung. Also nimmt Steffi insgesamt $10 + 2 = 12$ Müsliriegel mit. Die restlichen der insgesamt $3 \cdot 10 = 30$ Müsliriegel lässt sie zu Hause, und das sind $30 - 12 = 18$.

L 2.6 (**B**) Wir stellen uns vor, dass wir alle Autos nach links schieben. In der oberen Reihe wären dann 3 Autos und bis zur rechten Wand $3\,\text{m} + 4\,\text{m} + 2\,\text{m} = 9\,\text{m}$ Abstand. In der unteren Reihe wären dann hingegen 2 Autos und nach rechts $2\,\text{m} + 6\,\text{m} + 5\,\text{m} = 13\,\text{m}$ Abstand. In der unteren Reihe ist $13\,\text{m} - 9\,\text{m} = 4\,\text{m}$ mehr Abstand nach rechts, dafür aber ein Auto weniger. Also ist ein Auto $4\,\text{m}$ lang.

L 2.7 (**C**) Wir stellen uns vor, dass wir die ersten 3 Türme aufeinanderstellen. So entsteht ein Turm der Höhe 10 cm + 15 cm + 13 cm = 38 cm. In diesem Turm kommt jede Dose zweimal vor. Daraus folgt, dass der 4. Turm, in dem jede Dose nur einmal vorkommt, 38 cm : 2 = 19 cm hoch ist.

Lösungsvariante: Der 1. Turm ist 5 cm niedriger als der 2. Turm und in beiden Türmen ist die kleine Dose enthalten. Also ist die große flache Dose 5 cm niedriger als die dicke hohe Dose. Beide zusammen bilden den 3. Turm, der 13 cm hoch ist. Somit muss die große flache Dose 4 cm und die dicke hohe Dose 9 cm hoch sein. Die kleine Dose ist dann 6 cm hoch und der 4. Turm 4 cm + 9 cm + 6 cm = 19 cm.

L 2.8 (**B**) Wir überlegen zuerst, wie viele rote und blaue Luftballons Bruno aufgeblasen hat. Er hat doppelt so viele rote wie blaue aufgeblasen. Die Anzahl der Luftballons, die Bruno insgesamt aufgeblasen hat, ist dann 3-mal so groß wie die Anzahl der blauen Luftballons, die er aufgeblasen hat. Da Bruno 9 Luftballons aufgeblasen hat, sind davon also $9 : 3 = 3$ blau und $2 \cdot 3 = 6$ rot. Dann hat Ludwig die restlichen roten Luftballons aufgeblasen, und das sind $10 - 6 = 4$.

L 2.9 (**E**) Die 2. Waage bleibt im Gleichgewicht, wenn wir auf beiden Seiten die Dose Zitronenlimo wegnehmen. Wir erkennen so, dass eine große Dose Tomaten genauso viel wiegt wie 5 flache Dosen mit Fisch.
Die 1. Waage bleibt im Gleichgewicht, wenn wir die Dose Tomaten durch 5 Dosen mit Fisch ersetzen. Wir erkennen nun, dass 2 Dosen Zitronenlimo genauso viel wiegen wie 6 Dosen mit Fisch. Also wiegt eine Dose Zitronenlimo genauso viel wie 3 Dosen mit Fisch.
Auf der linken Seite der 3. Waage wiegen die 3 Dosen Zitronenlimo genauso viel wie $3 \cdot 3 = 9$ Dosen mit Fisch. Die 2 Dosen Tomaten auf der rechten Seite der 3. Waage wiegen genauso viel wie $2 \cdot 5 = 10$ Dosen mit Fisch. Also müssen wir auf die linke Seite der 3. Waage noch eine flache Dose mit Fisch dazulegen, damit auch diese Waage im Gleichgewicht ist.

L 2.10 (**D**) Wüssten wir die Summe der beiden Zahlen, die in ein weißes und in ein hellgraues Feld gehören, dann könnten wir die Zahl, die in das dunkelgraue Feld gehört, als Differenz zu 32 berechnen. Wie finden wir nun heraus, wie groß diese Summe ist? In der ersten Zeile gibt es ein hellgraues Feld und zwei weiße Felder. In der dritten Zeile ist es genau umgekehrt, es gibt ein weißes Feld und zwei hellgraue Felder. Addieren wir alle 6 Zahlen in diesen zwei Zeilen, so erhalten wir das 3-fache der Summe der beiden Zahlen, die in ein weißes und in ein hellgraues Feld gehören. Diese Summe ist $34 + 26 = 60$. Dann ist die Summe der Zahlen, die in ein weißes und in ein hellgraues Feld gehören, $60 : 3 = 20$. In das dunkelgraue Feld gehört folglich $32 - 20 = 12$. (**D**) ist richtig.
Aus der oberen Zeile erhalten wir, welche Zahl in ein weißes Feld gehört: $34 - 20 = 14$. Aus der unteren Zeile erhalten wir, welche Zahl in ein hellgraues Feld gehört: $26 - 20 = 6$. Die Figur lässt sich also eindeutig ausfüllen, siehe Bild rechts.

6	14	14
6	14	**12**
14	6	6

L 2.11 (C) Da auf dem mittleren Brett 6 kleine und 4 mittlere Flaschen mit insgesamt 3200 ml stehen, enthalten 3 kleine und 2 mittlere Flaschen, also die Hälfte, zusammen 3200 ml : 2 = 1600 ml. Auf dem unteren Brett stehen zusammen mit 2 großen Flaschen gerade 3 kleine und 2 mittlere Flaschen, und die haben, wie wir eben errechnet haben, zusammen 1600 ml Inhalt. Dann enthalten also die 2 großen Flaschen zusammen 3200 ml − 1600 ml = 1600 ml Saft, eine große Flasche also 1600 ml : 2 = 800 ml. Auf dem oberen Brett stehen 3 große und 4 kleine Flaschen. Die großen Flaschen enthalten 3 · 800 ml = 2400 ml Saft. Also enthalten die kleinen Flaschen jeweils (3200 ml − 2400 ml) : 4 = 800 ml : 4 = 200 ml Saft. Die Füllmenge der mittelgroßen Flaschen errechnen wir, indem wir das mittlere Brett betrachten: (3200 ml − 6 · 200 ml) : 4 = 2000 ml : 4 = 500 ml. Jede mittelgroße Flasche enthält 500 ml Saft.

L 2.12 (E) Im 3. Feld steht 334, da die Summe der Zahlen im 2. und 3. Feld um 1 größer ist als die Summe der Zahlen im 2. und 1. Feld. Analog schließen wir, dass im 5. Feld 335 und im 7. Feld 336 steht. Daraus ergibt sich $a = 336 + 333 = 669$.

L 2.13 (C) Würden wir jeden Umweg einmal laufen, dann wäre das so, als würden wir jeden direkten Weg zweimal gehen. Außerdem wären das insgesamt 1 km + 5 km + 7 km = 13 km mehr, als würden wir die direkten Wege, also jeden einmal, nehmen. Also entsprechen die 13 km genau der Summe der Längen der direkten Wege. Daraus folgt, dass zum kürzesten der direkten Wege der längste Umweg und insbesondere der größte Unterschied zwischen Umweg und direktem Weg gehört, also 7 km. Der kürzeste direkte Weg ist also zwischen B und C.
Nun können wir uns vorstellen, dass wir in B starten und zuerst den Umweg über A nach C nehmen und dann auf direktem Weg zurück nach B gehen. Dann gehen wir zuerst die Länge des Umwegs, also die des direkten Wegs und zusätzlich 7 km (das ist zusammen genau die Länge des Umwegs), und anschließend noch einmal die Länge des direkten Wegs. Insgesamt sind das 13 km, und der direkte Weg von B nach C ist folglich (13 km − 7 km) : 2 = 3 km lang.
Die anderen Wegstrecken lassen sich analog als 4 km und 6 km bestimmen.
Wer schon mit Gleichungen umgehen kann, kann die Aufgabe auch so lösen: Wir bezeichnen die Längen der direkten Wege mit a, b und c, stellen mit den gegebenen Bedingungen drei Gleichungen auf und lösen das entstehende Gleichungssystem.

L 2.14 (A) Die 13 im Kästchen links unten konnte nur dadurch entstehen, dass Anselm das 2 × 2-Feld links unten für seine Addition von Einsen benutzt hat; dabei wurde auch 13-mal eine 1 im mittleren Kästchen des 3 × 3-Feldes addiert. Die 18 oben in der Mitte kann nur entstehen, wenn Anselm entweder im linken oder im rechten oberen 2 × 2-Feld Einsen addiert hat, und jedes Mal, wenn er eine 1 im Kästchen oben in der Mitte addiert, dann addiert er auch eine 1 im mittleren Kästchen des 3 × 3-Feldes. Die restlichen addierten Einsen im mittleren Kästchen sind dazugekommen, als Anselm Einsen im 2 × 2-Feld rechts unten addiert hat. Und das hat er 47 − 13 − 18 = 16-mal getan. Unter dem Fragezeichen steht also 16.

L 2.15 (**C**) Von den insgesamt $7 + 8 = 15$ Mäusen, die gestern in dem Haus links unten oder in dem Haus oben gewohnt haben, sind insgesamt 4 in das Haus rechts unten umgezogen, denn das sind genau die Mäuse, die heute dort wohnen. Weil jede Maus umgezogen ist, haben genau die anderen dieser 15 Mäuse den Weg, an dem der Baum steht, genommen, das heißt $15 - 4 = 11$ Mäuse.

Lösungsvariante: Wir bezeichnen die Anzahl der Mäuse, die vom Haus oben in das Haus links unten umgezogen sind, mit a und die Anzahl der Mäuse, die vom Haus links unten in das Haus oben umgezogen sind, mit b. Dann sind von oben nach rechts unten $8 - a$ Mäuse und von links unten nach rechts unten $7 - b$ Mäuse umgezogen. Da heute im Haus rechts unten 4 Mäuse sind, gilt $(8 - a) + (7 - b) = 4$. Daraus folgt $a + b = 8 + 7 - 4 = 11$. Und genau das ist die gesuchte Anzahl.

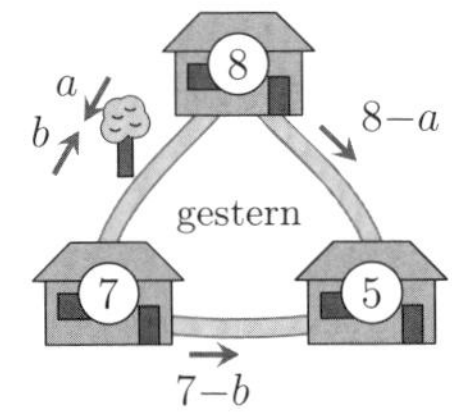

L 2.16 (**C**) Wenn 9 Erwachsene mit dem Aufzug fahren, sind drei Viertel des Maximalgewichts, das der Aufzug tragen kann, erreicht. Ein Viertel des Maximalgewichts bleibt dann für Kinder. Also können noch $20 : 4 = 5$ Kinder mitfahren.

L 2.17 (**C**) Von Knotenpunkt zu Knotenpunkt brauchen die Züge jeweils ein Sechstel ihrer Fahrzeit, der Zug, der in Talort startet, also 6 min 40 s, und der Zug, der in Bergdorf startet, 5 min.
Da der Zug, der in Bergdorf startet, schneller ist als der Zug, der in Talort startet, liegt die Ausweichstelle in der unteren Hälfte der Strecke. Wenn der Zug aus Bergdorf nach 15 Minuten genau die Hälfte der Strecke erreicht, befindet sich der Zug aus Talort schon im dritten Sechstel der Strecke, denn die ersten beiden Sechstel hat er schon nach $2 \cdot (6\,\text{min}\ 40\,\text{s}) = 13\,\text{min}\ 20\,\text{s}$ hinter sich gelassen. Also muss sich die Ausweichstelle im dritten Sechstel der Strecke befinden, so wie es bei (**C**) zu sehen ist.

L 2.18 (**A**) Es wiegen s Schrauben g Gramm, also eine Schraube $\frac{g}{s}$ Gramm. Dann wiegen n Schrauben $n \cdot \frac{g}{s} = \frac{gn}{s}$ Gramm, was genau dem Gewicht von m Muttern entspricht. Also wiegt eine Mutter $\frac{1}{m} \cdot \frac{gn}{s} = \frac{gn}{sm}$ Gramm.

L 2.19 (**E**) Für diese Aufgabe gibt es verschiedene Lösungsmöglichkeiten. Am kürzesten ist wohl diese hier: Aus der falschen Mischung muss genau 1 Liter blaue Farbe entfernt werden. Da das $\frac{1}{3}$ der blauen Farbe in der Mischung ist, muss $\frac{1}{3}$ der Mischung ersetzt werden, also $\frac{5}{3}$ Liter.

L 2.20 (B) Würde jedes der Kinder erst starten, wenn das vorherige Kind unten ankommt, so würde das 10. Kind nach 10 min unten angekommen sein. Die neun Kinder vom 2. bis zum 10. Kind starten jedoch jeweils, wenn das vorhergehende Kind das letzte Zehntel der Bahn erreicht, also $60\,\mathrm{s} : 10 = 6\,\mathrm{s}$ früher. Dadurch ist das 10. Kind $9 \cdot 6\,\mathrm{s} = 54\,\mathrm{s}$ eher als nach 10 min unten, das ist nach 9 min 6 s.

L 2.21 (D) Hase und Igel treffen sich genau dann wieder, wenn sie in Summe 440 m gelaufen sind. Das ist nach $\dfrac{440\,\mathrm{m}}{10\,\mathrm{m/s} + 1\,\mathrm{m/s}} = 40\,\mathrm{s}$. Der Igel ist in dieser Zeit $1\,\mathrm{m/s} \cdot 40\,\mathrm{s} = 40\,\mathrm{m}$ gelaufen. Zurück zur Startlinie braucht der Igel (genauso wie für den Hinweg) 40 s und der Hase ein Zehntel davon, das heißt 4 s. Der Igel ist also $40\,\mathrm{s} - 4\,\mathrm{s} = 36\,\mathrm{s}$ später als der Hase wieder an der Startlinie.

L 2.22 (D) Während Boris die letzten 12 cm läuft, schafft Rosa nur 10 cm. Da alle drei Ameisen mit konstanter Geschwindigkeit laufen, gerät Rosa 1 cm in Rückstand zu Boris, wenn Boris 6 cm läuft. Als Boris schließlich die Blüte erreicht, hat Rosa 29 cm Rückstand, was bedeutet, dass Boris insgesamt $29 \cdot 6\,\mathrm{cm} = 174\,\mathrm{cm}$ gelaufen ist. Das ist die Länge des Stengels der Sonnenblume.

L 2.23 (B) Wir bezeichnen den gesuchten Anteil der Strecke, den Fritzi mit dem Fahrrad gefahren ist, mit a. Dann ist der Anteil der Strecke, den sie zu Fuß zurückgelegt hat, gleich $1-a$. Weil sich Fritzi stets mit konstanter Geschwindigkeit bewegt, sind der zurückgelegte Weg und die dafür benötigte Zeit zueinander proportional. Fritzi war also $a \cdot 10\,\mathrm{min}$ mit dem Fahrrad unterwegs und $(1-a) \cdot 30\,\mathrm{min}$ zu Fuß. Also gilt $a \cdot 10\,\mathrm{min} + (1-a) \cdot 30\,\mathrm{min} = 26\,\mathrm{min}$, woraus durch Umformen $a = \dfrac{1}{5}$ folgt.

Es ist auch möglich, die jeweiligen Geschwindigkeiten und Wegstücke geeignet zu bezeichnen und mit Hilfe der bekannten Beziehungen für zurückgelegten Weg, dafür benötigte Zeit und Geschwindigkeit bei gleichförmigen Bewegungen Gleichungen aufzustellen und umzuformen.

L 2.24 (E) Würde Luisa umkehren, so würde sie 150 m und Finn die halbe Brückenlänge laufen. Da sie ihn aber nicht bemerkt, läuft Finn die gesamte Brückenlänge, also eine doppelt so lange Strecke. Also läuft auch Luisa die doppelte Strecke, nämlich $2 \cdot 150\,\mathrm{m} = 300\,\mathrm{m}$.

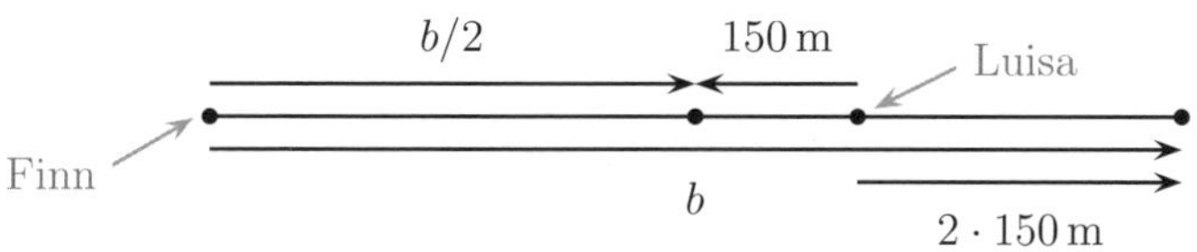

Die halbe Brückenlänge beträgt somit $150\,\mathrm{m} + 300\,\mathrm{m} = 450\,\mathrm{m}$. Also ist die Brücke 900 m lang.

L 2.25 (D) Die Dauer der Zugfahrt sei n Stunden, das heißt, Metin hat $n/3$ Stunden telefoniert, $n/3$ Stunden im Internet gesurft und $n/3$ Stunden das Smartphone nicht benutzt. Beim Telefonieren hat er $\frac{n/3}{16}$ einer vollen Akkuladung verbraucht, beim Surfen $\frac{n/3}{10}$ und beim Nichtbenutzen $\frac{n/3}{40}$. Da der Akku zu Beginn der Zugfahrt genau zur Hälfte geladen war und am Ende gerade leer wird, gilt $\frac{n/3}{16} + \frac{n/3}{10} + \frac{n/3}{40} = \frac{1}{2}$. Daraus folgt $\frac{n}{3} \cdot \left(\frac{1}{16} + \frac{1}{10} + \frac{1}{40}\right) = \frac{1}{2}$, also $n = \frac{3}{2} \cdot \frac{1}{\frac{1}{16} + \frac{1}{10} + \frac{1}{40}}$ und somit $n = 8$. Die Zugfahrt dauerte also 8 Stunden.

L 2.26 (C) Der rechte Stapel aus 7 Schüsseln entsteht, indem wir auf den linken Stapel aus 2 dieser Schüsseln 5 zusätzliche Schüsseln stapeln. Da der Stapel aus 7 Schüsseln um $26\,\text{cm} - 11\,\text{cm} = 15\,\text{cm}$ höher ist als der Stapel aus 2 Schüsseln, ragt jede der oberen Schüsseln $15\,\text{cm} : 5 = 3\,\text{cm}$ aus der Schüssel direkt darunter heraus. Ein Stapel aus 5 solchen Schüsseln ist also $11\,\text{cm} + 3 \cdot 3\,\text{cm} = 20\,\text{cm}$ hoch.

L 2.27 (D) Es sei K die Anzahl der Kästen, die vor dem Abladen auf der volleren Palette standen. Auf der anderen Palette standen folglich $60 - K$ Kästen. Es gilt also $1{,}5 \cdot (60 - K) = K$, und daraus folgt $K = 1{,}5 \cdot 60 : 2{,}5 = 36$ und $60 - K = 24$. Von der Palette mit den 36 Kästen wurden sofort so viele Kästen abgeladen, dass danach noch $24 : 1{,}5 = 16$ darauf stehen blieben. Es wurden also $36 - 16 = 20$ Kästen sofort abgeladen.

L 2.28 (E) Wenn wir aus dem volleren Glas, das zu vier Fünfteln mit Wasser gefüllt ist, drei Fünftel wegschütten, erhalten wir das leerere Glas, das zu einem Fünftel mit Wasser gefüllt ist. Also entsprechen die drei Fünftel Wasser der Differenz $540\,\text{g} - 360\,\text{g} = 180\,\text{g}$. Das verbliebene eine Fünftel Wasser entspricht damit $180\,\text{g} : 3 = 60\,\text{g}$. Schütten wir dieses aus, bleibt das leere Glas mit $360\,\text{g} - 60\,\text{g} = 300\,\text{g}$ übrig.

L 2.29 (E) Eine Einkaufswagenschlange verlängert sich mit jedem weiteren Einkaufswagen um dieselbe Länge, sagen wir x. Die Einkaufswagenschlange aus 10 Einkaufswagen enthält 6 Einkaufswagen mehr als die Einkaufswagenschlange aus 4 Einkaufswagen. Folglich ist sie um die Länge $6x$ länger, das heißt, es gilt $156\,\text{cm} + 6x = 264\,\text{cm}$, woraus $x = (264\,\text{cm} - 156\,\text{cm}) : 6 = 18\,\text{cm}$ folgt. Entfernen wir 3 Einkaufswagen aus der Einkaufswagenschlange aus 4 Einkaufswagen, bleibt ein einzelner Einkaufswagen übrig.
Ein Einkaufswagen ist also $156\,\text{cm} - 3x = 156\,\text{cm} - 3 \cdot 18\,\text{cm} = 102\,\text{cm}$ lang.

L 2.30 (**D**) Wer die Zahlen in der Aufgabe aufmerksam betrachtet, sieht, dass jede Person, die am Einsatz beteiligt war, 5 Birken mehr pflanzte als Rotbuchen. Und da es insgesamt $600 - 200 = 400$ Birken mehr sind als Rotbuchen, beteiligten sich $400 : 5 = 80$ Personen am Einsatz.

Lösungsvariante: Wir bezeichnen mit x, y und z die Anzahl der erwachsenen AG-Mitglieder, der anderen Erwachsenen bzw. der Kinder. Nach Aufgabenstellung gilt $600 = 10x + 8y + 6z$ und $200 = 5x + 3y + z$. Subtrahieren wir die zweite Gleichung von der ersten, erhalten wir $400 = 5x + 5y + 5z = 5(x + y + z)$. Also ist die gesuchte Anzahl $x + y + z = 400 : 5 = 80$.

L 2.31 (**C**) Nehmen wir an, dass die Einkäufe mit Baguette (**B**), (**C**), (**D**) denselben Preis P haben. Dann kostet wegen (**B**) ein Baguette $\frac{1}{2}P$, und folglich wegen (**C**) ein Croissant $\frac{1}{6}P$ und wegen (**D**) ein Mohnbrötchen $\frac{1}{8}P$. Dann wäre der Preis von Einkauf (**A**) gleich $5 \cdot \frac{1}{8}P + 2 \cdot \frac{1}{6}P = \frac{23}{24}P \neq P$ und der Preis von Einkauf (**E**) gleich $2 \cdot \frac{1}{8}P + 4 \cdot \frac{1}{6}P = \frac{11}{12}P \neq P$. Das kann aber nicht sein, da vier der Einkäufe denselben Preis haben. Also haben auf jeden Fall (**A**) und (**E**) denselben Preis P. Dann ist wegen (**A**) der Preis von 10 Mohnbrötchen und 4 Croissants zusammen $2P$. Wegen (**E**) folgt daraus, dass der Preis von 8 Mohnbrötchen P ist bzw. der von einem gleich $\frac{1}{8}P$. Demzufolge kostet ein Croissant $\frac{3}{16}P$. Da zwei der anderen Einkäufe ebenfalls den Preis P haben, berechnen wir bei jedem den Preis für das Baguette unter der Annahme, dass der Einkauf den Preis P hat: (**B**) $\frac{1}{2}P$, (**C**) $\frac{7}{16}P$ und (**D**) $\frac{1}{2}P$. Da nur bei (**B**) und (**D**) derselbe Preis herauskommt, muss (**C**) der Einkauf sein, für den ein anderer Betrag zu zahlen war.

L 2.32 (**B**) Wir stellen uns vor, dass wir aus einem der Gewächshäuser, nennen wir es X, ein Alpenveilchen entfernen. Wir überlegen, was zu tun ist, damit die Bedingung, dass in jedem Gewächshaus die Anzahl der Primeln genauso groß ist wie die Gesamtanzahl der Alpenveilchen in allen anderen Gewächshäusern, weiterhin erfüllt ist. Das ist der Fall, wenn wir aus allen Gewächshäusern außer X eine Primel entfernen. Nun können wir genauso fortfahren: Wir entfernen aus einem der Gewächshäuser ein Alpenveilchen und aus den anderen jeweils eine Primel. Da es 7 Gewächshäuser sind, entfernen wir schrittweise 6-mal so viele Primeln wie Alpenveilchen. Der Prozess endet, wenn kein Alpenveilchen mehr vorhanden ist, was genau dann eintritt, wenn auch keine Primel mehr vorhanden ist. Also gibt es insgesamt 6-mal so viele Primeln wie Alpenveilchen, und die gesuchte Anzahl ist $2022 : 6 = 337$.

Lösungsvariante: Diese Aufgabe lässt sich auch mit Hilfe von Gleichungen lösen, wozu wir mit $p_1, p_2, \ldots, p_7$ die Anzahl der Primeln und mit $a_1, a_2, \ldots, a_7$ die Anzahl der Alpenveilchen in den 7 Gewächshäusern bezeichnen. Nach Aufgabenstellung gilt $p_1 = a_2 + a_3 + a_4 + a_5 + a_6$, $p_2 = a_1 + a_3 + a_4 + a_5 + a_6$, $p_3 = a_1 + a_2 + a_4 + a_5 + a_6$ und so weiter. Indem wir diese Gleichungen addieren, erhalten wir auf der linken Seite die Gesamtanzahl der Primeln, also 2022. Auf der rechten Seite erhalten wir das Sechsfache der gesuchten Gesamtanzahl der Alpenveilchen, die folglich $2022 : 6 = 337$ beträgt.

L 2.33 (**A**) Quadrate reeller Zahlen sind nicht-negativ, also gilt $(x-2)^2 \geq 0$ und $(x+2)^2 \geq 0$. Damit die Summe 0 ergibt, müssen beide Summanden 0 sein. Das heißt $x - 2 = 0$ und $x + 2 = 0$, also $x = 2$ und $x = -2$. Das kann nicht beides gleichzeitig zutreffen, und somit gibt es keine reelle Zahl x, für die die Gleichung gilt. (**A**) ist richtig.
Die Aufgabe lässt sich auch lösen, indem wir die Terme auf der linken Seite ausmultiplizieren: Es ist $(x-2)^2+(x+2)^2 = (x^2-4x+4)+(x^2+4x+4) = 2x^2+8 \geq 8 > 0$, also für kein reelles x gleich 0.

L 2.34 (**C**) Da sicher $x \neq 0$ gilt, multiplizieren wir die Gleichung mit $3x^2$ und erhalten $x^4 = 9$. Da x^2 positiv ist, ist $x^2 = 3$ und somit $x = \sqrt{3}$ oder $x = -\sqrt{3}$. Es gibt also zwei reelle Zahlen x, die die Gleichung erfüllen.

L 2.35 (**B**) Es sei z eine Zahl mit den genannten Eigenschaften. Wegen $z > 2z$ gilt $z < 0$. Dann folgt aus $0 = z + z^2 = z \cdot (1 + z)$, dass $1 + z = 0$ bzw. $z = -1$ gilt. Eine Probe zeigt, dass -1 wirklich die drei genannten Eigenschaften besitzt: $-1 < -0{,}5$; $-1 > -2$; $-1 + (-1)^2 = 0$.
Die Aufgabe lässt sich auch lösen, indem für die Zahlen in den Antworten jeweils die drei genannten Eigenschaften überprüft werden; diese sind nur für (**B**) alle erfüllt.

L 2.36 (**D**) Da $ax^2 + bx + c = 0$ und $bx^2 + ax + c = 0$ gelten, folgt $ax^2 + bx + c = bx^2 + ax + c$ und somit $(a-b)x^2 = (a-b)x$. Da a und b verschieden voneinander sind, dürfen wir beide Seiten der Gleichung durch $(a - b)$ teilen, und erhalten $x^2 = x$. Daraus folgt, dass $x = 0$ oder $x = 1$ gilt. Wäre $x = 0$, so wäre wegen $ax^2 + bx + c = 0$ auch $c = 0$. Das ist aber nach Voraussetzung nicht der Fall. Also gilt $x = 1$. Setzen wir diesen Wert in eine der beiden gegebenen Gleichungen ein, so erhalten wir $a + b + c = 0$, was bei (**D**) angegeben ist. Dass die anderen vier Aussagen nicht sicher wahr sind, zeigt das Beispiel $a = 1$, $b = 2$, $c = -3$.

L 2.37 (**B**) Die Gleichung $a + b + c = 0$ können wir zu $a + b = -c$, $b + c = -a$ und $c + a = -b$ umformen. Durch Einsetzen erhalten wir $(a + b)(b + c)(c + a) = (-c)(-a)(-b) = -abc = -78$.

L 2.38 (**D**) Wir stellen uns vor, dass wir alle 4 Plüschtiere doppelt hätten. Wir wissen, dass Teddy und Löwe zusammen weniger wiegen als Hund und Uhu. Hätten wir auf die linke Seite der Waage nun noch den zweiten Teddy und den zweiten Hund gesetzt und auf die rechte Seite der Waage den zweiten Löwen und den zweiten Uhu, so würde sich, da Teddy und Hund zusammen genauso viel wiegen wie Löwe und Uhu, das Verhalten der Waage nicht ändern.

Das Verhalten der Waage ändert sich dann auch nicht, wenn wir auf beiden Seiten den Hund und den Löwen runternehmen. Die Waage zeigt nun an, dass 2 Teddys weniger wiegen als 2 Uhus, also ist der Teddy leichter als der Uhu. Das ist mit der linken Waage dargestellt.
Nun führen wir dasselbe Gedankenmanöver noch einmal durch: Wir wissen, dass Hund und Löwe zusammen weniger wiegen als Teddy und Uhu und stellen uns vor, wir hätten auf die linke Waagschale noch den Teddy-Zwilling und den Hunde-Zwilling und auf die rechte Waagschale den Löwen-Zwilling und den Uhu-Zwilling gesetzt. Da Teddy und Hund zusammen genauso viel wiegen, wie Löwe und Uhu, ändert sich das Verhalten der Waage nicht. Wenn wir nun auf beiden Seiten den Teddy und den Löwen entfernen, bleibt natürlich das Verhalten der Waage auch erhalten – und wir erkennen, dass 2 Hunde weniger wiegen als 2 Uhus, womit der Hund also leichter ist als der Uhu. Das ist mit der rechten Waage dargestellt.
Der Uhu ist also schwerer als der Teddy und schwerer als der Hund, und da Teddy und Hund zusammen genauso schwer sind wie Löwe und Uhu, muss auch der Löwe leichter sein als der Uhu. Der Uhu ist am schwersten.

L 2.39 (**A**) Da $16 < 21 < 25$, ist $4 < \sqrt{21} < 5$. Die natürlichen Zahlen zwischen $20 - \sqrt{21}$ und $20 + \sqrt{21}$ sind folglich die natürlichen Zahlen von $20 - 4 = 16$ bis $20 + 4 = 24$. Das sind 9 Zahlen.

L 2.40 (**C**) Die Summe S ist ganz sicher nicht kleiner als $2 + 7 + 5 = 14$, also $S \geq 14$. Und sie ist sicher nicht größer als $4 + 8 + 6 = 18$, also $S \leq 18$. Also gilt (**C**) mit Sicherheit. – Die Ungleichungen in den anderen Antwortmöglichkeiten gelten dagegen nicht mit Sicherheit: Bei $3{,}9 + 7{,}9 + 5{,}9 = 17{,}7$ ist (**A**) nicht erfüllt; bei $2{,}8 + 7{,}1 + 5{,}1 = 15$ ist (**B**) nicht erfüllt; bei $2{,}1 + 7{,}1 + 5{,}1 = 14{,}3$ ist (**D**) nicht erfüllt; bei $3 + 7{,}5 + 5{,}5 = 16$ ist (**E**) nicht erfüllt.

L 2.41 (**C**) Da N positiv ist, gilt $N^2 < N^2+N+1 < N^2+2N+1 = (N+1)^2$, und somit folgt $N < \sqrt{N^2 + N + 1} < N + 1$. Und aus $(3N)^2 = 9N^2 < 9N^2 + N + 1 < 9N^2 + 6N + 1 = (3N + 1)^2$ folgt $3N < \sqrt{9N^2 + N + 1} < 3N + 1$. Die ganzen Zahlen, die zwischen den beiden Wurzelausdrücken liegen, sind also genau die ganzen Zahlen von $N + 1$ bis $3N$, und das sind $2N$ ganze Zahlen.

L 2.42 (**B**) Die auffallend höchste Temperatur ist für den Montag angesagt. Folglich kann nur (**B**) oder (**D**) der gesuchte Graph sein. Das Absinken der Temperatur vom Freitag zum Samstag wird von diesen beiden Graphen nur bei (**B**) dargestellt. Also ist (**B**) der zu Jennys Anzeige gehörende Graph.

L 2.43 (**D**) Im Diagramm bei (**D**) hat sich im Vergleich zum Vortag nur die Benutzungsdauer der 4. App halbiert, die anderen sind unverändert. Das ist also das gesuchte Diagramm.
Der Vollständigkeit halber machen wir uns klar, dass die anderen Diagramme tatsächlich möglich sind: Die halbe Nutzungsdauer haben für (**A**) die 2. und die 3. App aus der gestrigen Anzeige, für (**B**) die 1. und die 4. (hier hat sich die Sortierung geändert), für (**C**) die 1. und entweder die 2. oder die 3. (auch hier hat sich die Sortierung geändert) und für (**E**) die 4. und entweder die 2. oder die 3.

L 2.44 (**B**) In Abschnitt 2 hat Neven offensichtlich gewartet. In Abschnitt 1 war er nur etwas schneller, dort ist er gegangen. In den Abschnitten 3 und 4 war er sehr schnell unterwegs, das sind die Bus- und die Zugfahrt. In Abschnitt 5 ist Neven dann das letzte Stück zu Schule gerannt (vielleicht, weil er den Bus verpasst hat, er hat ja eine Weile warten müssen).

L 2.45 (**E**) Als Marie-Luise zur U-Bahn gerannt ist, war sie sicherlich schneller als auf dem letzten Wegstück, auf dem sie wie üblich ging. Somit kann weder (**A**) noch (**D**) die Lösung sein. Bei (**B**) und (**C**) wäre sie zu Fuß schneller gewesen als mit der U-Bahn, das kann auch nicht sein. Es passt also nur das Diagramm (**E**).

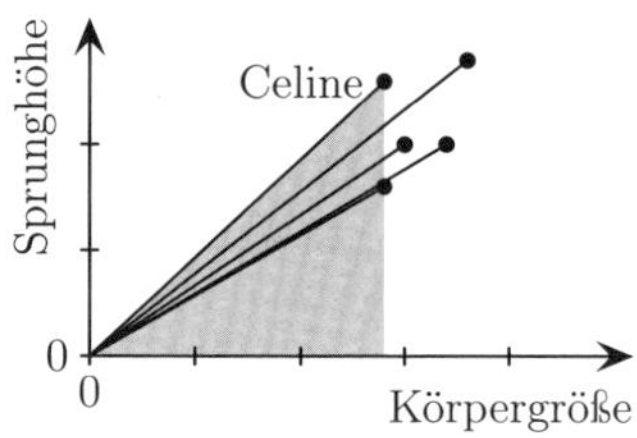

L 2.46 (**C**) Für jeden der Punkte entspricht der Quotient $\frac{\text{Sprunghöhe}}{\text{Körpergröße}}$ der Steigung einer Geraden durch diesen Punkt und den Koordinatenursprung, denn es handelt sich bei Zähler und Nenner genau um die Kathetenlängen im Steigungsdreieck zwischen diesen beiden Punkten. Daher finden wir die Lösung durch Zeichnen: Die größte Steigung hat die Ursprungsgerade durch den Punkt, der zu Celine gehört.
Die Aufgabe lässt sich auch lösen, indem wir für geeignete Punktepaare die zugehörigen Verhältnisse vergleichen.

L 2.47 (**A**) Wenn wir das Buch auf den Kopf stellen, sehen wir ein gewöhnliches Koordinatensystem. So erkennen wir leicht, dass (**A**) die Lösung ist.

Lösungsvariante: Wir finden zwei verschiedene Punkte, durch die die Gerade verläuft. Zum Beispiel ist $f(-1) = 0$ und $f(0) = 1$, also muss die Gerade durch $(-1 \mid 0)$ und $(0 \mid 1)$ verlaufen. Das ist nur bei (**A**) der Fall.

L 2.48 (**E**) Wir erkennen als erstes, dass bei den Graphen (**A**) und (**C**) beim Abrollen, das heißt bei wachsendem x, der Durchmesser y größer wird. Das kann natürlich nicht stimmen.
Wir überlegen uns nun, was es für einen Unterschied gibt zwischen einem Zeitpunkt, an dem die Rolle sehr dick ist, und einem Zeitpunkt, an dem die Rolle sehr dünn ist. Wir betrachten dazu jeweils, wie viel Küchenpapier wir abrollen müssen, damit die Rolle um eine Schicht dünner wird. Das ist bei einer dicken Rolle offensichtlich mehr als bei einer dünnen Rolle. Daraus schließen wir, dass der Durchmesser der Rolle umso schneller kleiner wird je dünner die Rolle ist. Das bedeutet, dass der Graph, der diesen Vorgang darstellt, mit steigendem x immer steiler wird. Das ist nur bei Graph (**E**) der Fall.

L 2.49 (**D**) Der Wert der quadratischen Funktion bei $x = 0$ ist $a{\cdot}0^2+b{\cdot}0+c = c$. Denselben Wert muss auch die lineare Funktion bei $x = 0$ haben, also kommen nur (**A**) und (**D**) in Frage. Hätte die Gerade die Gleichung in (**A**), so würde für die gemeinsame Nullstelle x_0 ($\neq 0$) der beiden Funktionen $ax_0^2 + bx_0 + c = bx_0 + c$ und somit $a = 0$ folgen. Da aber für die Parabel $a \neq 0$ gilt, ist (**D**) die Lösung.
Dass (**D**) auch wirklich möglich ist, zeigen wir mithilfe eines Beispiels mit $a = 1$. Es seien A und B die Nullstellen von $f(x) = x^2 + bx + c$ mit $A < B < 0$. Dann gilt $f(x) = (x-A)(x-B)$ und die lineare Funktion muss A als Nullstelle, also die Form $g(x) = x - A$ haben. Desweiteren muss $f(0) = g(0)$ gelten, also $AB = -A$ bzw. $B = -1$. Daraus ergibt sich unter anderem das Beispiel $f(x) = x^2+3x+2 = (x+2)(x+1)$ mit $g(x) = x + 2$.

L 2.50 (**E**) Für eine reelle Zahl x gilt genau dann $f(f(x)) = 0$, wenn $f(x)$ eine Nullstelle von f ist, wenn $f(x)$ also eine der Zahlen -4, -2, 2 oder 4 ist, wie wir am Graphen ablesen können. Wie rechts angedeutet können wir nun am Graphen ablesen, für wie viele Argumente f die Werte -4, -2, 2 oder 4 annimmt. Es sind 2, 4, 2 bzw. 0. Also hat die Gleichung $f(f(x)) = 0$ genau $2+4+2+0 = 8$ Lösungen.

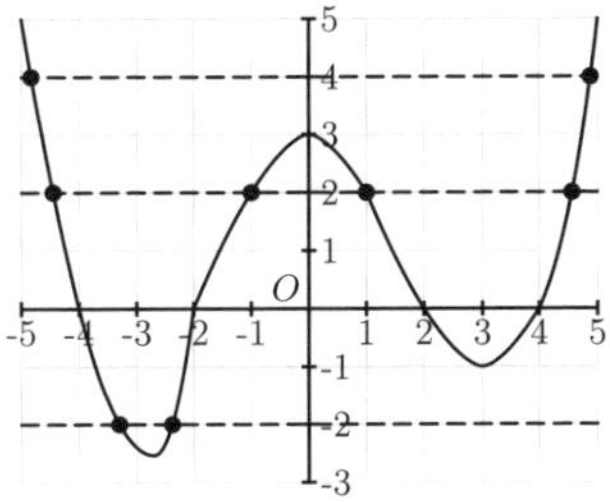

L 2.51 (**D**) Der Graph der quadratischen Funktion ist eine Parabel. Sie ist nach oben geöffnet, also ist $a > 0$. Da der Graph von f die y-Achse unterhalb der x-Achse schneidet und $f(0) = c$ gilt, ist $c < 0$. Die x-Koordinate des Scheitelpunkts ist $-b/(2a) > 0$. Wegen $a > 0$ ist also $b < 0$. Damit gilt $bc > 0$.
Um zu zeigen, dass $b < 0$ gilt, lässt sich auch die Ableitung von f verwenden: $f'(x) = 2ax + b$. Es gilt $f'(0) = b$, und da die Steigung des Graphen bei $x = 0$ negativ ist, muss $b < 0$ sein.

L 2.52 (**E**) Setzen wir den Punkt S in die Funktion ein, so erhalten wir $y_0 = x_0^3 + 4x_0^2 + ax_0 + 3a + 4 = x_0^3 + 4x_0^2 + 4 + a \cdot (x_0 + 3)$. Da y_0 unabhängig von a ist, muss $(x_0 + 3) = 0$ bzw. $x_0 = -3$ sein. Daraus folgt $y_0 = (-3)^3 + 4 \cdot (-3)^2 + 4 = -27 + 36 + 4 = 13$.

L 2.53 (**A**) Es ist $\dfrac{f(2021)}{f(2020)} = \dfrac{f(2020+1)}{f(2020)} = \dfrac{f(2020) \cdot f(1)}{f(2020)} = f(1) = 2.$
Es lassen sich $f(2020)$ und $f(2021)$ aber auch wie folgt explizit berechnen:

$$\begin{aligned} f(2020) &= f(1 + 2019) = f(1) \cdot f(2019) \\ &= f(1) \cdot f(1 + 2018) = f(1)^2 \cdot f(2018) \\ &= \ldots \\ &= f(1)^{2020} = 2^{2020} \end{aligned}$$

und analog $f(2021) = 2^{2021}$. Also ist der gesuchte Quotient 2.

L 2.54 (**A**) In die Gleichung $p(x + 1) = x^2 - x + 2 \cdot p(6)$ setzen wir $x = 5$ ein, damit auf der linken Seite $p(6)$ steht: $p(6) = p(5+1) = 5^2 - 5 + 2 \cdot p(6) = 20 + 2 \cdot p(6)$. So erhalten wir $p(6) = -20$. Nun können wir auf verschiedene Weisen fortfahren. Hier sind zwei Varianten:
1. Variante: Wenn wir in dieselbe Gleichung nun $(x - 1)$ und den berechneten Wert für $p(6)$ einsetzen, so erhalten wir: $p(x) = p((x - 1) + 1) = (x - 1)^2 - (x - 1) + 2 \cdot p(6) = (x^2 - 2x + 1) - x + 1 + 2 \cdot (-20) = x^2 - 3x - 38$. Somit ist $a + b + c = 1 + (-3) + (-38) = -40$.
2. Variante: Es gilt $p(1) = a \cdot 1^2 + b \cdot 1 + c = a + b + c$. Also müssen wir $p(1)$ berechnen. Dafür setzen wir 0 in die Gleichung $p(x + 1) = x^2 - x + 2 \cdot p(6)$ ein: $p(1) = p(0 + 1) = 0^2 - 0 + 2 \cdot p(6) = 2 \cdot p(6) = -40$.

L 2.55 (**A**) Wir setzen in die 2. Gleichung $(1 - x)$ für x ein. So erhalten wir die Gleichung $f(1 - (1 - x)) - g((1 - x)) = (1 - x)^2$, also $f(x) - g(1 - x) = (1 - x)^2$. Also gilt $g(1 - x) = f(x) - (1 - x)^2$, was wir nun in die 1. Gleichung einsetzen können: $f(x) + 2[f(x) - (1 - x)^2] = x^2$. Daraus ergibt sich $3f(x) - 2 + 4x - 2x^2 = x^2$ und folglich $f(x) = x^2 - \frac{4}{3}x + \frac{2}{3}$.

3 Kombinatorik – mit Zahlen und Figuren

L 3.1 (**A**) Wir streichen im ursprünglichen Turm alle Scheiben, die Jasmin entfernt, der Reihe nach durch. Dabei achten wir darauf, dass wir bereits entfernte Scheiben nicht mehr mitzählen. So erkennen wir die Lösung. Übrig bleibt der Turm, der bei (**A**) zu sehen ist.

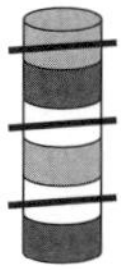

L 3.2 (**A**) Nachdem der letzte Fahrer in der Reihenfolge 1, 2, 3, 4 die beiden Fahrer vor ihm überholt hat, ist die neue Reihenfolge 1, 4, 2, 3. Schließlich überholt der Fahrer, der jetzt Vorletzter ist, also Fahrer 2, die beiden Fahrer vor ihm. Damit ist die Reihenfolge im Ziel 2, 1, 4, 3, wie es bei (**A**) steht.

L 3.3 (**D**) Anabel hat sich Platz 1 ausgesucht, und somit bleiben für die anderen vier Kinder die Plätze 2 bis 5. Josua, Lynn und Selin bilden eine Dreiergruppe, und somit kann Paul nur auf Platz 2 oder auf Platz 5 sitzen. Da Paul nicht auf Platz 5 sitzt, muss er auf Platz 2 sitzen. Die Dreiergruppe mit Lynn in der Mitte sitzt auf den Plätzen 3, 4 und 5. Lynn sitzt also auf Platz 4.
Die Aufgabe lässt sich auch wie folgt lösen: Auf Platz 5 sitzt nicht Paul und auch nicht Anabel, denn sie sitzt auf Platz 1. Lynn sitzt auch nicht auf Platz 5, da sie zwischen zwei anderen Kindern sitzt. Also sitzt auf Platz 5 entweder Josua oder Selin. Folglich sitzt Lynn daneben auf Platz 4.

L 3.4 (**A**) Von Vanille gibt es am meisten Kugeln. Die 3 Kugeln Vanille sind verschieden verziert, das heißt eine mit einer Kirsche, eine mit einer Waffel und eine mit dem Schokokeks. Die 2 Kugeln Schoko sind dann mit einer Kirsche und einer Waffel verziert, da der Schokokeks nicht mehr zur Verfügung steht. Die Kugel Walnuss ist mit einer Kirsche verziert, denn eine Kirsche ist als einzige Verzierung noch übrig. Walnuss mit Waffel, wie in (**A**) angegeben, gibt es nicht.

L 3.5 (**A**) Zum Lösen dieser Aufgabe hilft ein Ausschnitt des Zahlenstrahls. Wir wissen ja von keiner einzigen, wie viele Fische sie genau besitzt. Wir markieren zuerst einen Punkt für Juna und

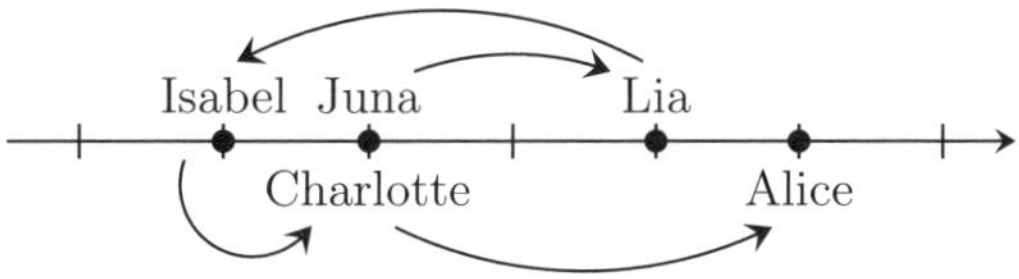

dann 2 Einheiten rechts davon einen Punkt für Lia, denn sie hat 2 Fische mehr als Juna. Der Punkt für Isabel ist 3 Einheiten links von Lia. Für Charlotte markieren wir einen Punkt eine Einheit rechts von Isabel. Damit haben wir auch schon die Lösung gefunden. Charlotte und Juna haben gleich viele Fische.

L 3.6 (**E**) Es gibt 12 Zahlen, die kleiner als 13 sind, nämlich die Zahlen von 1 bis 12. Nach Aufgabenstellung stehen 8 davon <u>hinter</u> der Zahl 13. <u>Vor</u> der 13 stehen also die anderen $12 - 8 = 4$ dieser Zahlen. Laut Aufgabenstellung stehen auch 5 Zahlen, die größer als 13 sind, <u>vor</u> der 13. Damit stehen $4 + 5 = 9$ Zahlen <u>vor</u> der 13. Die Zahl 13 steht damit an 10. Stelle in der Reihe.

L 3.7 (**B**) Bei den ersten drei Gemälden 1, 2, 3 muss ein Gemälde mit einer Person dabei sein und ebenso bei den letzten drei Gemälden 6, 7, 8. Da es nur 2 Gemälde mit einer Person gibt, sind auf den Gemälden 4 und 5 also Tiere zu sehen. Da sowohl bei den Gemälden 3, 4, 5 als auch bei den Gemälden 4, 5, 6 ein Gemälde mit einer Person dabei ist, sind die beiden Gemälde mit Personen die Gemälde 3 und 6. Die 3 ist bei den Antworten dabei und folglich die Lösung.

L 3.8 (**C**) Wir suchen die Reihenfolge der vier Orte entlang des Radweges. Dazu beginnen wir mit der längsten Distanz 75 km zwischen Viehle und Cumlosen. Wahrenberg liegt 20 km von Cumlosen entfernt und auf dem Radweg entweder nach oder vor Cumlosen. Hohenwulsch liegt 45 km von Wahrenberg entfernt und auf dem Radweg entweder nach oder vor Wahrenberg. Es ergeben sich die rechts abgebildeten vier Fälle. Wir ermitteln für jeden die Entfernung zwischen Viehle und Hohenwulsch und erhalten 140 km, 50 km, 100 km bzw. 10 km. (**C**) 80 km ist nicht dabei und somit die Lösung.

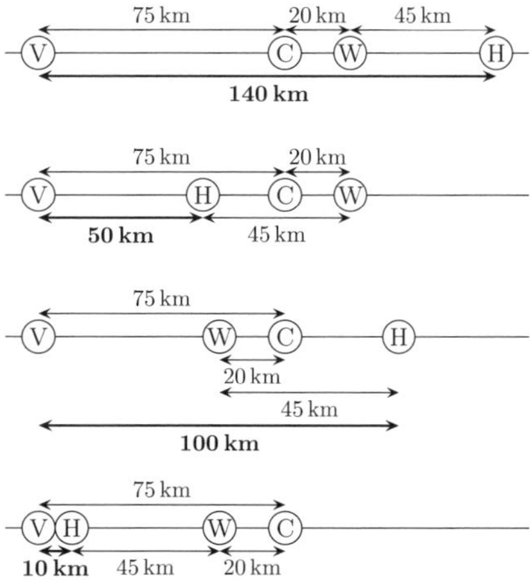

Übrigens gibt es diese vier Orte wirklich. Von Stendal nach Lüneburg ist die tatsächliche Reihenfolge mit den angegebenen Entfernungen wie im ersten Fall Hohenwulsch–Wahrenberg–Cumlosen–Viehle.

L 3.9 (**C**) Bei den insgesamt 19 Augen können 2 Sechsen dabei gewesen sein, zum Beispiel so: $6 + 6 + 3 + 3 + 1 = 19$. Hätte Friederike 3 Sechsen oder mehr gewürfelt, so wäre die Augensumme größer oder gleich $3 \cdot 6 + 2 \cdot 1 = 20$. Also kann sie höchstens 2 Sechsen gewürfelt haben.

L 3.10 (**C**) Von den schwarzen und den blauen Tonnen gibt es von der einen Farbe mindestens 1 Tonne und von der anderen Farbe mindestens 2 Tonnen. Also kann es nicht mehr als $7-1-2 = 4$ gelbe Tonnen geben. Weniger als 4 gelbe Tonnen können es auch nicht sein, denn dann wären es insgesamt höchstens $1 + 2 + 3 = 6$ Tonnen, also weniger als 7. Folglich stehen vor dem Haus 4 gelbe Tonnen.

L 3.11 (**D**) Um möglichst viele verschiedene Farben in seiner Hand zu haben, hat der kleine Bruder ein Gummibärchen von der ersten Farbe, 2 von der nächsten, 3 von der nächsten usw. genommen. Es ist $1+2+3+4+5=15$. Die nächstgrößere Summe ist $15+6=21$, also bereits größer als 17. Er hat Gummibärchen in höchstens 5 verschiedenen Farben in der Hand.

L 3.12 (**C**) Wenn Vic zwei 5-cm-Bausteine übereinanderbaut, ist der Turm 10 cm hoch. Der nächsthöhere, den er bauen kann, ist 5 cm + 7 cm = 12 cm hoch. Der darauffolgende nächsthöhere Turm wird mit zwei 7-cm-Bausteinen gebaut, ist also $2 \cdot 7$ cm = 14 cm hoch. Auch ein 15 cm hoher Turm ist möglich, er kann mit drei 5-cm-Bausteinen gebaut werden. Ein 13 cm hoher Turm, nur aus 5 cm und 7 cm hohen Bausteinen gebaut, ist hingegen nicht möglich.

L 3.13 (**D**) Von 3 Teams spielt jedes Team einmal gegen jedes andere. Also hat jedes Team 2 Spiele. Jedes Team kann in jedem seiner beiden Spiele 3, 1 oder 0 Punkte erhalten. Für die Gesamtpunktzahl ergeben sich damit die folgenden Möglichkeiten: $(3+3=)\,6$, $(3+1=)\,4$, $(3+0=)\,3$, $(1+1=)\,2$, $(1+0=)\,1$, $(0+0=)\,0$. Da 5 nicht dabei ist, ist (**D**) die Lösung.

L 3.14 (**E**) Wir erkennen, dass eine 3 vorkommt. Da 3 nur als Summe von 1 und 2 entstehen kann, sind die beiden Zahlen in den zugehörigen Kästchen also 1 und 2, aber wir wissen noch nicht in welcher Reihenfolge. Wir probieren beide Möglichkeiten und füllen die restlichen Kästchen der Reihe nach aus, wie rechts dargestellt. Bei der ersten Möglichkeit kommt die 4 doppelt vor und die 3 fehlt. Nur bei der zweiten Möglichkeit kommt jede der Zahlen von 1 bis 7 einmal vor. In das graue Kästchen gehört also die 5.

5	1	2	4	7	6	4

4	2	1	5	6	7	3

Wer erkennt, dass bei den drei oberen Summen bis auf die ganz linke Zahl jede einmal eingerechnet ist, kann die Aufgabe auch anders lösen. Die Summe der Zahlen bis auf die ganz linke ist $3+11+10=24$. Die Summe aller einzutragenden Zahlen ist $1+2+3+4+5+6+7=28$. Also gehört in das linke Kästchen $28-24=4$. Nun können wir den Streifen von links beginnend ausfüllen, bis wir beim grauen Kästchen angekommen sind, in das wir die 5 eintragen müssen.

L 3.15 (**C**) Familie Zipl hat insgesamt $10+8+6+5+4+2=35$ Pilze gefunden. Weil die Kinder 22 Pilze gefunden haben, haben die Eltern zusammen $35-22=13$ Pilze. Nun können wir die Antworten durchgehen und finden (**C**) als Lösung.

L 3.16 (**D**) Die Zahl unter dem Kreis erhalten wir zügig, indem wir die Zahlen unter den Dreiecken und Quadraten von der Summe aller 8 Zahlen abziehen, also $(1+2+3+4+5+6+7+8)-10-20=36-10-20=6$.
Wir könnten uns natürlich auch überlegen, welche Zahlen sich unter den Dreiecken und Quadraten befinden könnten. Was übrig bleibt, ist dann unter dem Kreis.

L 3.17 (**D**) Wären es nur 40 Kinder, würde Frau Hein diese wohl in 8 Fünferteams einteilen. Da es 3 Kinder mehr sind, kann sie einfach 3 der Fünferteams in 3 Sechserteams verwandeln. Damit bekommt Frau Hein eine Einteilung der 43 Kinder in 8 Teams hin.
Weniger als 8 Teams sind es sicher nicht, denn in 7 Teams passen höchstens $7 \cdot 6 = 42$ Kinder, und mehr Teams sind es auch nicht, denn dafür müssten es mindestens $9 \cdot 5 = 45$ Kinder sein.

L 3.18 (**B**) Um die Summe 11 zu erzielen, gibt es mehrere Möglichkeiten. Da wir die größtmögliche Differenz zwischen der kleinsten und der größten Punktzahl suchen, probieren wir zuerst, ob es eine Möglichkeit gibt, bei der Eduardo in die Felder mit der 1 und der 9 getroffen hat. Dann wäre die Differenz zwischen der kleinsten und der größten Punktzahl 8 und die dritte Punktzahl $11 - 1 - 9 = 1$. Dies ist aber nicht möglich, da Eduardo in drei verschiedene Felder getroffen hat. Wir überlegen, ob die Differenz zwischen der kleinsten und der größten Punktzahl 7 sein kann. Dann müsste Eduardo in die Felder mit der 2 und der 9 oder mit der 1 und der 8 getroffen haben. Die dritte Punktzahl wäre dann $11 - 2 - 9 = 0$ bzw. $11-1-8 = 2$. Der erste Fall ist nicht möglich, da es keine 0 gibt. Im zweiten sind die drei Punktzahlen verschieden, dieser Fall ist möglich. Die gesuchte größtmögliche Differenz ist also 7.

L 3.19 (**C**) Klebt Marius bei jedem Hocker zuerst an genau 3 Beine einen Bodenschoner, so braucht er dazu insgesamt $3 \cdot 8 = 24$ Stück. Es bleiben noch 3 Stück übrig. Da bei allen vierbeinigen Hockern noch genau ein Bodenschoner fehlt, müssen es also 3 vierbeinige Hocker sein. Somit gibt es 5 dreibeinige.

L 3.20 (**B**) Zuerst stellen wir fest, dass Sonja 4 Punkte vom Punktrichter Z bekommen hat. Mert hat insgesamt 14 Punkte bekommen, was nur dann möglich ist, wenn er zweimal 5 Punkte und einmal 4 Punkte erhalten hat. Vom Punktrichter Z hat er 5 Punkte erhalten, da dieser schon 4 Punkte an Sonja vergeben hat. Vom Punktrichter X hat Mert auch 5 Punkte erhalten, da aufgrund der Summe und der bereits eingetragenen Einsen weder Bella noch Edwin 5 Punkte vom Punktrichter X erhalten haben können. Also hat Punktrichter Y an Mert 4 Punkte vergeben. Da Edwin auch vom Punktrichter Y keine 5 Punkte erhalten haben kann, hat Punktrichter Y seine 5 Punkte an Aaron vergeben. Vom Punktrichter Z hat Aaron somit 2 Punkte erhalten. Für die vollständig ausgefüllte Tabelle gibt es zwei Möglichkeiten, wie rechts zu sehen ist.

	Aaron	Sonja	Bella	Edwin	Mert
X	3	1	**2 / 4**	**4 / 2**	**5**
Y	**5**	3	1	**2**	**4**
Z	**2**	**4**	**3 / 1**	**1 / 3**	**5**
Summe	10	8	6	7	14

L 3.21 (B) Die Punktzahl für jede falsche Antwort ist gerade, und die Punktzahl für jede richtige Antwort ist ungerade. Da Avas Gesamtpunktzahl 100 gerade ist, hat sie eine gerade Anzahl an Pluspunkten erhalten. Also ist die Anzahl der richtigen Antworten gerade. Außerdem muss sie mehr als 14 Fragen richtig beantwortet haben, denn $14 \cdot 7 = 98 < 100$. Hätte sie jedoch mindestens 18 Fragen richtig beantwortet, so hätte sie mindestens $18 \cdot 7 + 2 \cdot (-4) = 118$ Punkte bekommen, also zu viele. Ava hat also 16 Fragen richtig beantwortet, wofür sie $16 \cdot 7 = 112$ Punkte bekam. Folglich hat sie $(112 - 100) : 4 = 3$ Fragen falsch beantwortet. Eine Aufgabe hat sie nicht beantwortet.

L 3.22 (B) Das Plättchen mit der 7 ist das große und das mit der 10 ist das kleine Plättchen.
Wenn beim Werfen die Vorderseiten der beiden Plättchen, 7 und 10, oben liegen, entsteht die Summe 17. Die Zahl, die auf der Rückseite des großen Plättchens steht, hat zusammen mit der 10 entweder die Summe 11, 12 oder 16. Es kommen dafür nur die Zahlen $11 - 10 = 1$, $12 - 10 = 2$ und $16 - 10 = 6$ in Frage. Wir müssen untersuchen, welche dieser Zahlen auch wirklich möglich sind.

Fall 1: Auf der Rückseite des großen Plättchens steht 1. Dann sind die beiden noch fehlenden Summen 12 und 16. Da 1 kleiner als 7 ist, hat die 1 zusammen mit der Zahl auf der Rückseite des kleinen Plättchens die Summe 12. Folglich steht auf der Rückseite des kleinen Plättchens die $12 - 1 = 11$. Das ist aber nicht möglich, da die vierte Summe dann $7 + 11 = 18$ wäre und nicht 16. Fall 1 entfällt.

Fall 2: Auf der Rückseite des großen Plättchens steht 2. Dann sind die beiden noch fehlenden Summen 11 und 16. Es folgt, dass auf der Rückseite des kleinen Plättchens die $11 - 2 = 9$ steht. Da die Summe $7 + 9 = 16$ ist, ist dieser Fall möglich.

Fall 3: Auf der Rückseite des großen Plättchens steht 6. Dann sind die beiden noch fehlenden Summen 11 und 12. Es folgt, dass auf der Rückseite des kleinen Plättchens die $11 - 6 = 5$ steht. Da die Summe $7 + 5 = 12$ ist, ist dieser Fall möglich.

Es gibt zwei Möglichkeiten für die Zahl, die auf der Rückseite des großen Plättchens mit der 7 steht, nämlich die 2 oder die 6.

L 3.23 (B) Für die 19 Punkte hat Olivia mindestens 5-mal 3 Punkte bekommen, denn hätte sie nur 4-mal 3 Punkte bekommen, so hätte sie höchstens noch 6-mal 1 Punkt bekommen, also insgesamt weniger als 19. Olivia kann jedoch nicht 6-mal (und häufiger schon gar nicht) 3 Punkte bekommen haben, denn dann hätte sie noch einmal 1 Punkt bekommen, also 3-mal 0 Punkte. Dann müssten Mila und Elena jedoch ebenfalls 3-mal 0 Punkte bekommen haben, und eine der beiden müsste mindestens einmal 1 Punkt bekommen haben – wie Olivia –, hätte damit insgesamt höchstens 19 Punkte, was der Bedingung, dass die Punktzahlen verschieden sind, oder der Bedingung, dass Olivia Letzte ist, widerspricht.

Olivia hat also 5-mal 3 Punkte, 4-mal 1 Punkt und einmal 0 Punkte bekommen. Elena und Mila haben ebenfalls genau einmal 0 Punkte bekommen. Die 4 Hauptstädte, für die Olivia 1 Punkt bekommen hat, hat jeweils auch eine der beiden anderen aufgeschrieben und dafür 1 Punkt bekommen. Damit nicht zwei dieselbe Punktzahl haben, muss Mila, die Zweitplatzierte, 3-mal 1 Punkt bekommen haben und Elena einmal. Damit hat Mila also 6-mal 3 Punkte, 3-mal 1 Punkt und einmal 0 Punkte bekommen, nur so hat sie mehr Punkte als Olivia. Elena hat 8-mal 3 Punkte, einmal 1 Punkt und einmal 0 Punkte, zusammen also 25 Punkte. Und die gesuchte Punktzahl von Mila ist 21.

L 3.24 (B) Mara kann die Karte mit der 5 nach links, in die Mitte oder nach rechts legen. Liegt die 5 links, entsteht die Zahl 5111, egal in welcher Reihenfolge die beiden anderen Karten liegen. Liegt die 5 in der Mitte, entsteht die Zahl 1511 oder die Zahl 1151, je nachdem in welcher Reihenfolge die beiden anderen Karten liegen. Liegt die 5 rechts, entsteht die Zahl 1115, egal in welcher Reihenfolge die beiden anderen Karten liegen. Es sind 4 Zahlen möglich.

L 3.25 (B) Wir schreiben die vierstelligen Zahlen, die entstehen können, systematisch auf und unterscheiden dabei danach, welche der Siebenen gestrichen werden. Wir müssen beachten, dass in einigen Fällen das Streichen von verschiedenen Dreien zur selben Zahl führt.

beide Siebenen:	3333		
nur die vordere Sieben:	3337		
nur die hintere Sieben:	3373	3733	
keine Sieben:	7337	3737	3377

Es können 7 verschiedene vierstellige Zahlen entstehen.

L 3.26 (B) Da Lia nie Erste ist, gibt es zwei Möglichkeiten, wer morgens zuerst ins Bad geht: entweder Lias Mutter oder Lias Vater.
Wenn ihre Mutter Erste ist, dann muss Lia Zweite sein, da ihr Vater nie Zweiter ist. Ihr Vater ist in diesem Fall Dritter und die Reihenfolge „1. Mutter, 2. Lia, 3. Vater“ eine Möglichkeit.
Wenn Lias Vater Erster ist, dann muss Lias Mutter Zweite sein, da sie nie Dritte ist. Lia ist in diesem Fall Dritte und die Reihenfolge „1. Vater, 2. Mutter, 3. Lia“ eine zweite Möglichkeit.
Damit haben wir alle Fälle erfasst. Es gibt für die drei morgens im Bad zwei Reihenfolgen.

L 3.27 (C) Genau 4 schwarze Punkte lassen sich mit einem Zeichen mit einem schwarzen Punkt und einem mit 3 schwarzen Punkten erreichen sowie mit 2 Zeichen mit jeweils 2 schwarzen Punkten, wobei diese Zeichen gleich oder voneinander verschieden sein können.
Mit einem schwarzen Punkt gibt es nur die 1, dazu 0, 4, 6 und 8 mit jeweils 3 Punkten. Hiermit lassen sich die folgenden 2-stelligen Zahlen darstellen: 10, 14, 16, 18 sowie 41, 61 und 81.
Mit 2 schwarzen Punkten gibt es die 2, 3, 5 und 9. Damit lassen sich 22, 23, 25, 29 und 32, 33, 35, 39 und 52, 53, 55, 59 und 92, 93, 95, 99 darstellen.
Insgesamt sind das 23 Zahlen.

L 3.28 (C) Der Frosch muss das 6. Seerosenblatt überspringen, also springt er auf jeden Fall vom 5. zum 7. Blatt. Um die Anzahl aller Varianten zu ermitteln, reicht es also, die Sprünge bis zum 5. Blatt zu betrachten. Wir schreiben alle Möglichkeiten systematisch auf, wobei wir nach der Anzahl der langen Sprünge sortieren:

kein langer Sprung:	1,1,1,1,1			
ein langer Sprung:	2,1,1,1	1,2,1,1	1,1,2,1	1,1,1,2
zwei lange Sprünge:	2,2,1	2,1,2	1,2,2	

Es gibt insgesamt 8 verschiedene Varianten für den Frosch, den Teich auf diese Weise zu überqueren.

L 3.29 (E) Für das Kind, das den zur eigenen Truhe passenden Schlüssel hat, gibt es 4 Möglichkeiten. Wir müssen herausfinden, auf wie viele Arten die anderen drei Schlüssel verteilt sein können, ohne dass ein weiteres Kind den zur eigenen Truhe passenden Schlüssel hat. Dazu bezeichnen wir die Kinder mit X, Y, und Z und ihre Schlüssel mit x, y und z. Kind X kann Schlüssel y oder z haben. Wenn es Schlüssel y hat, ist klar, dass Kind Z Schlüssel x haben muss und Kind Y Schlüssel z. Ebenso gibt es nur eine Möglichkeit, wenn Kind X Schlüssel z hat. Also können die drei übrigen Schlüssel auf 2 Arten verteilt sein. Insgesamt gibt es folglich $4 \cdot 2 = 8$ Arten, wie die Schlüssel verteilt sein können.

L 3.30 (B) Die erste Zeile können wir zunächst mit den Buchstaben von A bis D in beliebiger Reihenfolge füllen. Dafür gibt es $4! = 4 \cdot 3 \cdot 2 \cdot 1 = 24$ Möglichkeiten. Dann ist in der unteren Zeile klar, welcher Buchstabe ins zweite Feld von links gehört, damit im 2×2-Quadrat ganz links und im 2×2-Quadrat in der Mitte jeder der vier Buchstaben genau einmal vorkommt. Es ist der Buchstabe, der in der oberen Zeile ganz rechts steht. Im Beispiel rechts ist das ein C. Damit sind aber auch die übrigen fehlenden Buchstaben klar. Im Beispiel gehören in die untere Zeile von links nach rechts A, C, B und D. Die untere Zeile ist also durch die obere eindeutig festgelegt. Damit bleibt es bei insgesamt 24 Möglichkeiten für das vollständig ausgefüllte 2×4-Gitter.

B	D	A	C
	C		

L 3.31 (**B**) Für den Ring am Mittelfinger und den Ring am kleinen Finger ist jede Position in der Reihenfolge möglich: jeweils die erste, die zweite, die dritte, die vierte oder die letzte. Für die Positionen dieser beiden Ringe in der Reihenfolge gibt es also $5 \cdot 4 = 20$ Möglichkeiten. In jedem dieser Fälle sind die Positionen der Ringe am Ringfinger dann eindeutig bestimmt. Nimmt Lilou z. B. den Ring am Mittelfinger als letzten ab und den Ring am kleinen Finger als zweiten, so muss sie von den Ringen am Ringfinger den linken als ersten, den mittleren als dritten und den rechten als vierten abnehmen. Also gibt es insgesamt 20 verschiedene Reihenfolgen.
Diese 20 Möglichkeiten lassen sich auch gut systematisch aufschreiben und zählen.

L 3.32 (**D**) Für das erste der zwei Autos aus der im Bild oberen Reihe gibt es 4 mögliche Positionen in der Autoschlange, die die Fähre verlässt. Es kann an 1., 2., 3. oder 4. Stelle fahren. Für das zweite Auto aus der oberen Reihe gibt es im ersten Fall 4 mögliche Positionen, im zweiten Fall 3, im dritten Fall 2 und im letzten Fall eine. Die Positionen der drei Autos aus der unteren Reihe sind in jedem Fall eindeutig bestimmt, weshalb es insgesamt $4 + 3 + 2 + 1 = 10$ mögliche Reihenfolgen gibt. Systematisch aufgeschrieben sehen diese so aus, wobei O bzw. U für ein Auto aus der oberen bzw. der unteren Reihe steht:

OOUUU, OUOUU, OUUOU, OUUUO
UOOUU, UOUOU, UOUUO
UUOOU, UUOUO
UUUOO

L 3.33 (**E**) Hannah hatte $\binom{16}{2} = \frac{16 \cdot 15}{2 \cdot 1} = 120$ mögliche Kombinationen zur Auswahl. Wenn n die Anzahl der Sorten bezeichnet, die es am Abend noch gab, dann hatte Hannahs Schwester $\binom{n}{3} = \frac{n(n-1)(n-2)}{3 \cdot 2 \cdot 1}$ mögliche Kombinationen zur Auswahl. Da beide Schwestern gleich viele Kombinationen hatten, gilt $120 = \frac{n(n-1)(n-2)}{3 \cdot 2 \cdot 1}$. Daraus folgt $n(n-1)(n-2) = 6 \cdot 120 = 10 \cdot 9 \cdot 8$, und somit $n = 10$. Es waren also am Abend bereits $16 - n = 16 - 10 = 6$ Sorten ausverkauft.

L 3.34 (**A**) Angenommen A, B, C, D, E, F wäre in dieser Reihenfolge eine mögliche Eintragung. Dann sind $(A + B + C)$ und $(B + C + D)$ beide durch 3 teilbar, also auch ihre Differenz $(A - D)$. Das heißt, dass A und D beim Teilen durch 3 denselben Rest lassen. Dasselbe gilt für B und E und ebenso für C und F. Beim Teilen durch 3 lassen die Zahlen 1 und 4 den Rest 1, die Zahlen 2 und 5 den Rest 2 und die Zahlen 3 und 6 den Rest 0. Für A kommt jede der 6 Zahlen in Frage. Für jede Wahl von A gibt es dann noch 4 Möglichkeiten für B, dann noch 2 Möglichkeiten für C und schließlich jeweils noch eine Möglichkeit für D, E und F. Daher gibt es insgesamt $6 \cdot 4 \cdot 2 = 48$ Möglichkeiten.

L 3.35 (**B**) Es gibt fünf Möglichkeiten, von den fünf Scheiben eine wegzunehmen. Mit den jeweils verbleibenden vier Scheiben kann Knut genau einen Turm mit der gewünschten Eigenschaft bauen. Er kann also fünf verschiedene Türme bauen.

L 3.36 (**D**) Wir notieren die Reihenfolge, in der wir für die einzelnen Antwortmöglichkeiten die Pakete abladen könnten. (**A**): C–D–B–A, (**B**): C–D–A–B, (**C**): D–C–B–A, (**E**): C–A–D–B. Der Stapel bei (**D**) ist nicht möglich, denn das Paket B lässt sich nicht vor dem Paket D aufstapeln.

L 3.37 (**C**) So finden wir systematisch alle 10 Möglichkeiten:

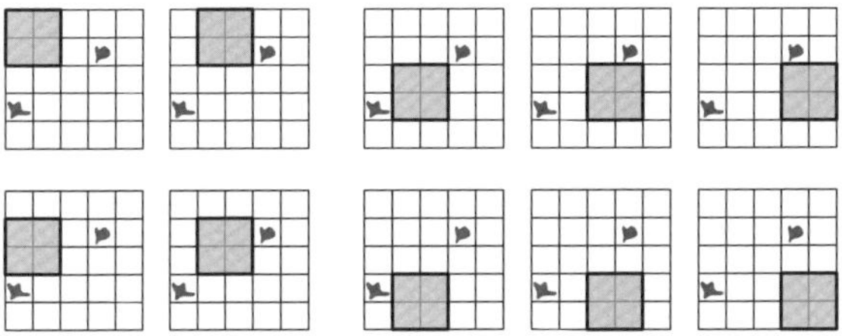

L 3.38 (**D**) Wir prüfen systematisch, wie die Bienenkönigin krabbeln könnte. Sobald sie die weiße Wabe in der Mitte besucht, ist der Rest des Weges eindeutig festgelegt. Es gibt also die folgenden 5 Wege:

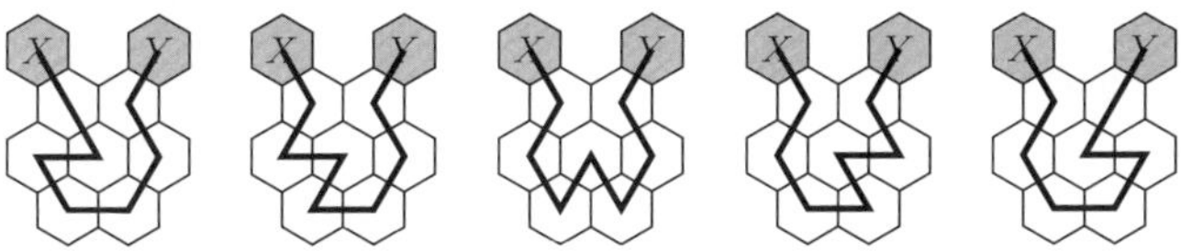

L 3.39 (**E**) Da Wanja in dem Spiel den letzten Spielstein legt, muss einer der beiden oben liegenden Spielsteine schwarz sein. (**E**) ist also nicht möglich. Für jedes der 4 anderen Turmpaare lässt sich eine Abfolge angeben, in der Ronja und Wanja ihre Spielsteine abgelegt haben könnten:

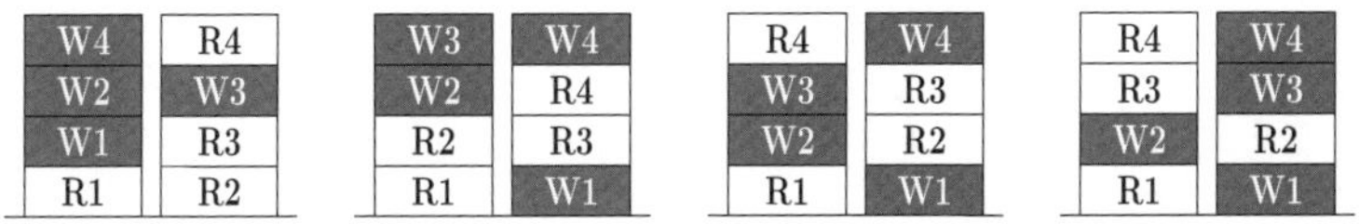

L 3.40 (**B**) An jeder Würfelecke stoßen drei Quadrate zusammen, die paarweise eine gemeinsame Seite haben. Auf drei solchen Quadraten kleben also drei verschiedene Sticker, das heißt ein Kreuz, ein Stern und ein Kreis. Da jedes Quadrat zu genau einer der 8 Würfelecken gehört, gibt es insgesamt 8 Quadrate mit einem Kreis-Sticker. Durch die sichtbaren drei Seitenflächen ist eindeutig bestimmt, wie die drei anderen Seitenflächen beklebt wurden.

L 3.41 (B) Wir überlegen, wie viele Strahlen übrig bleiben müssen. Um 9 verschiedene Werte für die eingeschlossenen Winkel messen zu können, muss es mindestens 9 Möglichkeiten geben, 2 verschiedene Strahlen als Schenkel auszuwählen. Es müssen mehr als 2 Strahlen sein, denn bei 2 Strahlen gibt es nur eine Möglichkeit, 2 Strahlen auszuwählen. Bei 3 Strahlen kommen 2 Möglichkeiten hinzu, wenn wir den dritten Strahl und einen der beiden anderen wählen, also sind es insgesamt $1+2=3$ Möglichkeiten. Bei 4 Strahlen kommen 3 Möglichkeiten hinzu, wenn wir den vierten Strahl und einen der drei anderen wählen, also sind es insgesamt $3+3=6$ Möglichkeiten. Bei 5 Strahlen kommen 4 Möglichkeiten hinzu, wenn wir den fünften Strahl und einen der vier anderen wählen, also sind es insgesamt $6+4=10$ Möglichkeiten. Somit ist 5 die kleinste Anzahl an Strahlen, bei der es mindestens 9 Möglichkeiten gibt, 2 Strahlen auszuwählen. Wir überlegen, ob es möglich ist, die Strahlen so übrig zu lassen, dass tatsächlich die geforderten Werte gemessen werden können. Sicher müssen die beiden äußeren Strahlen für den 90°-Winkel dabei sein und, um 80° messen zu können, ein Strahl, der 10° von einem Randstrahl entfernt ist. Um 70° messen zu können, wählen wir den Strahl, der 20° vom anderen Randstrahl entfernt ist (es gibt auch andere Möglichkeiten, aber so haben wir auf jeden Fall bis hierher keine Winkelgröße mehrfach dabei, davon darf es ja höchstens eine geben). Wie der fünfte Strahl passen könnte, finden wir durch Probieren, zum Beispiel so wie im Bild rechts. Bei diesen 5 Strahlen können wir tatsächlich alle 9 Werte von 10° bis 90° messen. Die größte Anzahl an Strahlen, die Alina wegradieren kann, ist also $10-5=5$.

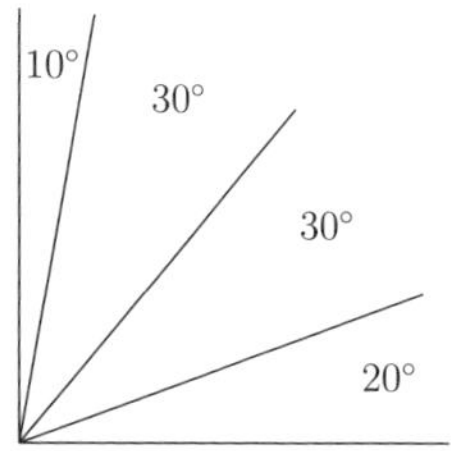

L 3.42 (B) In dem Dreieck unten ist jeder der 3 Kreise mit jedem anderen direkt verbunden. Für diese 3 Kreise sind somit 3 Farben nötig.
Und wie das Bild zeigt, reichen diese 3 Farben auch, um den Rest der Figur wie gewünscht auszumalen.

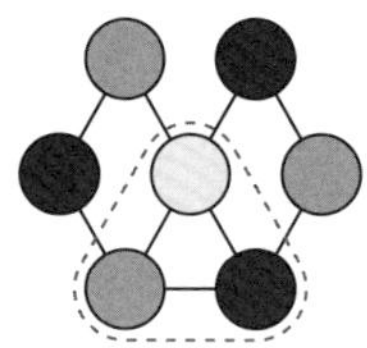

L 3.43 (B) Die Linien 1 und 3 haben keinen Kreuzungspunkt, sie könnten beide dieselbe Farbe haben, sagen wir rot. Die Linien 4 und 5 haben keinen Kreuzungspunkt, sie könnten beide dieselbe Farbe haben, aber wegen der Kreuzungspunkte mit den Linien 1 und 3 muss sich diese von deren Farbe unterscheiden, sagen wir blau. Die Linien 2 und 6 haben keinen Kreuzungspunkt, sie könnten beide dieselbe Farbe haben, die aber weder rot noch blau sein darf, da es Kreuzungspunkte mit jeweils mindestens einer der roten und blauen Linien gibt, wählen wir also gelb. Mit diesen 3 Farben kommen wir aus. Und da sich zum Beispiel die Linien 1, 2 und 4 gegenseitig kreuzen, klappt es sicher nicht mit weniger als 3 Farben.

L 3.44 (**C**) Um zu erreichen, dass benachbarte Fußnägel verschiedenfarbig sind, gibt es zwei Varianten:

1. Variante: René benutzt alle 3 Farben, jeder der drei Fußnägel hat eine andere Farbe.
2. Variante: René benutzt nur 2 Farben, die beiden äußeren Fußnägel sind gleichfarbig und der mittlere hat eine andere Farbe.

Bei der 1. Variante gibt es für die Farbe des ersten Fußnagels 3 Möglichkeiten, für den zweiten dann noch 2 und für den dritten dann nur noch eine. Bei der 2. Variante gibt es für die Farbe der beiden äußeren Fußnägel 3 Möglichkeiten und für den mittleren dann noch 2.
Indem wir alle Möglichkeiten systematisch aufschreiben, sehen wir, dass es bei beiden Varianten jeweils 6 Möglichkeiten gibt, insgesamt also 12.

rot	grün	blau
rot	blau	grün
grün	rot	blau
grün	blau	rot
blau	rot	grün
blau	grün	rot

rot	grün	rot
rot	blau	rot
grün	rot	grün
grün	blau	grün
blau	rot	blau
blau	grün	blau

L 3.45 (**D**) Für die beiden Reihen, in denen die Einsen am Rand stehen, gibt es genau fünf mögliche Färbungen (im Bild grau markiert). In jedem dieser fünf Fälle ist das Färben der restlichen Zellen damit eindeutig festgelegt (jeweils mit einem Kreuz markiert). Also sind 5 verschiedene Färbungen möglich.

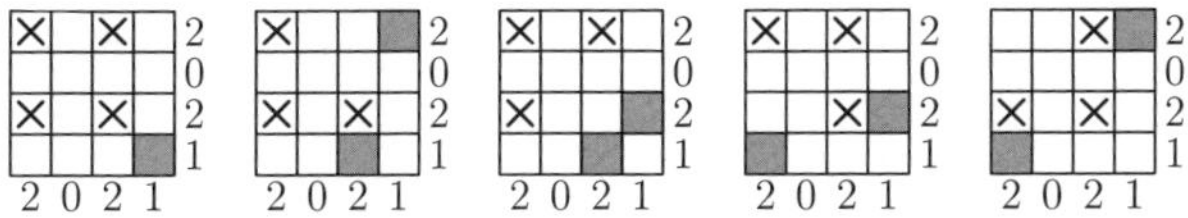

L 3.46 (**C**) In den Nachbarfeldern des oberen Kästchens des fehlenden Teils stehen 3, 5 und 5. Also darf im oberen Kästchen des fehlenden Teils keine 3 und keine 5 stehen. Die Teile bei (**A**), (**B**) und (**E**) passen daher nicht. Im linken unteren Kästchen des fehlenden Teils darf keine 1 und keine 4 stehen. Also passt das Teil bei (**D**) auch nicht. Nur das Teil bei (**C**) passt, das ist die Lösung.

L 3.47 (**E**) Das gesuchte Puzzleteil muss genau zwei Sternspitzen an einander gegenüberliegenden Ecken haben. Daher kommt nur (**C**) oder (**E**) in Frage. Da sich an einer Ecke ein Viertelkreis befinden muss, ist (**E**) das gesuchte Teil.

L 3.48 (**B**) Das Sechseck lässt sich aus den Teilen 1 und 3 legen. Bei allen anderen Kombinationen überlappen sich die Teile oder es bleiben Lücken.

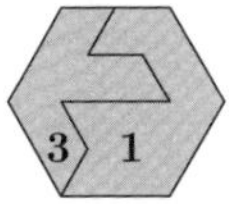

L 3.49 (**E**) Jedes der Puzzleteile passt in die Mitte, wenn es um 180° gedreht wird. Damit eine geschlossene Linie entsteht, darf auf dem Puzzleteil keine Linie an der unteren rechten Seite enden, denn sonst würde diese nach dem Drehen um 180° im Puzzle im Leeren enden. Das ist nur bei (**E**) der Fall, dieses ist das gesuchte Teil.
Rechts ist das vollständige Puzzle abgebildet.

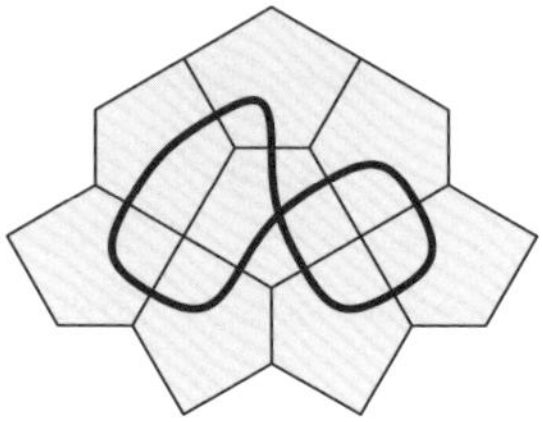

L 3.50 (**A**) Wir zeichnen in die Figur nacheinander ein, wohin die angegebenen Teile gelegt werden müssen. Das Teil (**C**) muss in die Ecke unten rechts und das Teil (**E**) muss dann in den langen Teil nach oben. Die Lücke im langen Teil kann nur mit dem Teil (**B**) geschlossen werden. Die Teile (**A**) und (**D**) gehören in den kurzen Teil links unten. Das Teil (**A**) bedeckt den schwarzen Punkt.

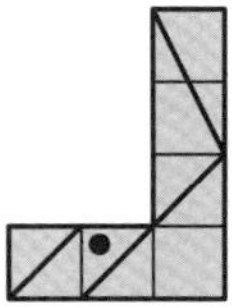

L 3.51 (**A**) Die drei gegebenen Teile können nur auf eine Weise so zusammengelegt werden, dass eines der Teile aus den Antwortmöglichkeiten Platz hat (siehe Bild). Im ersten der gegebenen Teile ist eine vollständige Zeile mit der Summe $2+1+3+1 = 7$ enthalten. Also ist im fertigen 4×4-Quadrat die Summe der Zahlen in jeder Zeile und in jeder Spalte 7. Damit die Summe der Zahlen in der 2., 3. und 4. Spalte 7 ist, müssen auf dem vierten Teil 1, 1 und 3 stehen. Das gesuchte Teil ist also das Teil bei (**A**).

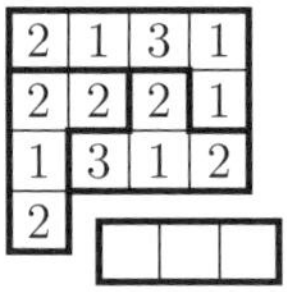

L 3.52 (**D**) Die „Schlüssel“ bei (**A**), (**B**), (**C**) und (**E**) lassen sich in 3 verschiedene Teile zerschneiden, die jedes aus 5 Kästchen bestehen, zum Beispiel so:

(A) 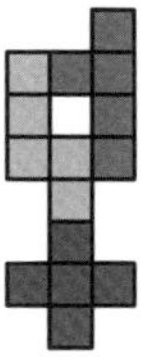 (B) 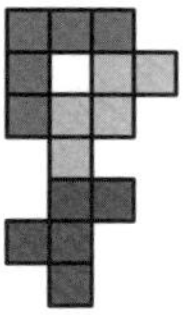 (C)  (E) 

Mit dem „Schlüssel“ bei (**D**) klappt das nicht. Das untere Teil aus 5 Kästchen steht fest, wie abgebildet. Aus dem oberen Teil erhält man, egal wie man schneidet, immer zwei identische Teile aus 5 Kästchen:

(D)

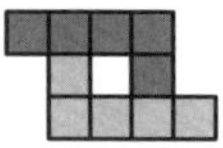 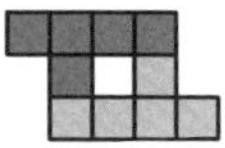 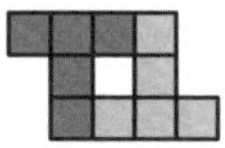 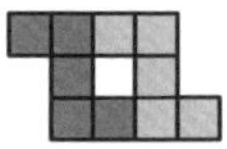

L 3.53 (E) Wir stellen uns das Werfen der beiden Würfel als 2-stufiges Zufallsexperiment vor. Mit beiden Würfeln wird genau dann dieselbe Farbe gewürfelt, wenn mit dem zweiten Würfel dieselbe Farbe wie mit dem ersten gewürfelt wird. DieWahrscheinlichkeit dafür ist $\frac{2}{6} = \frac{1}{3}$.

L 3.54 (A) Die Wahrscheinlichkeit, eine 1 <u>oder</u> eine 6 zu würfeln, ist wie bei einem fairen Würfel $1 - 4 \cdot \frac{1}{6} = \frac{1}{3}$. Die Wahrscheinlichkeit p_6, eine 6 zu würfeln, ist doppelt so groß wie die Wahrscheinlichkeit p_1, eine 1 zu würfeln. Also ist $\frac{1}{3} = p_1 + p_6 = \frac{1}{2} \cdot p_6 + p_6 = \frac{3}{2} \cdot p_6$, und somit $p_6 = \frac{1}{3} : \frac{3}{2} = \frac{2}{9}$.

L 3.55 (B) Liegt das Seil am oberen Kreuzungspunkt so , so verknotet sich das Seil genau dann, wenn links und rechts das Seil so  liegt. In den anderen 3 Fällen (links und rechts so , links so  und rechts so  bzw. umgekehrt links so  und rechts so ) ergibt sich kein Knoten. Liegt das Seil am oberen Kreuzungspunkt so , so verknotet sich das Seil genau dann, wenn links und rechts das Seil so  liegt, und in den anderen 3 Fällen nicht. Die Wahrscheinlichkeit dafür, dass sich das Seil verknotet, ist also $\frac{2}{8} = \frac{1}{4}$.
Die Bilder zeigen die 4 Möglichkeiten im ersten Fall, wenn oben das Seil so  liegt. Beim ersten Bild verknotet sich das Seil. Beim zweiten und dritten Bild wird sich beim Ziehen an den Seilenden die linke (graue) Schlaufe hinter dem schwarzen Teil vollständig vorbeiziehen, sodass kein Knoten entsteht. Beim vierten Bild zieht sich die rechte (schwarze) Schlaufe vor dem grauen Teil vollständig vorbei.

L 3.56 (C) Wir zeichnen den Wettkampf-Plan als Baumdiagramm so, dass Frank ganz oben steht. Da Frank unbesiegbar ist, wird er also in der 1. und der 2. Runde gewinnen und dann ins Finale einziehen.
Wenn Stephan auf Platz 1 startet, verliert er in der 1. Runde gegen Frank und kommt nicht ins Finale. Wenn Stephan auf Platz 2 oder 3 startet, verliert er in der 2. Runde gegen Frank und kommt nicht ins Finale. Startet Stephan hingegen auf einem der anderen vier Plätze der insgesamt sieben,

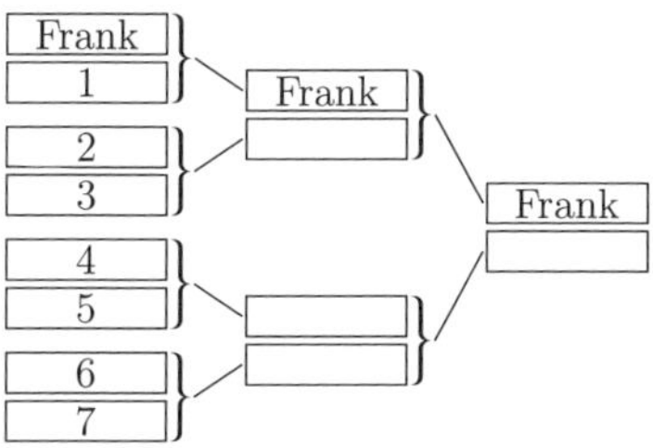

so trifft er in den ersten beiden Runden nicht auf Frank und kommt somit ins Finale. Die Wahrscheinlichkeit, dass Stephan das Finale erreicht, ist also $\frac{4}{7}$.

Lösungsvariante: Wir rechnen rundenweise mit den Wahrscheinlichkeiten: Stephan erreicht das Finale genau dann, wenn er in der 1. Runde nicht gegen Frank antritt (die Wahrscheinlichkeit dafür ist $\frac{6}{7}$) und wenn er in der 2. Runde nicht gegen Frank antritt (die Wahrscheinlichkeit dafür ist $\frac{2}{3}$). Da nach der 1. Runde neu ausgelost wird, sind die beiden Ereignisse unabhängig. Die Wahrscheinlichkeit, dass Stephan ins Finale kommt, ist folglich $\frac{6}{7} \cdot \frac{2}{3} = \frac{4}{7}$.

L 3.57 (B) Eine natürliche Zahl ist genau dann durch 18 teilbar, wenn sie sowohl durch 9 als auch durch 2 teilbar ist. Die Quersumme von Ertems Zahl ist unabhängig von der Reihenfolge der Ziffern gleich $1 + 2 + \ldots + 9 = 45$. Da 45 durch 9 teilbar ist, folgt aus der Teilbarkeitsregel der 9, dass Ertems Zahl durch 9 teilbar ist. Ertems Zahl ist folglich genau dann durch 18 teilbar, wenn sie durch 2 teilbar ist, also auf eine gerade Zahl endet. Wenn die Zahl auf eine der Ziffern 2, 4, 6 oder 8 endet, ist sie durch 18 teilbar, wenn sie auf eine der Ziffern 1, 3, 5, 7 oder 9 endet, ist sie nicht durch 18 teilbar. Da es zu jeder Endziffer gleich viele verschiedene 9-stellige Zahlen gibt, nämlich $8 \cdot 7 \cdot 6 \cdot 5 \cdot 4 \cdot 3 \cdot 2 \cdot 1 = 8!$, ist die Wahrscheinlichkeit, dass Ertems Zahl durch 18 teilbar ist, gleich $\frac{4}{9}$.

L 3.58 (C) Es sei N die Anzahl der 12-seitigen Spielwürfel. Die Wahrscheinlichkeit, dass beim Würfeln keine 12 dabei ist, ist $\left(\frac{11}{12}\right)^N$. Die Wahrscheinlichkeit, dass beim Würfeln genau eine 12 dabei ist, ist $N \cdot \frac{1}{12} \cdot \left(\frac{11}{12}\right)^{N-1}$, da einer der N Würfel eine 12 zeigt und die anderen $N - 1$ nicht. Diese beiden Werte sind gleich, also gilt $\left(\frac{11}{12}\right)^N = N \cdot \frac{1}{12} \cdot \left(\frac{11}{12}\right)^{N-1}$. Dividieren wir beide Seiten durch $\left(\frac{11}{12}\right)^{N-1}$, so erhalten wir $\frac{11}{12} = N \cdot \frac{1}{12}$, also $N = 11$.

L 3.59 (E) Mit einer Wahrscheinlichkeit von $\frac{1}{7}$ legt Denise den ersten orangefarbenen Ball in die Mitte. In diesem Fall berührt dieser Ball am Ende alle anderen Bälle, insbesondere den zweiten orangefarbenen. Mit einer Wahrscheinlichkeit von $\frac{6}{7}$ legt Denise den ersten orangefarbenen Ball auf einen der 6 äußeren Positionen. Dann berührt dieser Ball am Ende 3 der 6 anderen Bälle. Die Wahrscheinlichkeit, dass sich die orangefarbenen Bälle am Ende berühren, ist folglich $\frac{1}{7} \cdot \frac{6}{6} + \frac{6}{7} \cdot \frac{3}{6} = \frac{4}{7}$.

Lösungsvariante: Eine andere Möglichkeit, die Aufgabe zu lösen, besteht darin, die Wahrscheinlichkeit als Quotient aus der Anzahl der günstigen Fälle und der Anzahl aller möglichen Fälle zu berechnen. Insgesamt gibt es $\binom{7}{2} = \frac{7 \cdot 6}{2} = 21$ mögliche Positionen für die beiden orangefarbenen Bälle, wovon 12 günstig sind (einer in der Mitte und der zweite auf einer beliebigen der 6 Randpositionen oder beide Bälle auf benachbarten Randpositionen). Somit ist die gesuchte Wahrscheinlichkeit $\frac{12}{21} = \frac{4}{7}$.

L 3.60 (B) Da jeder Münzwurf nicht von den anderen Münzwürfen abhängt, ist die Wahrscheinlichkeit zu gewinnen nur vom aktuellen Vorsprung abhängig. Wir definieren p_k für $k = 0, 1, 2, 3$ als die Wahrscheinlichkeit dafür, dass Emma gewinnen wird, wenn sie k Punkte Vorsprung hat. Die Aufgabe besteht darin, p_1 zu bestimmen.
Es gilt $p_3 = 1$, da laut Spielregeln Emma gewinnt, wenn sie 3 Punkte Vorsprung hat. Die Wahrscheinlichkeit zu gewinnen, ist für beide am Spielbeginn gleich $\frac{1}{2}$, das heißt $p_0 = \frac{1}{2}$. Wenn Emma 1 Punkt Vorsprung hat, dann hat sie nach dem nächsten Wurf entweder 0 Punkte oder 2 Punkte Vorsprung, je nachdem, ob Kopf oder Zahl geworfen wird. Folglich gilt $p_1 = \frac{1}{2}p_0 + \frac{1}{2}p_2$. Analog gilt $p_2 = \frac{1}{2}p_1 + \frac{1}{2}p_3$.
Daraus folgt

$$\begin{aligned} p_1 &= \frac{1}{2}p_0 + \frac{1}{2}p_2 = \frac{1}{4} + \frac{1}{2}p_2 = \frac{1}{4} + \frac{1}{2} \cdot \left(\frac{1}{2}p_1 + \frac{1}{2}p_3\right) = \frac{1}{4} + \frac{1}{4}p_1 + \frac{1}{4}p_3 \\ &= \frac{1}{4} + \frac{1}{4}p_1 + \frac{1}{4} = \frac{1}{2} + \frac{1}{4}p_1. \end{aligned}$$

Lösen wir nach p_1 auf, so erhalten wir $p_1 = \frac{2}{3}$.

4 Geometrie

L 4.1 (**C**) Wir beginnen beim Ring und fahren in Gedanken oder mit dem Finger die Leine entlang. Dabei zählen wir alle Fische, die wir zuerst am Kopf treffen, und das sind 6.

L 4.2 (**A**) Rechts ist zu sehen, wie die Streifen beim richtig und beim falsch zugeknöpften Hemd aussehen. Beim falsch zugeknöpften Hemd bilden die Streifen eine Schraubenlinie. Es ist dann kein geschlossener Ring zu sehen.

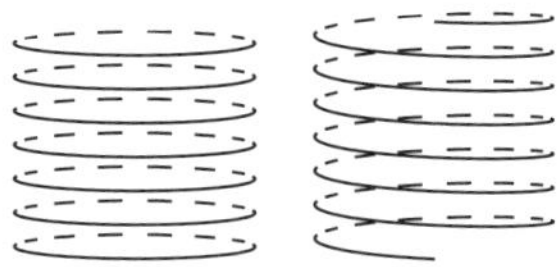

L 4.3 (**E**) Um die Bojen 1 und 3 ruderte Eileen gegen den Uhrzeigersinn, die anderen, 2, 4 und 5, umfuhr sie im Uhrzeigersinn, siehe Bild rechts.

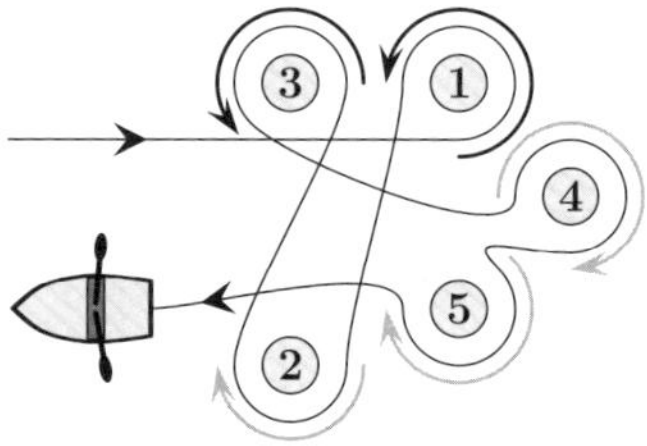

L 4.4 (**C**) Um an die Bücherkiste zu kommen, muss Lena die 2 Kisten, die direkt auf dieser stehen, wegräumen. Um an diese zu kommen, muss sie alle Kisten wegräumen, die auf diesen beiden stehen, und das sind alle 3 Kisten ganz oben. Das genügt, insgesamt muss Lena 5 Kisten wegräumen.

L 4.5 (**D**) Die gesuchte Figur ist bei (**D**) zu sehen.

L 4.6 (**D**) Die Schnur rechts lässt sich zu einem geschlossenen, nicht verdrehten Ring entwirren. Das ist auch bei den Schnüren bei (**A**), (**B**), (**C**) und (**E**) möglich. Die Schnur bei (**D**) kann nicht so gelegt werden, da ein Knoten entsteht, wenn wir an einer der drei Schlaufen ziehen.

L 4.7 (**D**) Bei (**D**) sind zwei Schnüre zu sehen, siehe Bild rechts.

L 4.8 (**A**) Oben auf dem Paket ist zu sehen, dass die Bänder M, P, N in dieser Reihenfolge geklebt wurden. Vorn auf dem Paket ist zu sehen, dass O nach M und vor N geklebt wurde. Und rechts ist zu sehen, dass O nach P geklebt wurde. Die gesuchte Reihenfolge ist M, P, O, N.

L 4.9 (**E**) Das dunkelgraue Papierteil ist ein Halbkreis. Dieser kann zwar teilweise oder ganz von den Viertelkreisen bedeckt werden, jedoch kann die beklebte Kreisscheibe nicht wie bei (**E**) aussehen, denn die dunkelgraue Fläche, die teilweise von den beiden Viertelkreisen bedeckt wird, wäre größer als ein Halbkreis.

L 4.10 (**E**) Wenn das Haus A mit den Häusern B und E verbunden ist, sind B und E natürlich auch miteinander verbunden. Das geht nur mit einem geraden Straßenstück von einer Seite zur gegenüberliegenden. Die Teile 2 und 3 entfallen daher. Bei Teil 4 führt jedes Straßenstück, das bei Haus A beginnt, auf die gegenüberliegende Seite zu Haus D, mit dem aber <u>keine</u> Verbindung bestehen soll. Teil 4 entfällt also auch. Da zwei Teile gesucht sind, können das nur 1 und 5 sein, so wie in (**E**) angegeben. Wie die beiden Teile genau platziert werden müssen, damit die Bedingungen erfüllt sind, ist rechts zu sehen.

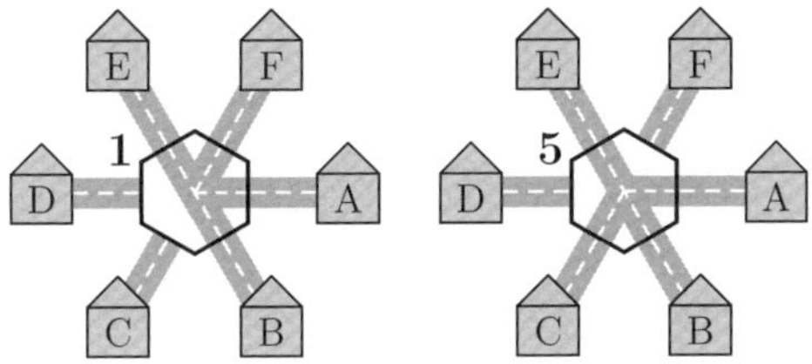

L 4.11 (**C**) Rechts ist zu sehen, wie sich die Raupe so zusammenfalten kann, dass sie wie in Bild (**C**) liegt – das ist die Lösung.
Dass die anderen Schlafpositionen nicht möglich sind, sehen wir am besten, indem wir beim Kopf beginnend versuchen, mit dem Finger oder einem Stift Kugel für Kugel so nachzufahren, dass schwarze und weiße Kugeln immer abwechselnd aufeinanderfolgen. In keinem der vier Bilder kann die komplette Raupe wiedergefunden werden.

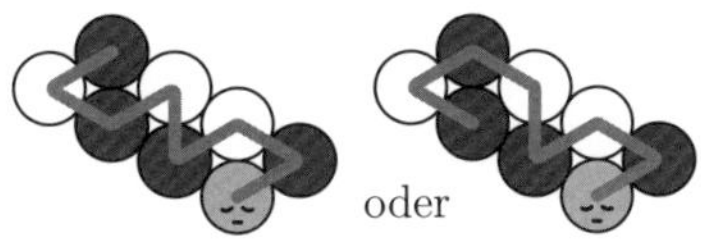

L 4.12 (**C**) Die Bilder zeigen, wo bei (**A**), (**B**), (**D**) und (**E**) die beiden Drähte zusammenstoßen:

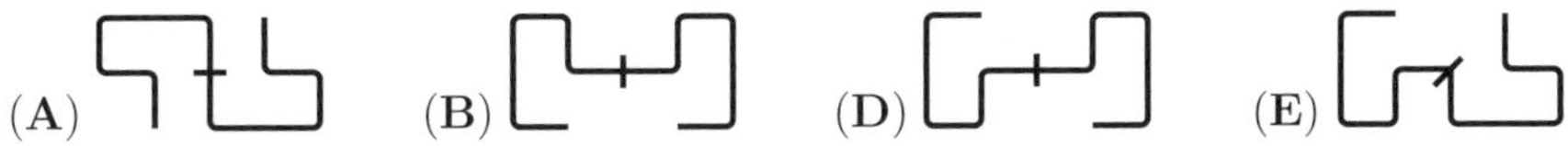

Das Gebilde bei (**C**) lässt sich nicht aus den beiden Drähten zusammensetzen, da es hier nur ein langes Drahtstück gibt und nicht mindestens zwei, wie es nötig wäre.

L 4.13 (**C**) Ein Punkt in der Ebene ist genau dann 1 cm von einem Eckpunkt des Quadrats entfernt, wenn er auf dem Kreis um diesen Eckpunkt mit dem Radius 1 cm liegt. Genau dort, wo sich zwei der Kreise schneiden, liegt ein Punkt, der von zwei Eckpunkten jeweils 1 cm entfernt ist. Aus dem Bild rechts lesen wir ab, dass es genau 12 solche Punkte gibt.
Von den 12 Punkten gehören 8 Punkte zu benachbarten Eckpunkten, und zwar jeweils 2 Punkte, und 4 Punkte zu gegenüberliegenden Eckpunkten, ebenfalls jeweils 2, und das sind genau die beiden jeweils anderen Eckpunkte.

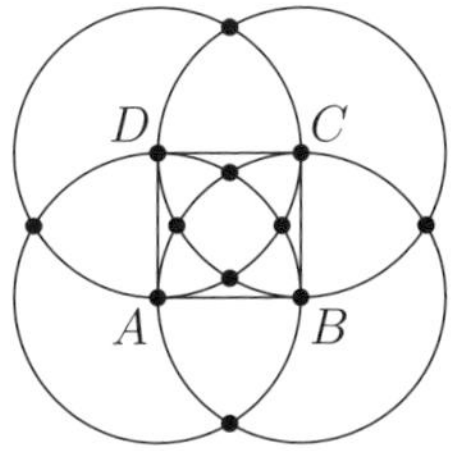

L 4.14 (**A**) Nachdem die Fledermaus Elise sich kopfüber zur Ruhe gehängt hatte, zeigte die Digitaluhr das Umgedrehte von dem, was Elise sah, also 02:02. Sie war von 20:20 Uhr bis Mitternacht 3 Stunden und 40 Minuten unterwegs und danach noch 2 Stunden und 2 Minuten, insgesamt also 5 Stunden und 42 Minuten.

L 4.15 (**B**) Wir drehen in Gedanken jedes Nummernschild um 180° (oder wir drehen einfach das Buch). Nur das Nummernschild bei (**B**) sieht genauso aus, als hätten wir es nicht gedreht. Bei den anderen Nummernschildern steht immer eine Zahl (die 3 oder die 4) oder ein Buchstabe (das B) verkehrt herum.

L 4.16 (**E**) Wem auffällt, dass die Teilflächen bei (**E**) unterschiedlich groß sind, hat die Lösung. Die Quadrate bei (**A**), (**B**), (**C**) und (**D**) sind punktsymmetrisch zum Mittelpunkt und die beiden Teile folglich jeweils gleich.

L 4.17 (**C**) Es gibt viele Möglichkeiten, diese Aufgabe zu lösen. Wer erkennt, dass die drei Zahlen 1, 5 und 7 alle ungerade sind und daher nach dem Drehen drei ungerade oder drei gerade Zahlen zu sehen sein müssen, hat schnell die Lösung (**C**). Wir können aber auch die einander direkt gegenüberliegenden Zahlen nutzen: 1 und 7 (wie abgebildet), 2 und 8, 3 und 9, 4 und 10, 5 und 11 sowie 6 und 12. Ein solches Paar muss zu den drei Zahlen gehören, die gesehen werden können. Also kommen nur (**C**) und (**D**) als Lösung in Frage. Der Abstand der dritten Zahl zu einer der beiden Zahlen ist 2, und das finden wir nur bei (**C**).

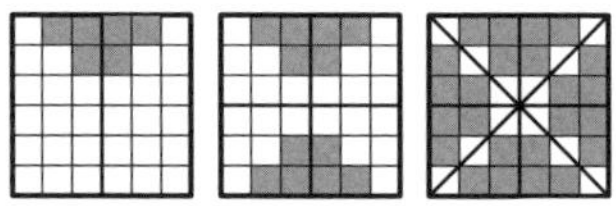

L 4.18 (**E**) Die 4 Symmetrieachsen des fertigen Bildes sind identisch mit den 4 Symmetrieachsen des Quadrats. Wir füllen das Bild Schritt für Schritt und fügen zuerst die an der senkrechten, dann die an der waagerechten und zum Schluss die an den beiden diagonalen Symmetrieachsen gespiegelten Kästchen ein. Insgesamt sind es 21 Kästchen, die zu den 3 grauen Kästchen der Aufgabe dazukommen.

L 4.19 (**D**) Ein Quadrat hat 4 Symmetrieachsen. Für die vertikale Symmetrieachse müssen die beiden Kästchen ausgemalt werden, die zu den bereits ausgemalten Kästchen symmetrisch liegen. Dies gilt ebenso für die horizontale Symmetrieachse und für die diagonale Symmetrieachse, die von links oben nach rechts unten verläuft.
Für die vierte Symmetrieachse steht nur ein Kästchen fest, das sicher ausgemalt werden muss. Als zweites Kästchen muss ein Kästchen ausgemalt werden, das zu sich selbst symmetrisch ist, das heißt auf der Symmetrieachse liegt – dafür gibt es 3 Möglichkeiten. Insgesamt sind es 6 Möglichkeiten.

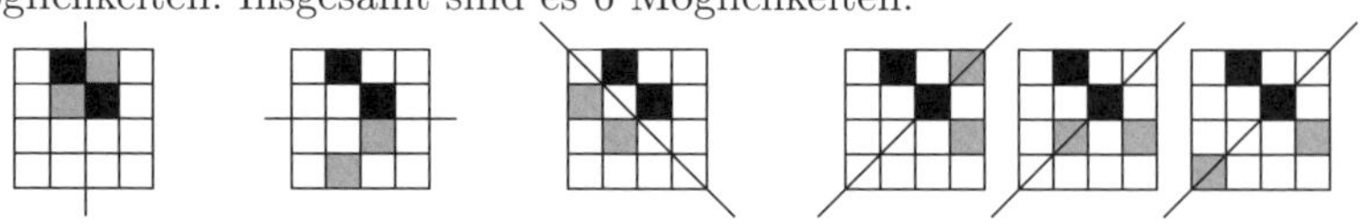

L 4.20 (**A**) Rechts ist dargestellt, wo sich die dicken Linien aus der oberen Hälfte nach dem Falten in der unteren Hälfte befinden. Es entsteht die Zahl 29 wie bei (**A**).

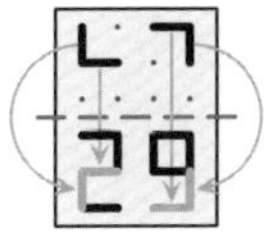

L 4.21 (**D**) Wenn wir das gefaltete Blatt wieder aufklappen, erhalten wir dasselbe Bild als würden wir die Rückseite, wie sie sich unter den Antwortmöglichkeiten befindet, neben die Vorderseite legen. Nur bei (**D**) ergibt sich ein Rechteck.

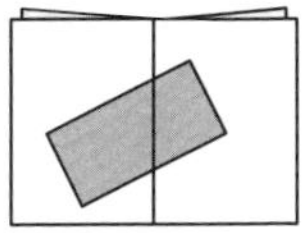

L 4.22 (**B**) Wir markieren die dunklen Kästchen, die nach dem Falten aufeinanderliegen. An 5 Stellen liegen jeweils 2 dunkle Kästchen aufeinander.

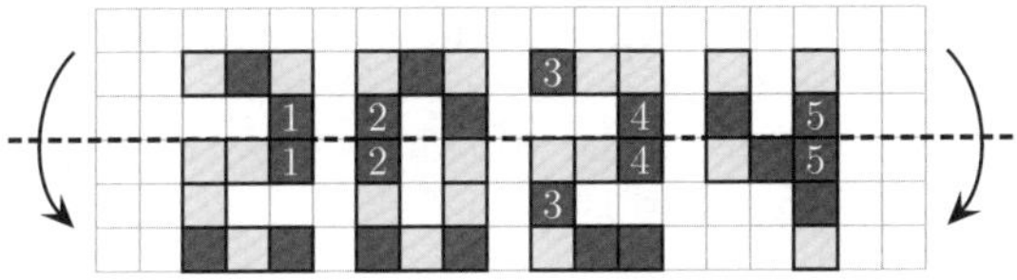

L 4.23 (**B**) Wir zeigen, was nach dem Umklappen der oberen Hälfte und was nach dem Umklappen der linken Hälfte zu sehen ist. Egal in welcher Reihenfolge gefaltet wird, das Ergebnis nach der zweiten Faltung ist in jedem Fall das, was bei (**B**) zu sehen ist.

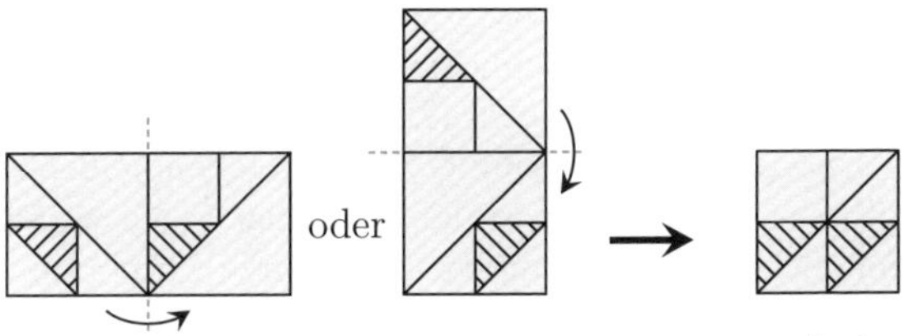

nach der ersten Faltung

nach der zweiten Faltung

L 4.24 (**E**) Die Bilder zeigen, dass aus jedem der 3 Papierstücke das kleine Dreieck gefaltet werden kann. Folglich ist (**E**) die Lösung.

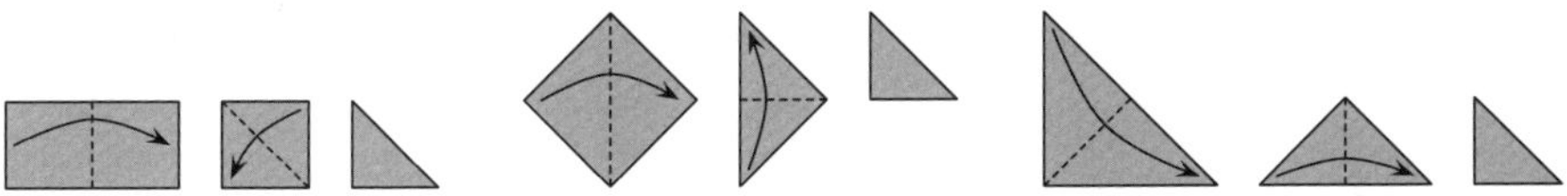

L 4.25 (**E**) Wer von draußen auf die drei Bretter schaut, sieht das einzelne schmale Brett rechts im Fenster und die beiden hintereinanderstehenden Bretter links. Damit fallen die Lösungsmöglichkeiten (**B**) und (**C**) weg. Das lange schwarze Brett steht, von draußen gesehen, vor dem breiten Brett. Damit fällt (**A**) weg. Schließlich ist bei (**D**) das lange schwarze Brett kürzer als das breite Brett, womit auch (**D**) wegfällt. Von draußen ist (**E**) zu sehen.

L 4.26 (**E**) Da die Ente auf beiden Bildern zu sehen ist, ist der Sticker, der der Ente gegenüberliegt, auf beiden Bildern nicht zu sehen. Das trifft nur auf die Fliege zu.

L 4.27 (**B**) Die 2 bleibt während des Rollens vorn links, (**C**) und (**E**) entfallen daher. Rollt der Würfel 4 Kästchen weiter, liegt er wie zu Beginn. Das nächste Kästchen ist das letzte. Dann liegt vorn rechts die 1, was nur in (**B**) zu sehen ist. Am Ende liegt die 3 unten, woraus folgt, dass am Ende die 4 oben liegt, da sie der 3 gegenüberliegt (denn $3 + 4 = 7$). Zum Finden der Lösung ist diese Überlegung aber nicht nötig.

L 4.28 (**E**) Diese Aufgabe lässt sich gut lösen, indem wir den Weg des Würfels rückwärts verfolgen. Die Augenzahl, die am Ende oben liegt, lag vor dem vierten Kippen hinten. Vor dem dritten Kippen lag sie ebenfalls hinten. Vor dem zweiten Kippen lag sie oben. Folglich lag sie vor dem ersten Kippen links und damit gegenüber der 2. Die gesuchte Zahl ist also die 5.

L 4.29 (**A**) Die Pyramide besteht aus 4 weißen und 4 schwarzen Stäben. (**C**) und (**E**) sind also gewiss nicht von oben zu sehen, denn hier sind es unterschiedlich viele weiße und schwarze Stäbe. Es führen 2 benachbarte schwarze Stäbe zur Spitze. Also ist auch (**B**) nicht von oben zu sehen, denn hier liegen sich diese schwarzen Stäbe gegenüber. Zwischen den beiden schwarzen Stäben, die zur Spitze führen, befindet sich in der Grundfläche ein weißer Stab. Also ist auch (**D**) nicht möglich, denn hier bilden 3 schwarze Stäbe ein Dreieck. Bild (**A**) kann Anna-Lena sehen, und zwar, wenn sie hinter der Pyramide steht und von oben auf die Pyramide schaut.
Wer sich den Eckpunkt anschaut, wo die zwei schwarzen Stäbe in der Grundfläche zusammenstoßen, kann das gesuchte Bild etwas schneller finden. An diesem Eckpunkt stößt außerdem ein weißer Stab an. Und das ist nur in (**A**) zu sehen ist.

L 4.30 (**A**) Die Kugel an der Spitze der Pyramide ist von allen 3 Seiten zu sehen. Die zweite Kugel dieser Sorte ist in keiner der Abbildungen zu sehen. Also muss die zweite Kugel dieser Sorte die mit dem Fragezeichen sein.

L 4.31 (**E**) Aus der Ansicht von oben erkennen wir gut, dass die Schnecke von links nach rechts insgesamt eine Länge von 3 Würfel-Seitenlängen kriecht, also $3 \cdot 10\,\text{cm} = 30\,\text{cm}$. Wenn wir uns vorstellen, wie die Pyramide von links und von rechts aussieht (siehe Bild), erkennen wir, dass die Schnecke insgesamt die Länge von 3 Würfel-Seitenlängen nach oben und ebenso die Länge von 3 Würfel-Seitenlängen nach unten kriecht. Das sind auch jeweils 30 cm. Somit ist die gesamte Spur auf der Pyramide $3 \cdot 30\,\text{cm} = 90\,\text{cm}$ lang.

von rechts bzw. links

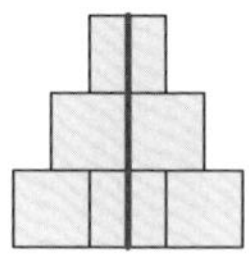

L 4.32 (**E**) Die senkrechten Abschnitte des Weges sind zusammen genauso lang wie die Höhe des Zylinders. Und die horizontalen Abschnitte sind zusammen zweimal so lang wie der Umfang der Grundfläche des Zylinders. Die Länge des Weges beträgt also $1 \cdot 15\,\text{cm} + 2 \cdot 30\,\text{cm} = 75\,\text{cm}$.

L 4.33 (**E**) Wir beobachten, wohin sich die Spitze, die der 1 gegenüberliegt, bei jedem Kippen bewegt. Nur wenn diese Spitze oben ist, liegt das Tetraeder auf der 1. Nach dem ersten Kippen landet diese Spitze auf dem Punkt, den die Felder A, B, C und D gemeinsam haben. Und dort bleibt sie, bis das Tetraeder auf das Feld D gekippt ist. Beim nun folgenden Kippen auf das Feld E kommt diese Spitze wieder nach oben, sodass das Tetraeder – zum ersten Mal – wieder mit der 1 nach unten liegt.

L 4.34 (**D**) Zu jedem Fünfeck gehören 5 Kanten des Fußballs. Es gibt also insgesamt $12 \cdot 5 = 60$ Kanten, die zu einem Fünfeck gehören. Zu jedem Sechseck gehören 3 Kanten, die gleichzeitig auch zu einem Fünfeck gehören. Somit sind es $60 : 3 = 20$ Sechsecke.

L 4.35 (**E**) Wir zählen zunächst die Berührungspunkte innerhalb einer Schicht. Dazu stellen wir uns gedanklich eine Schicht mit $n \times n$ Kugeln vor. Alle Kugeln dieser Schicht haben einen Berührungspunkt auf der rechten Seite mit Ausnahme der n Kugeln ganz rechts. Insgesamt sind das $n^2 - n$ Berührungspunkte. Ebenso haben alle Kugeln dieser Schicht einen Berührungspunkt auf der hinteren Seite mit Ausnahme der n Kugeln ganz hinten. Also gibt es pro Schicht $2 \cdot (n^2 - n)$ Berührungspunkte. Das sind dann $2 \cdot (4^2 - 4) = 24$ in der untersten Schicht, $2 \cdot (3^2 - 3) = 12$ in der nächsten Schicht und $2 \cdot (2^2 - 2) = 4$ in der zweiten Schicht von oben.
Jede Kugel in den 3 oberen Schichten, das sind 14 Kugeln, hat außerdem 4 Berührungspunkte mit den Kugeln der darunter liegenden Schicht. So kommen $4 \cdot 14 = 56$ Berührungspunkte hinzu.
Insgesamt sind es $24 + 12 + 4 + 56 = 96$ Berührungspunkte.

L 4.36 (**E**) Auf den Wegweisern zeigt jeweils ein Pfeil nach links, der andere nach rechts. Die Summe der beiden Kilometerangaben ist die Entfernung der beiden Orte voneinander. Auf den Wegweisern (**A**), (**B**), (**C**) und (**D**) ist die Entfernung von Allzunah bis zur Teufelsbuche jeweils mit 11 km angegeben. Bei (**E**) würde sie $9\,\text{km} + 4\,\text{km} = 13\,\text{km}$ betragen, das ist der falsche Wegweiser.

L 4.37 (**A**) Beim ersten Schild ist Letzau noch 9 km entfernt, beim zweiten nur noch 4 km. Also läuft Steffi vom ersten Schild zum zweiten Schild 5 km. Dabei passiert sie Theisseil laut dem ersten Schild nach 4 km, also erreicht sie das zweite Schild 1 km nach Theisseil. Folglich steht auf dem abgebrochenen Teil 1 km.

L 4.38 (**A**) Für jede der drei Routen ergänzen sich die Längen der Wegabschnitte am rechten und linken Parkrand zur Länge einer Dreiecksseite des Parks. Die Längen der drei Routen unterscheiden sich darin, welche Querwege benutzt werden. Diese werden von oben nach unten länger, also ist (**A**) $P < R < Q$ richtig.

L 4.39 (**B**) Die Strecke, bei der Tim mit dem Zeichnen beginnt, und die Strecke, bei der er endet, muss Tim nur einmal zeichnen. Die anderen vier Strecken muss er doppelt zeichnen, nämlich einmal von der Mitte zur Spitze und wieder zurück. So wenig wie möglich zeichnet Tim doppelt, wenn er möglichst kurze Strecken doppelt zeichnet, also die drei 1-cm-Strecken und eine 2-cm-Strecke. Tims Stift muss dann $2 \cdot (3 \cdot 1\,\text{cm} + 2\,\text{cm}) + 2\,\text{cm} + 3\,\text{cm} = 15\,\text{cm}$ zurücklegen.

L 4.40 (**E**) Im Bild rechts sind einige Punkte, an denen sich Kim und Tiko gleichzeitig befinden, mit derselben Zahl markiert. Kim und Tiko treffen sich am Punkt E.

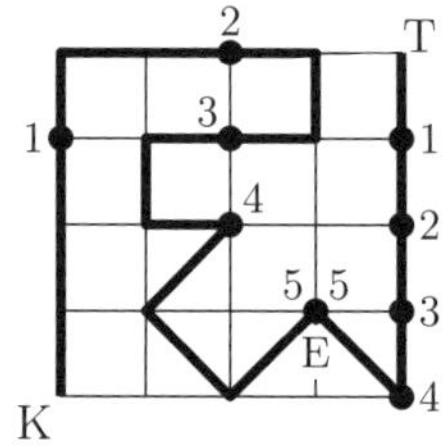

L 4.41 (**C**) Wir bestimmen die Reihenfolge der Punkte auf der Geraden und beginnen dafür mit B und C, weil sie die geringste Entfernung voneinander haben und alle anderen Punkte links oder rechts von der Strecke $\overline{BC}$ liegen müssen. B und C liegen 5 cm voneinander entfernt. Der Punkt A kann nicht auf der Verlängerung von $\overline{BC}$ über B hinaus liegen, weil dann – je nachdem, ob D links oder rechts von A liegt – wegen $|AD| = 6\,\text{cm}$ der Abstand $|DC| = 18\,\text{cm}$ oder $|DC| = 6\,\text{cm}$ wäre. Also liegt A auf der Verlängerung von $\overline{BC}$ über C hinaus. Der Punkt D, da er nicht zwischen B und C liegt, muss auf der Verlängerung von $\overline{CA}$ über A hinaus liegen. Dann sind alle Abstände in Ordnung, und B und D sind die am weitesten voneinander entfernten Punkte.

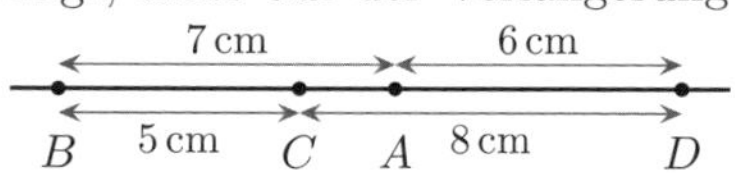

L 4.42 (**D**) Der gesuchte Abstand ist $\frac{1}{2}|AB| + |BC| + \frac{1}{2}|CD|$, was wir geschickt umformen, um das Ergebnis zu erhalten:

$$\begin{aligned}\frac{1}{2}|AB| + |BC| + \frac{1}{2}|CD| &= \frac{1}{2}|AB| + \frac{1}{2}|BC| + \frac{1}{2}|BC| + \frac{1}{2}|CD| \\ &= \frac{1}{2}(|AB| + |BC|) + \frac{1}{2}(|BC| + |CD|) \\ &= \frac{1}{2}|AC| + \frac{1}{2}|BD| \\ &= 6\,\text{cm} + 9\,\text{cm} \\ &= 15\,\text{cm}\end{aligned}$$

L 4.43 (**D**) Wir wenden in den Dreiecken BCA und CDA jeweils die Dreiecksungleichung an. Im Dreieck BCA gilt $7\,\text{cm} - 2\,\text{cm} < |AC| < 7\,\text{cm} + 2\,\text{cm}$, also $5\,\text{cm} < |AC| < 9\,\text{cm}$. Im Dreieck CDA gilt $4\,\text{cm} - 3\,\text{cm} < |AC| < 4\,\text{cm} + 3\,\text{cm}$, also $1\,\text{cm} < |AC| < 7\,\text{cm}$. Zusammen ergibt sich $5\,\text{cm} < |AC| < 7\,\text{cm}$. Da alle Kanten ganzzahlige Längen in cm haben, muss $|AC| = 6\,\text{cm}$ gelten.

L 4.44 (**D**) Aus dem Bild entnehmen wir, dass die lange Rechtecksseite genauso lang ist wie eine kurze Rechtecksseite und zwei Quadratseiten zusammen. Also sind zwei Quadratseiten zusammen $23\,\text{cm} - 11\,\text{cm} = 12\,\text{cm}$ lang. Die schwarzen Quadrate haben somit die Seitenlänge $12\,\text{cm} : 2 = 6\,\text{cm}$.

L 4.45 (**B**) Die Seitenlänge des kleinsten der drei quadratischen Beete beträgt $10\,\text{m} - 8\,\text{m} = 2\,\text{m}$ und die des größten beträgt $10\,\text{m} - 5{,}50\,\text{m} = 4{,}50\,\text{m}$. Folglich ist die Seitenlänge des mittleren quadratischen Beetes $10\,\text{m} - 2\,\text{m} - 4{,}50\,\text{m} = 3{,}50\,\text{m}$. Der Weg ist dementsprechend $10\,\text{m} - 3{,}50\,\text{m} = 6{,}50\,\text{m}$ lang.

L 4.46 (**B**) Neben dem kleinen grauen Dreieck gibt es zwei weitere Dreiecke mit der Seitenlänge 1 cm. Die Seitenlänge der beiden nächstgrößeren Dreiecke ist die Summe von zwei Seitenlängen der kleinsten Dreiecke, also 2 cm. Die Seitenlänge der nächstgrößeren Dreiecke ist jeweils die Summe der Seitenlängen der beiden angrenzenden kleineren Dreiecke, der Reihe nach also $(2\,\text{cm} + 1\,\text{cm} =)\,3\,\text{cm}$, $(3\,\text{cm} + 1\,\text{cm} =)\,4\,\text{cm}$, $(4\,\text{cm} + 1\,\text{cm} =)\,5\,\text{cm}$, $(5\,\text{cm} + 2\,\text{cm} =)\,7\,\text{cm}$ und schließlich $(7\,\text{cm} + 2\,\text{cm} =)\,9\,\text{cm}$. Das ist die gesuchte Seitenlänge des großen grauen Dreiecks.

L 4.47 (**A**) In den beiden mittleren Bildern ist zu erkennen, dass der linke Tisch 100 cm länger ist als er breit ist. Also ist die gesuchte Länge 100 cm größer als die Längenangabe im Bild ganz links, das heißt $230\,\text{cm} + 100\,\text{cm} = 330\,\text{cm}$.

L 4.48 (**B**) Da gegenüberliegende Seiten des Sechsecks parallel zueinander sind, sind die sechs kleinen Dreiecke außerhalb des Sechsecks gleichseitig (z. B. sind die jeweils gleich markierten Winkel im Bild Stufenwinkel, also sind sie alle 60° groß, da die großen Dreiecke gleichseitig sind). Folglich hat das große Dreieck mit der Spitze oben die Seitenlänge $6\,\text{cm} + 15\,\text{cm} + 11\,\text{cm} = 32\,\text{cm}$, und die sechste Sechsecksseite ist $x = 32\,\text{cm} - 6\,\text{cm} - 9\,\text{cm} = 17\,\text{cm}$ lang.

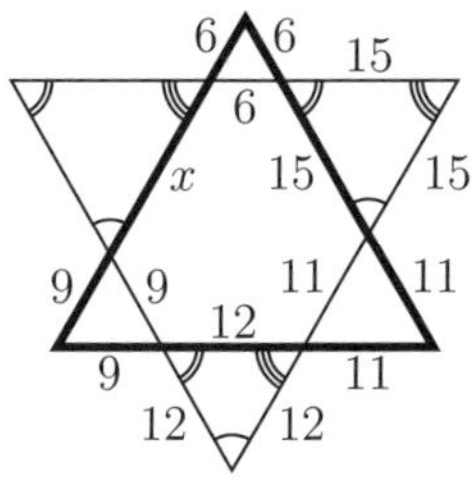

L 4.49 (**E**) Das Viereck $WUSV$ ist ein Trapez. Sein Flächeninhalt lässt sich als $\frac{|UW| + |SV|}{2} \cdot |SU|$ berechnen. Nach Voraussetzung ist dieser Flächeninhalt $\frac{1}{3}\,\text{cm}^2$, und es gilt $|SU| = |UW| = \frac{1}{2}\,\text{cm}$. Damit folgt $\frac{1}{3}\,\text{cm}^2 = \frac{|UW| + |SV|}{2} \cdot |SU| = \frac{\frac{1}{2}\,\text{cm} + |SV|}{2} \cdot \frac{1}{2}\,\text{cm} = \frac{1}{8}\,\text{cm}^2 + \frac{1}{4}|SV|\,\text{cm}$. Also gilt $|SV| = 4 \cdot \left(\frac{1}{3} - \frac{1}{8}\right)\,\text{cm} = \frac{5}{6}\,\text{cm}$.

L 4.50 (**E**) Wir bezeichnen die Länge der langen Seite eines der kleinen Rechtecke mit a und die Länge der kurzen Seite mit b. Die Seite $\overline{AB}$ hat die Länge $3a$, was dasselbe wie $4b$ ist, da die Seiten $\overline{AB}$ und $\overline{CD}$ gleich lang sind. Die Länge der Seite $\overline{BC}$ ist gegeben, also gilt $a + b = 42\,\text{cm}$. Wenn wir diese Gleichung mit 3 multiplizieren, erhalten wir $3a + 3b = 3 \cdot 42\,\text{cm}$ und können ausnutzen, dass $3a = 4b$ gilt. Wir erhalten $4b + 3b = 3 \cdot 42\,\text{cm}$, woraus $7b = 3 \cdot 42\,\text{cm}$ und schließlich $b = 3 \cdot 6\,\text{cm} = 18\,\text{cm}$ folgt. Die Seite $\overline{AB}$ ist somit $4 \cdot 18\,\text{cm} = 72\,\text{cm}$ lang.

L 4.51 (**E**) Mit H bezeichnen wir den Fußpunkt der Höhe von A auf $\overline{BC}$. Wir stellen zuerst fest, dass $\measuredangle CBA = 180° - 60° - 75° = 45°$ ist. Dann schließt die Höhe $\overline{AH}$ mit $\overline{BA}$ auch einen Winkel von $45°$ ein und BHA ist ein gleichschenkligrechtwinkliges Dreieck. Die treppenförmige Linie über $\overline{BA}$ hat dieselbe Länge wie die Summe der beiden Katheten von BHA, also $2 \cdot |\overline{AH}|$. Das Dreieck HCA ist rechtwinklig bei H und hat bei C einen Winkel von $60°$. Es ist also die Hälfte eines gleichseitigen Dreiecks mit der Höhe $\overline{AH}$. Da $|\overline{CA}| = 1$ ist, ist $|\overline{AH}| = \frac{1}{2}\sqrt{3}$. Folglich ist die Länge der treppenförmigen Linie $\sqrt{3}$.

L 4.52 (**A**) Es stehen bereits $120\,\text{m} + 70\,\text{m} + 100\,\text{m} = 290\,\text{m}$ Zaun. Jedes Stück Zaun liegt einem Rand ohne Zaun gegenüber und auch jedes unbezaunte Stück Rand liegt einem Rand mit Zaun gegenüber. Also fehlt genauso viel Zaun, wie bereits steht. Der Zaun wird insgesamt $2 \cdot 290\,\text{m} = 580\,\text{m}$ lang.

L 4.53 (**C**) Sowohl bei den beiden oberen als auch bei den beiden unteren Rechtecken sind die Längen der vertikalen Seiten gleich und die Längen der beiden horizontalen Seiten unterscheiden sich in Summe genau um so viel wie die beiden Umfänge. Also ist der gesuchte Umfang um $24\,\text{cm} - 16\,\text{cm} = 8\,\text{cm}$ kürzer als der Umfang des Rechtecks rechts unten. Er beträgt folglich $18\,\text{cm} - 8\,\text{cm} = 10\,\text{cm}$.

Lösungsvariante: Wer sieht, dass sich aus den Seiten von zwei jeweils diagonal gegenüberliegenden kleinen Rechtecken genau der Umfang des großen Rechtecks zusammensetzen lässt, kann den gesuchten Umfang auch so berechnen: $(16\,\text{cm} + 18\,\text{cm}) - 24\,\text{cm} = 10\,\text{cm}$.

L 4.54 (**C**) Indem wir die Strecken wie im Bild verlängern, zerlegen wir das gleichseitige Dreieck in kleinere gleichseitige Dreiecke und Parallelogramme. Da in gleichseitigen Dreiecken alle Seiten und in Parallelogrammen gegenüberliegende Seiten gleich lang sind, sehen wir zum Beispiel, dass sich die linke Seite des großen Dreiecks aus Strecken der Längen 6 cm, 2 cm und 3 cm zusammensetzt und folglich $6\,\text{cm} + 2\,\text{cm} + 3\,\text{cm} = 11\,\text{cm}$ lang ist. Der Umfang des großen gleichseitigen Dreiecks ist also $3 \cdot 11\,\text{cm} = 33\,\text{cm}$ lang.

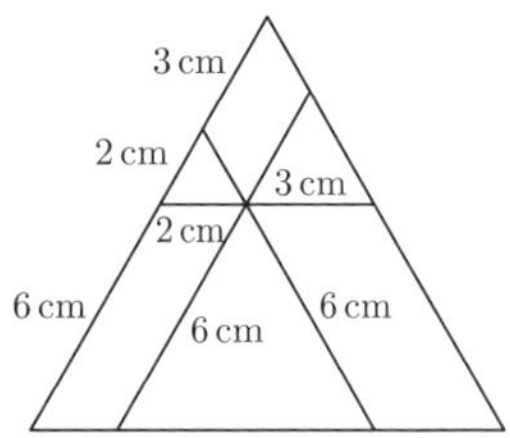

L 4.55 (B) Die Länge der äußeren Begrenzungslinie der Figur ist in der Summe der Umfänge der Gebiete am Rand, also von A, B, C, D und E, enthalten. Diese Summe enthält zusätzlich die Länge der im Bild gestrichelt gezeichneten Linie. Die Länge der gestrichelten Linie ist wiederum in der Summe der Umfänge der Gebiete F, G und H enthalten, welche zusätzlich den Umfang des Gebiets K enthält (gepunktet gezeichnet). Folglich ist die Länge der gestrichelten Linie in cm gleich $(7+3+10)-4=16$ und damit ist die Länge der äußeren Begrenzungslinie in cm gleich $(12+11+9+4+6)-16=26$.

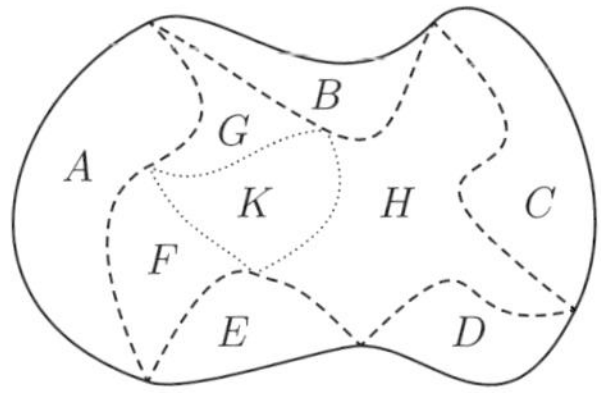

L 4.56 (B) Die 10 Kuchenstücke sind gleich groß. Somit ist der Winkel an der Spitze jedes Kuchenstücks $360° : 10 = 36°$ groß. Da nun ein Stück fehlt, ist die Summe der 9 Winkel zwischen zwei benachbarten der restlichen 9 Stücke gleich 36°. Und da die 9 Stücke so angeordnet sind, dass die Lücken zwischen benachbarten Stücken alle gleich groß sind, ist der Winkel zwischen zwei benachbarten Stücken jeweils $36° : 9 = 4°$ groß.

L 4.57 (D) Im Stern, der in der Aufgabe abgebildet ist, treffen in der Mitte 5 der größeren spitzen Winkel zusammen, also muss der größere spitze Winkel jeweils $360° : 5 = 72°$ groß sein. Der kleinere spitze Winkel ist folglich $180° - 90° - 72° = 18°$ groß. Da $360° : 18° = 20$ ist, lassen sich 20 dieser Dreiecke mit den kleineren spitzen Winkeln in der Mitte zusammenlegen. Es entsteht die rechts abgebildete Figur.

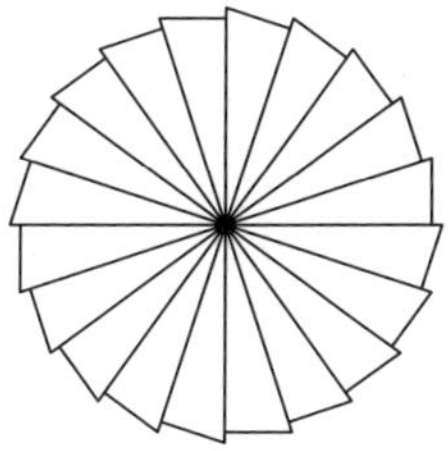

L 4.58 (B) In der Mitte bilden 10 der kleineren Innenwinkel der dunklen Rauten einen Vollwinkel. Der kleinere Innenwinkel der dunklen Rauten ist also $360° : 10 = 36°$ groß. Die anderen kleineren Innenwinkel der dunklen Rauten bilden, jeweils mit drei der größeren Innenwinkel der hellen Rauten einen Vollwinkel, wie rechts abgebildet. Der größere Innenwinkel der hellen Rauten ist also $(360° - 36°) : 3 = 108°$ groß.

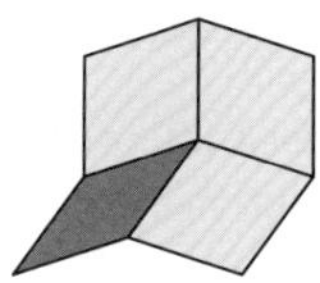

L 4.59 (B) Das entstandene Viereck ist ein Trapez mit zwei rechten Winkeln. Der Innenwinkel oben links im Quadrat wird durch die Diagonale halbiert und der halbe Winkel wird durch die Faltung ein weiteres Mal halbiert. Der kleinste Innenwinkel in dem Trapez ist folglich $45° + \frac{1}{2} \cdot 45° = 67{,}5°$ groß. Also ist der größte Innenwinkel $360° - 2 \cdot 90° - 67{,}5° = 112{,}5°$ groß.

L 4.60 (**A**) Der Scheitelpunkt des markierten Winkels sei X. Wir bestimmen die Innenwinkel des Vierecks $NKXS$. Der Winkel bei K ist ein Innenwinkel des Quadrats $KLMN$, also 90° groß. Der Winkel bei S ist ein Innenwinkel des regelmäßigen Sechsecks $NOPQRS$, also 120° groß. Das erkennen wir, da ein regelmäßiges Sechseck aus sechs gleichseitigen Dreiecken zusammengesetzt werden kann, wobei an jeder Ecke des Sechsecks zwei solcher Dreiecke zusammenstoßen. Der Winkel bei N wird im Quadrat $KLMN$ von einer Seite und einer Diagonalen eingeschlossen und ist somit 45° groß, da die Diagonale den 90°-Winkel KNM halbiert. Mithilfe des Innenwinkelsatzes für Vierecke können wir nun die Größe des markierten Winkels berechnen: $360° - 90° - 120° - 45° = 105°$.

L 4.61 (**C**) Wir bezeichnen die auf dem Halbkreis liegenden Punkte wie in der Zeichnung. Die Strecken $\overline{MB}$, $\overline{MC}$ und $\overline{MD}$ sind Radien des Halbkreises und die Dreiecke CMB und DMC somit gleichschenklig. Damit ist $\measuredangle MCB = 67°$ und $\measuredangle DCM = 32°$. Und da $\measuredangle ACB = 90°$ ist, gilt $\alpha + 90° = \measuredangle DCB = \measuredangle MCB + \measuredangle DCM$, woraus $\alpha = 67° + 32° - 90° = 9°$ folgt.

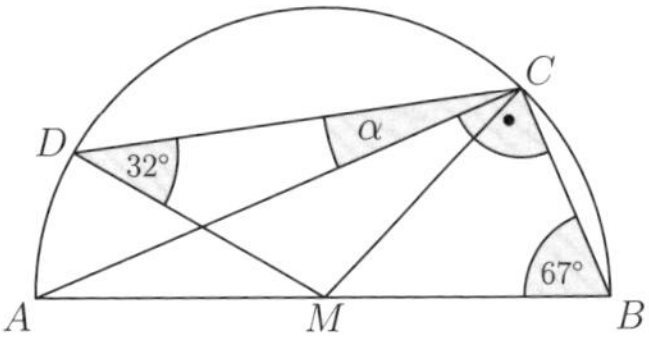

L 4.62 (**E**) Im Viereck $CDEF$ (siehe Bild) sind der rechte Winkel bei E, der vorgegebene 65°-Winkel bei D und der Innenwinkel des gleichseitigen Dreiecks bei C bekannt. Also gilt $\measuredangle CFE = 360° - 90° - 65° - 60° = 145°$. Von den Winkeln im Dreieck GFH kennen wir den rechten Winkel bei G und den Winkel $\measuredangle HFG$ bei F, der Nebenwinkel von $\measuredangle CFH = \measuredangle CFE$ und somit $180° - 145° = 35°$ groß ist. Daraus folgt für den mit dem Fragezeichen markierten Winkel: $\measuredangle GHE = \measuredangle GHF = 180° - 90° - 35° = 55°$.

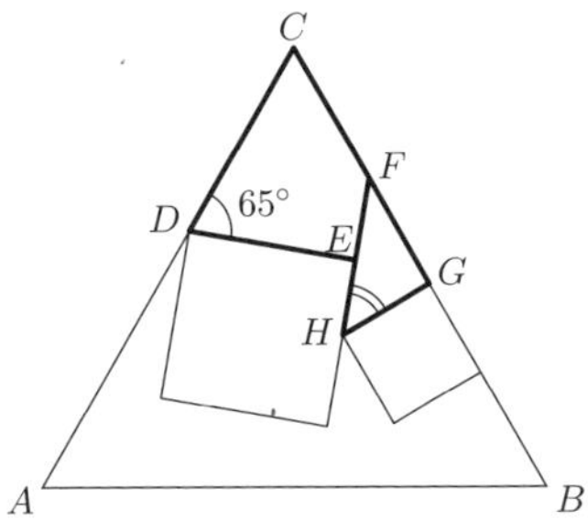

L 4.63 (**C**) Die gesuchte Winkelsumme können wir finden, wenn wir – was möglicherweise nicht unmittelbar auffällt – bemerken, dass $ABCDEFGHIJ$ ein Zehneck ist. Die Winkelsumme im Zehneck ist $(10 - 2) \cdot 180° = 1440°$, und wenn wir die Summe der vier rechten Winkel bei A, H, I und J subtrahieren, erhalten wir die gesuchte Summe der 6 markierten Winkel: $1440° - 4 \cdot 90° = 1080°$.

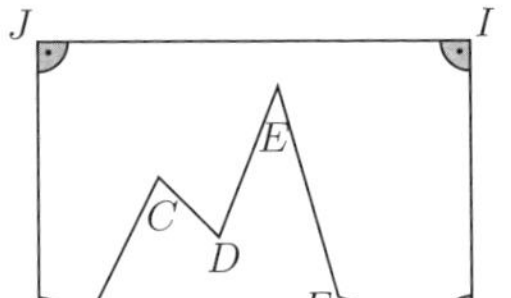

Lösungsvariante: Indem wir durch die Punkte B bis G Parallelen zu AJ ziehen, erhalten wir zwei Rechtecke am Rand und 5 Trapeze im Inneren, deren untere zwei Winkel immer zusammen 180° ergeben. Die gesuchte Summe ist die Summe aus $5 \cdot 180°$ (von den 5 Trapezen) und der Größe von zwei rechten Winkeln (von den Rechtecken), also $5 \cdot 180° + 2 \cdot 90° = 6 \cdot 180° = 1080°$.

L 4.64 (**E**) Wir ziehen Parallelen zu den Schenkeln der Winkel α bzw. β durch den Scheitelpunkt S des Winkels γ. Die dick markierten äußeren Strahlen durch S verlaufen entlang der Diagonalen der kleinen Quadrate, die jeweils die 90°-Innenwinkel der Quadrate halbieren. Folglich stehen die dick markierten Strahlen durch S senkrecht aufeinander und es folgt $\alpha + \beta + \gamma = 90°$.

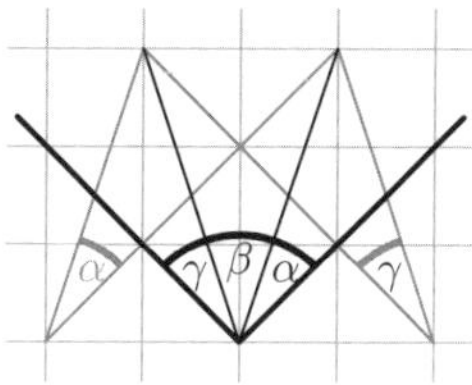

L 4.65 (**C**) Der Lichtstrahl schließt bei E mit dem oberen Spiegel einen Winkel der Größe α ein, da er parallel zum unteren Spiegel verläuft. In E gilt für den Winkel zwischen reflektiertem Lichtstrahl und Spiegel folglich $\measuredangle DEC = \alpha$, und der Winkel zwischen einfallendem und reflektiertem Lichtstrahl ist $180° - 2\alpha$ groß. In C haben die beiden Winkel zwischen Lichtstrahl und Spiegel die Größe 2α. Nun folgt der Reihe nach: $\measuredangle ECD = 180° - 4\alpha$ (gestreckter Winkel), $\measuredangle CDE = 3\alpha$ (Innenwinkelsumme im Dreieck), $\measuredangle ADB = 3\alpha$ (Reflexion), $\measuredangle BDC = 180° - 6\alpha$ (gestreckter Winkel), $\measuredangle CBD = 4\alpha$ (Innenwinkelsumme im Dreieck). Also gilt $4\alpha = 90°$, d. h. $\alpha = 22{,}5°$.

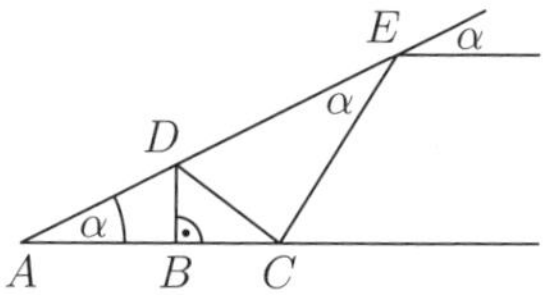

Das Prinzip, wie der Lichtstrahl reflektiert wird, lässt sich gut darstellen, indem wir nacheinander zuerst am oberen Spiegel spiegeln, dann am Spiegelbild des unteren Spiegels usw. Dann erscheint der Lichtstrahl als Verlängerung des einfallenden Strahls und wir sehen, dass $4\alpha = 90°$ gilt.

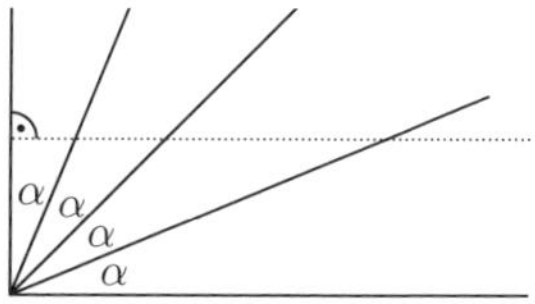

L 4.66 (**A**) In Figur (**A**) sind zwei ganze und zwei halbe Kästchen weiß, was drei ganzen Kästchen entspricht. In jeder der anderen Figuren entspricht die weiße Fläche drei ganzen und einem halben Kästchen. Bei (**A**) ist am wenigsten weiß, also die graue Fläche am größten.

L 4.67 (**E**) Wir zerlegen das Quadrat wie abgebildet in 3 Teile, von denen jedes zur Hälfte grau ist. Der gesuchte Anteil ist $\frac{1}{2}$.

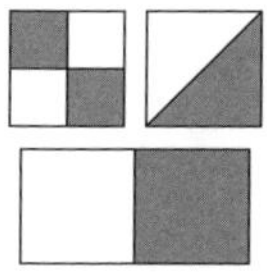

L 4.68 (**C**) Da die sechs spitzen Winkel der Rauten sich um den Mittelpunkt zu einem Vollwinkel ergänzen, sind sie jeder 60° groß. Demzufolge sind die stumpfen Winkel der Rauten 120° groß. Verbinden wir die Spitzen des Sterns mit dem Mittelpunkt, wird jede Raute halbiert und wir erhalten 12 graue Dreiecke, jeweils mit dem Flächeninhalt $2{,}5\,\text{cm}^2$. Der stumpfe Winkel eines jeden weißen Dreiecks ergänzt sich mit den beiden stumpfen Winkeln der benachbarten grauen Dreiecke zu 360°, ist also ebenfalls 120° groß. Folglich sind die weißen Dreiecke und die grauen Dreiecke zueinander kongruent (sws). Der Flächeninhalt des Sechsecks beträgt also $(12 + 6) \cdot 2{,}5\,\text{cm}^2 = 45\,\text{cm}^2$.

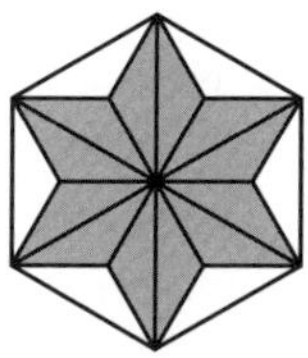

L 4.69 (**D**) In jedem der vier Rechtecke befindet sich ein rechtwinkliges graues Dreieck. Die Katheten sind bei jedem dieser Dreiecke halb so lang wie die Seiten des umgebenden Rechtecks. Also beträgt der Flächeninhalt jedes dieser Dreiecke $\frac{1}{8}$ des Flächeninhalts des umgebenden Rechtecks. Das lässt sich auch durch Zerlegen zeigen, wie für das rechte untere Rechteck rechts zu sehen ist. Folglich ist der Flächeninhalt des Quadrats 8-mal so groß wie der Flächeninhalt des grauen Vierecks: $8 \cdot 3\,\text{cm}^2 = 24\,\text{cm}^2$.

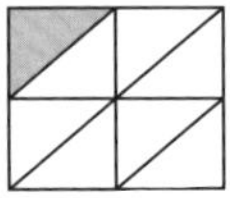

L 4.70 (**D**) Wir zerlegen das Rechteck wie abgebildet in acht Streifen. Da M und N die Mittelpunkte der linken und der rechten Seite sind, ist bei jedem Streifen $\frac{1}{4}$ der Fläche grau gefärbt. Also ist auch beim gesamten Rechteck $\frac{1}{4}$ der Fläche grau gefärbt.

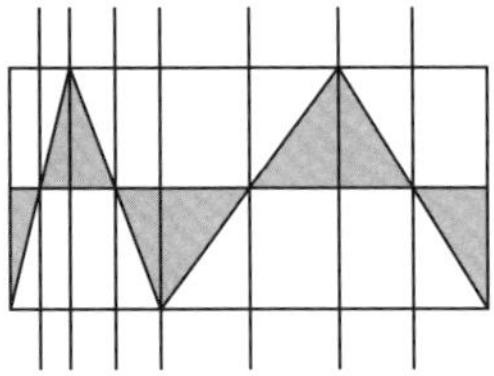

Lösungsvariante: Die Länge der oberen Seite des Rechtecks sei a und die Länge der linken Seite sei b. Weil M und N die Mittelpunkte der linken und der rechten Seite sind, haben alle grauen Dreiecke dieselbe Höhe, nämlich $\frac{b}{2}$. Der gesamte Flächeninhalt der grauen Dreiecke ist das halbe Produkt aus der Summe der Grundseiten multipliziert mit ihrer Höhe, das heißt $\frac{1}{2} \cdot a \cdot \frac{b}{2} = \frac{ab}{4}$, also ein Viertel des Flächeninhalts des Rechtecks.

L 4.71 (**A**) Wir zeichnen die zweite Diagonale des Quadrats ein. Dann gilt wegen der Symmetrie: Die beiden mit A beschrifteten Felder sind zueinander kongruent und die beiden mit B beschrifteten Felder sind zueinander kongruent. Der Flächeninhalt der grauen Fläche ist somit im rechts abgebildeten Quadrat genauso groß wie im links abgebildeten. Der Flächeninhalt der grauen Fläche ist folglich ein Viertel des Flächeninhalts des Quadrats, also $(6\,\text{cm})^2 : 4 = 9\,\text{cm}^2$.

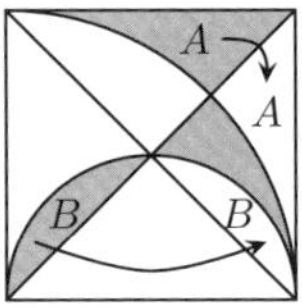

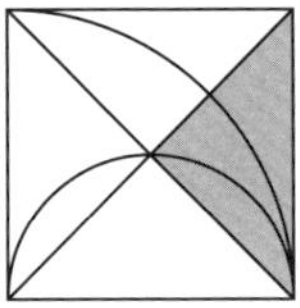

L 4.72 (**B**) Den Flächeninhalt der Fläche links der beiden Wege bezeichnen wir mit X. Dann ist $X + A + C$ der Flächeninhalt des Teils, das links des schwarzen Weges liegt, und $X + B + D$ ist der Flächeninhalt des Teils, das links des grauen Weges liegt. Beide Teile sind jeweils halb so groß wie die gesamte Fläche, insbesondere sind diese beiden Teile gleich groß. Somit gilt $X + A + C = X + B + D$, das heißt $A + C = B + D$.

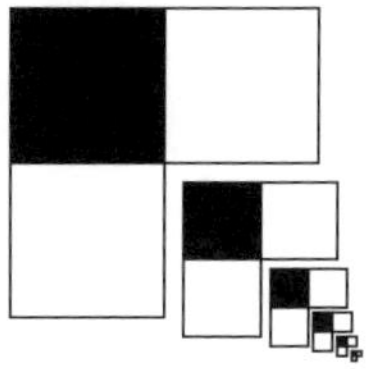

L 4.73 (A) Wir zerlegen das Quadrat so, wie es rechts dargestellt ist. Von jeder der Teilflächen ist offenbar ein Drittel der Fläche schwarz. Also ist auch insgesamt ein Drittel der Fläche schwarz, das heißt $84\,\text{cm}^2 : 3 = 28\,\text{cm}^2$.

Lösungsvariante: Wer bereits die geometrische Reihe kennt, kann den gesuchten Flächeninhalt als Wert der Reihe berechnen, die durch Summieren der Flächeninhalte der schwarzen Quadrate entsteht. Der Flächeninhalt des größten schwarzen Quadrats ist $84\,\text{cm}^2 : 4 = 21\,\text{cm}^2$. Der Flächeninhalt jedes folgenden beträgt immer ein Viertel des nächstgrößeren schwarzen Quadrats. Also ist der gesuchte Flächeninhalt gleich

$$\sum_{n=0}^{\infty} \frac{21\,\text{cm}^2}{4^n} = 21\,\text{cm}^2 \cdot \sum_{n=0}^{\infty} \left(\frac{1}{4}\right)^n = 21\,\text{cm}^2 \cdot \frac{1}{1-\frac{1}{4}} = 21\,\text{cm}^2 \cdot \frac{4}{3} = 28\,\text{cm}^2.$$

L 4.74 (A) Von den vier möglichen Dreiecken kommen für das kleinste Dreieck nur die beiden Dreiecke in Frage, die die beiden Punkte oben links als Eckpunkte haben. Wählen wir die Strecke zwischen diesen beiden Punkten als Grundseite, dann hat das Dreieck, das aus den drei oberen Punkten gebildet wird, eine kleinere Höhe als das andere Dreieck und somit den kleineren Flächeninhalt. Also beträgt der kleinste Flächeninhalt eines solchen Dreiecks $\frac{1}{2} \cdot 5\,\text{mm} \cdot 5\,\text{mm} = 12{,}5\,\text{mm}^2$.

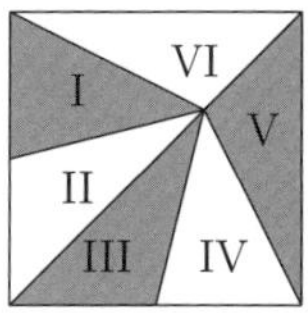

L 4.75 (D) Der Flächeninhalt eines Dreiecks ist die Hälfte des Produkts aus Grundseite und zugehöriger Höhe. Für die Dreiecke III und IV wählen wir als Grundseite jeweils die untere Dreiecksseite. Da die beiden Dreiecke den gleichen Flächeninhalt und gleiche Höhen haben, sind ihre Grundseiten gleich lang, und somit halb so lang wie die Quadratseite. Das Dreieck VI hat im Vergleich zu Dreieck IV eine doppelt so lange Grundseite und muss deshalb eine halb so große Höhe haben. Der Abstand des Treffpunkts der 6 Dreiecke ist also halb so weit von der oberen Quadratseite entfernt wie von der unteren. Sein Abstand zur unteren Quadratseite beträgt somit $\frac{2}{3}$ von 15 cm, also 10 cm.

Lösungsvariante: Der Flächeninhalt des Quadrats beträgt $15^2\,\text{cm}^2$, also hat jedes Dreieck einen Flächeninhalt von $\frac{15^2\,\text{cm}^2}{6}$. Der Flächeninhalt eines Dreiecks ist die Hälfte des Produkts aus der Länge der Grundseite und der zugehörigen Höhe. Wählen wir im oberen Dreieck als Grundseite die Quadratseite, so ist die Länge der zugehörigen Höhe $\frac{15^2\,\text{cm}^2}{6} \cdot 2 : (15\,\text{cm}) = 5\,\text{cm}$. Also ist der Treffpunkt der 6 Dreiecke von der unteren Quadratseite $15\,\text{cm} - 5\,\text{cm} = 10\,\text{cm}$ entfernt.

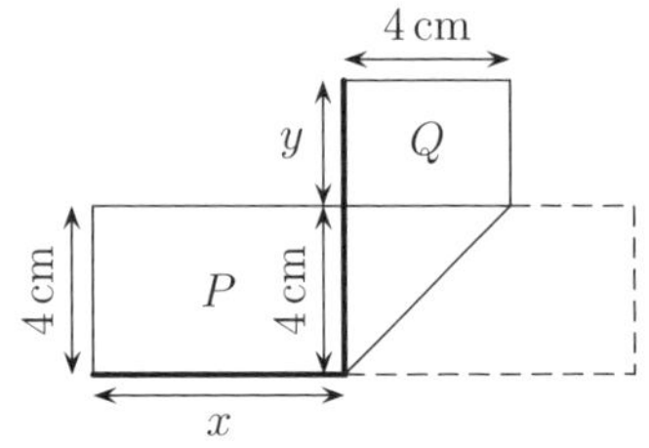

L 4.76 (**C**) Wir sehen, dass die kurze Seite des Streifens jeweils so lang wie eine Seitenlänge der Rechtecke ist. Die gesamte Länge des Streifens lässt sich in die beiden Seitenlängen x und y der Rechtecke aufteilen und in die Länge der Überlappung, die der Länge der kurzen Seite des Papierstreifens entspricht. Also ist $13\,\text{cm} = x+y+4\,\text{cm}$. Da $P = 2Q$ ist und beide Rechtecke eine Seite haben, die 4 cm lang ist, folgt $x = 2y$ und somit $y = 0{,}5x$. Einsetzen in die erste Gleichung führt zu $9\,\text{cm} = 1{,}5x$. Damit ist $x = 9\,\text{cm} : 1{,}5 = 6\,\text{cm}$.

L 4.77 (**A**) Da die 4 kleineren Dreiecke denselben Flächeninhalt haben, ist ihr Flächeninhalt jeweils ein Viertel des Flächeninhalts des Dreiecks ABC. Die Dreiecke BDA und ABC haben dieselbe Höhe auf die Grundseiten $\overline{AD}$ bzw. $\overline{AC}$. Bezeichnen wir diese mit h_1, so erhalten wir mit der Flächeninhaltsformel für Dreiecke $\frac{1}{2} \cdot |AD| \cdot h_1 = \frac{1}{4} \cdot \frac{1}{2} \cdot |AC| \cdot h_1$. Daraus folgt $|AD| = \frac{1}{4} \cdot |AC|$, also $|AD| = \frac{1}{4} \cdot 120\,\text{cm} = 30\,\text{cm}$. Die Strecke $\overline{CD}$ ist somit $120\,\text{cm} - 30\,\text{cm} = 90\,\text{cm}$ lang. Dasselbe Prinzip wenden wir auf die beiden Dreiecke ECF und EFD an. Sie haben denselben Flächeninhalt und dieselbe Höhe h_2 auf die Grundseiten $\overline{CF}$ bzw. $\overline{DF}$, also gilt $\frac{1}{2} \cdot |CF| \cdot h_2 = \frac{1}{2} \cdot |DF| \cdot h_2$, woraus $|CF| = |DF|$ folgt. Also ist die Strecke $\overline{CF}$ halb so lang wie die Strecke $\overline{CD}$, das heißt $90\,\text{cm} : 2 = 45\,\text{cm}$.

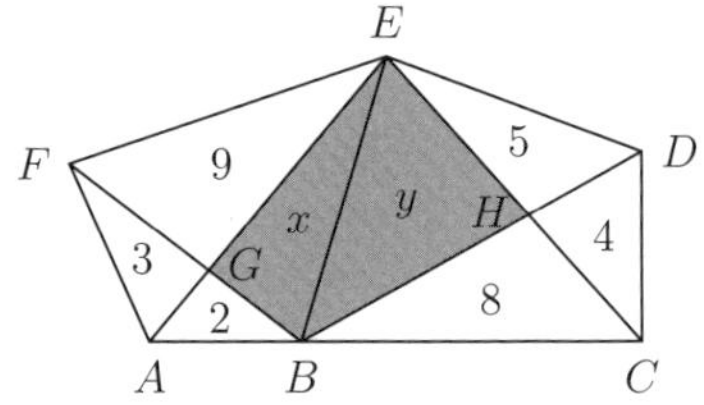

L 4.78 (**B**) Wir zeichnen die Strecke $\overline{BE}$ ein und bezeichnen mit x und y die Flächeninhalte der beiden grauen Dreiecke in cm^2. Die Dreiecke AGF und GEF haben bezüglich der Seite $\overline{AG}$ bzw. $\overline{GE}$ dieselbe Höhe. Ebenso haben die Dreiecke GAB und EGB bezüglich $\overline{AG}$ bzw. $\overline{GE}$ dieselbe Höhe.
Also gilt $\frac{x}{2} = \frac{|GE|}{|AG|} = \frac{9}{3}$ und somit $x = 6$ sowie $\frac{y}{5} = \frac{|BH|}{|HD|} = \frac{8}{4}$ und somit $y = 10$. Der Flächeninhalt der grauen Fläche ist also gleich $6\,\text{cm}^2 + 10\,\text{cm}^2 = 16\,\text{cm}^2$.

L 4.79 (**D**) Rechtecke werden durch ihre Diagonalen in jeweils zwei kongruente Teile zerlegt. Sei A der Flächeninhalt des kleinen Rechtecks. Der Flächeninhalt des großen Rechtecks ist dann $(1 + 20\,\%) \cdot (1 + 50\,\%) \cdot A = \frac{120}{100} \cdot \frac{150}{100} \cdot A = \frac{9}{5} \cdot A$. Die obere Hälfte des großen Rechtecks zerlegt sich in die obere Hälfte des kleinen Rechtecks und den grau markierten Bereich. Also ist der Flächeninhalt des grauen markierten Bereichs gleich $\frac{1}{2} \cdot \frac{9}{5} \cdot A - \frac{1}{2} \cdot A = \frac{2}{5} \cdot A = 30\,\text{m}^2$. Der Flächeninhalt des kleinen Rechtecks ist also gleich $A = \frac{5}{2} \cdot 30\,\text{m}^2 = 75\,\text{m}^2$.

L 4.80 (**D**) Wir betrachten als erstes das linke rechtwinklige Dreieck. Nach dem Satz des Pythagoras ist der Flächeninhalt des Quadrats über der Hypotenuse gleich $5\,\text{m}^2 + 22\,\text{m}^2 = 27\,\text{m}^2$. Nun betrachten wir das rechte rechtwinklige Dreieck. Nach dem Satz des Pythagoras ist der Flächeninhalt des Quadrats mit dem Fragezeichen gleich $27\,\text{m}^2 - 8\,\text{m}^2 = 19\,\text{m}^2$.

L 4.81 (**C**) Die Dreiecke ABC und CDE sind wegen $|AC| = |CE|$, $\measuredangle CBA = \measuredangle EDC = 90°$, $\measuredangle BAC = 180° - 90° - \measuredangle ACB = \measuredangle DCE$ zueinander kongruent (sww).
Also folgt aus dem Satz des Pythagoras:

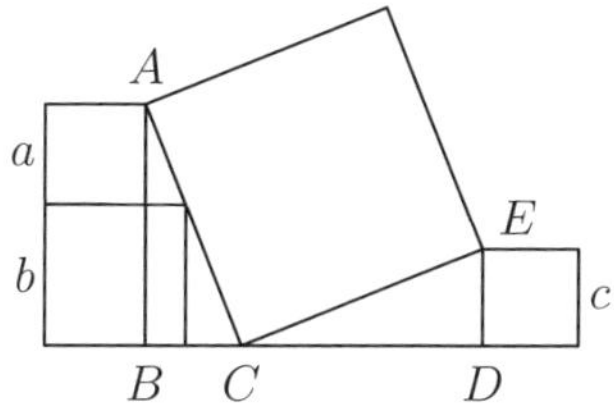

$$|CE| = \sqrt{|CD|^2 + |DE|^2} = \sqrt{|AB|^2 + |DE|^2} = \sqrt{(a+b)^2 + c^2}.$$

L 4.82 (**B**) Der Igel läuft 5 km vom Start (S) zum Ziel (Z). Der Hase läuft zuerst a km in die falsche Richtung senkrecht zur Strecke $\overline{SZ}$ und anschließend b km zum Ziel. Er läuft insgesamt 25 km, da er fünfmal so schnell ist wie der Igel und gleichzeitig mit ihm ankommt. Daher gilt $a + b = 25$ bzw. $b = 25 - a$. Außerdem gilt nach dem Satz des Pythagoras $a^2 + 5^2 = b^2$. Indem wir b durch $25 - a$ ersetzen, erhalten wir $a^2 + 25 = (25-a)^2 = 625 - 50 \cdot a + a^2$, also $a = 12$. Der Hase hat seinen Fehler bemerkt, nachdem er 12 km gerannt ist.

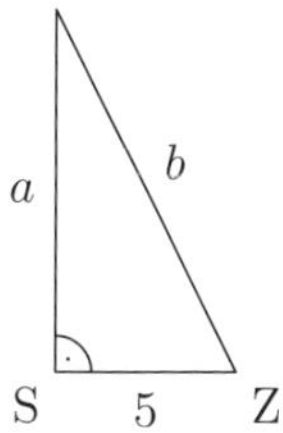

L 4.83 (**E**) Die entstandenen Dreiecke sind gleichschenklig und rechtwinklig. Die Hypotenusen der Dreiecke entsprechen den Seiten des quadratischen Blatts, sie sind also 10 cm lang. Nach dem Satz des Pythagoras sind die Katheten der Dreiecke $5\sqrt{2}$ cm lang. Die zu den Hypotenusen gehörenden Höhen sind 5 cm lang. Rechts ist zu erkennen, wie sich Höhe und Breite des Rechtecks durch die Längen der Hypotenusen, Katheten und Höhen der drei Dreiecke ausdrücken lassen. Der Flächeninhalt des Rechtecks ist somit $(5 + 5\sqrt{2})\,\text{cm} \cdot (10 + 5\sqrt{2})\,\text{cm} = (100 + 75\sqrt{2})\,\text{cm}^2$. Da die vier Dreiecke zusammen den Flächeninhalt $10\,\text{cm} \cdot 10\,\text{cm} = 100\,\text{cm}^2$ haben, hat Delaila also $(75\sqrt{2})\,\text{cm}^2$ des Deckels nicht überklebt.

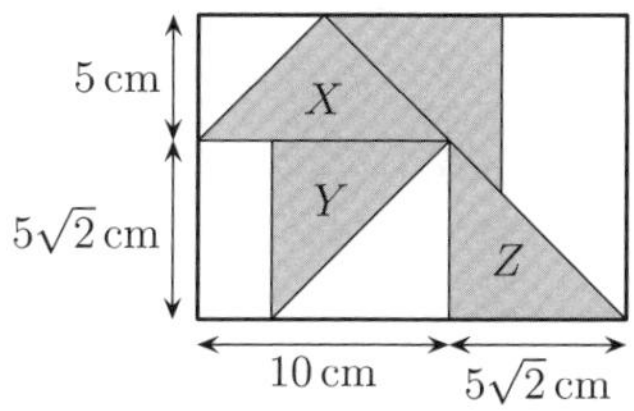

L 4.84 (**A**) Wir falten das Blatt wieder auseinander. In der Abbildung rechts sind die beiden zurückgefalteten Teile grau markiert. Der weiße Teil entspricht dem Drachenviereck. Der Punkt F ist der Punkt, auf den die beiden Ecken A und C gefaltet wurden. Um den Flächeninhalt des Drachenvierecks zu

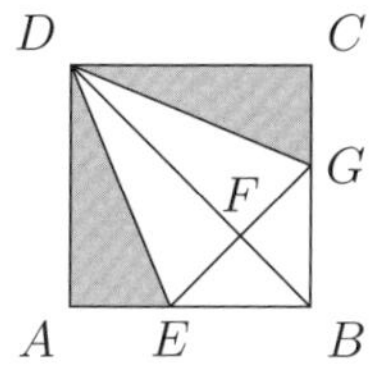

berechnen, berechnen wir die Flächeninhalte der Dreiecke BDE und DBG. Aus Symmetriegründen sind diese beiden Dreiecke kongruent, und wir beschränken uns auf BDE. Als Grundseite wählen wir die Diagonale $\overline{BD}$. Nach dem Satz des Pythagoras gilt $|BD| = \sqrt{2}$. Da nach dem Falten das Dreieck AED exakt das Dreieck EFD überdeckt hat, sind diese beiden Dreiecke zueinander kongruent. Also gilt $|FD| = 1$ und $\measuredangle DFE = \measuredangle EAD = 90°$. Folglich ist $\overline{EF}$ die zugehörige Höhe im Dreieck BDE, deren Länge wir nun bestimmen. Dreieck EBF hat bei F einen rechten Winkel und bei B einen 45°-Winkel. Folglich ist der Winkel bei E gleich $180° - 90° - 45° = 45°$, das heißt, das Dreieck EBF ist gleichschenklig mit $|EF| = |BF|$. Für die Länge der Diagonalen gilt $|BD| = |BF| + |FD| = |EF| + 1$ und somit $|EF| = \sqrt{2} - 1$. Somit ist der Flächeninhalt des Dreiecks BDE gleich $\frac{1}{2} \cdot \sqrt{2} \cdot (\sqrt{2} - 1) = \frac{1}{2} \cdot (2 - \sqrt{2})$. Der Flächeninhalt des Drachenvierecks ist doppelt so groß, das heißt $2 - \sqrt{2}$.

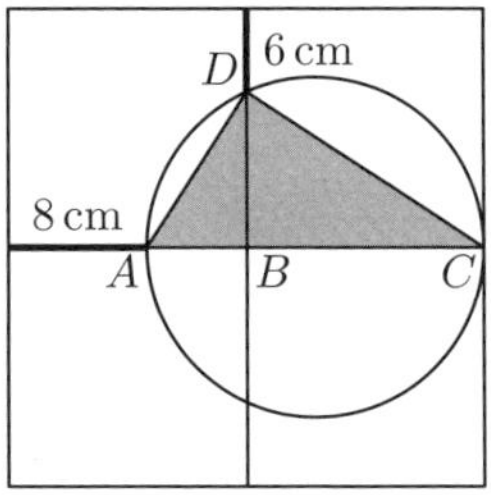

L 4.85 (**A**) Die Seitenlänge des großen Quadrats bezeichnen wir mit a. Da der Kreis den Mittelpunkt der rechten Seite des großen Quadrats berührt, ist die Strecke $\overline{AC}$ ein Durchmesser des Kreises. Nach dem Satz des Thales ist das Dreieck ACD rechtwinklig. Folglich gilt $\measuredangle BDC = 90° - \measuredangle ADB = \measuredangle BAD$. Also stimmen die beiden rechtwinkligen Dreiecke ABD und BCD in allen drei Winkeln überein und sind somit zueinander ähnlich. Daher gilt $\frac{|AB|}{|BD|} = \frac{|DB|}{|BC|}$.
Wir setzen die Längen ein und erhalten so $\frac{a/2 - 8\,\text{cm}}{a/2 - 6\,\text{cm}} = \frac{a/2 - 6\,\text{cm}}{a/2}$. Diese Gleichung ergibt sich auch direkt aus dem Höhensatz, angewandt auf das rechtwinklige Dreieck ACD. Durch Umformen finden wir die Seitenlänge $a = 18\,\text{cm}$.

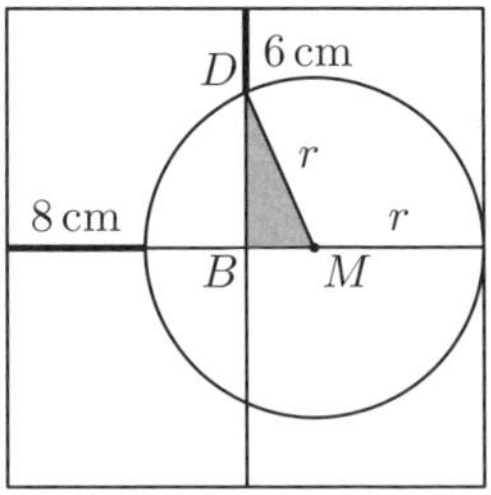

Lösungsvariante: Wir folgern wie oben, dass der Mittelpunkt M des Kreises auf der horizontalen Mittellinie liegt und bezeichnen die Seitenlänge des großen Quadrats mit a und die Länge des Radius des Kreises mit r. Nun betrachten wir das Dreieck BMD. Die Länge der horizontalen Mittellinie ist $a = 8\,\text{cm} + 2r$, woraus $r = \frac{a}{2} - 4\,\text{cm}$ folgt. Somit gilt $|BM| = \frac{a}{2} - r = 4\,\text{cm}$ und $|MD| = r = \frac{a}{2} - 4\,\text{cm}$. Außerdem gilt $|BD| = \frac{a}{2} - 6\,\text{cm}$. Aus dem Satz des Pythagoras folgt $|BD|^2 + |BM|^2 = |MD|^2$. Setzen wir ein und formen um, erhalten wir $a = 18\,\text{cm}$.

L 4.86 (C) In einem Dreieck ist die Strecke zwischen zwei Seitenmittelpunkten halb so lang wie die dritte Dreiecksseite und parallel zu dieser. Jede Leiste, die die Mittelpunkte zweier Drachenseiten verbindet, ist also halb so lang wie die Diagonale, zu der sie parallel ist. Folglich war die Leiste, bevor sie zerschnitten wurde, 60 cm + 40 cm + 2 · 30 cm + 2 · 20 cm = 200 cm lang.

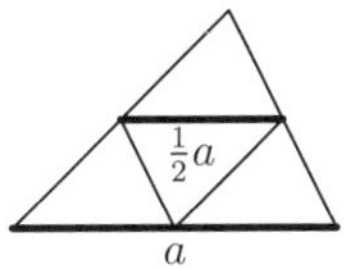

L 4.87 (C) Die Abschnitte zwischen aufeinanderfolgenden Punkten des Rundweges sind jeweils Mittelparallelen der entsprechenden Pyramidenseite. Da im Dreieck jede Mittelparallele halb so lang ist wie die zu ihr parallele Seite, gilt: $|MN| = 5\,\text{cm}$, $|NP| = 2{,}5\,\text{cm}$, $|PQ| = 3\,\text{cm}$, $|QR| = 3{,}5\,\text{cm}$, $|RS| = 4\,\text{cm}$, $|SM| = 3\,\text{cm}$. Der Rundweg ist also $(5 + 2{,}5 + 3 + 3{,}5 + 4 + 3)\,\text{cm} = 21\,\text{cm}$ lang.

L 4.88 (A) Wir bezeichnen die Längen der zueinander parallelen Seiten des Trapezes mit a und b und erhalten mit dem 2. Strahlensatz, angewendet auf die dick gezeichneten Strahlen, $\frac{a}{6\,\text{cm}} = \frac{b}{16\,\text{cm}} = \frac{16\,\text{cm}}{32\,\text{cm}}$ und somit $a = 3\,\text{cm}$ und $b = 8\,\text{cm}$. Der Flächeninhalt des Trapezes ist also gleich $\frac{a+b}{2} \cdot 10\,\text{cm} = \frac{11\,\text{cm}}{2} \cdot 10\,\text{cm} = 55\,\text{cm}^2$.

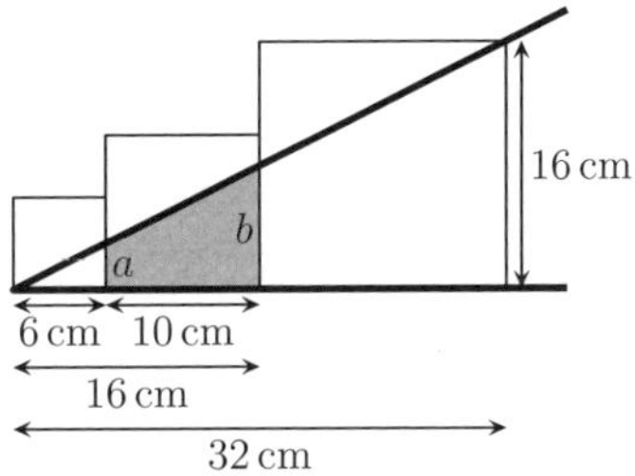

L 4.89 (E) Die schwarzen Dreiecke sind zueinander ähnlich, da ihre Innenwinkel jeweils gleich groß sind (ein rechter Winkel und zwei Stufenwinkel). Die Seitenlänge der Gitterquadrate sei 1, und der Anstieg der Geraden sei m. Dann sind die Längen der linken Seiten der drei Dreiecke gleich $1 - m$, $2 - 2m = 2 \cdot (1 - m)$ bzw. $3 - 3m = 3 \cdot (1 - m)$. Die Seiten des zweiten Dreiecks sind also doppelt so lang wie die des ersten, und die Seiten des dritten Dreiecks sind dreimal so lang wie die des ersten. Der Flächeninhalt des zweiten Dreiecks ist folglich 4-mal so groß wie der des ersten, und der Flächeninhalt des dritten Dreiecks ist 9-mal so groß wie der des ersten. Die Flächeninhalte der drei schwarzen Dreiecke stehen im Verhältnis 1 : 4 : 9.

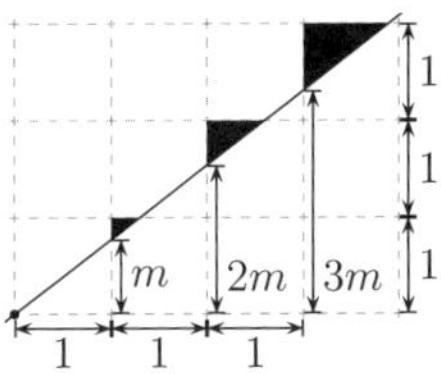

L 4.90 (D) Die beiden kleinen Quadrate haben die Seitenlängen 1 bzw. 3. Das kleine rechtwinklige Dreieck, das von den drei Quadraten eingeschlossen wird, hat die Kathetenlängen $3 - 1 = 2$ und 1. Seine Hypotenuse hat nach dem Satz des Pythagoras die Länge $\sqrt{1^2 + 2^2} = \sqrt{5}$. Das große Dreieck, das von den beiden großen Quadraten und der Geraden eingeschlossen wird, ist ähnlich zu dem kleinen Dreieck. Die Länge seiner kürzeren Kathete ist 3. Die Länge seiner Hypotenuse ist somit gleich $3 \cdot \sqrt{5}$. Also ist die Seitenlänge des großen Quadrats gleich $4 \cdot \sqrt{5}$ und sein Flächeninhalt ist gleich $(4 \cdot \sqrt{5})^2 = 16 \cdot 5 = 80$.

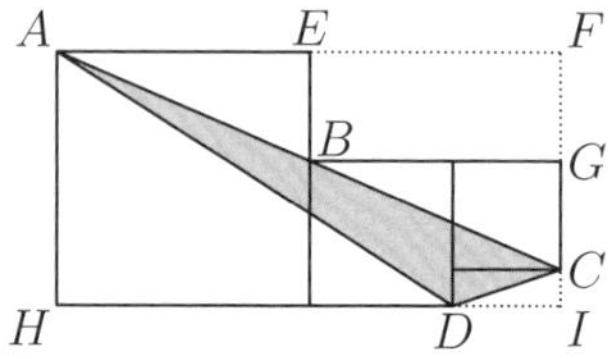

L 4.91 (**D**) Die Seitenlänge des linken Quadrats ist 7 cm und die des mittleren Quadrats ist 4 cm. Die Seitenlänge des rechten Quadrats bezeichnen wir mit x. Wir verlängern die Seiten $\overline{AE}$ und $\overline{CG}$ bis zum Schnittpunkt F. Da BE und CF parallel zueinander sind, gilt nach dem 2. Strahlensatz $\frac{|AE|}{|AF|} = \frac{|BE|}{|CF|}$. Einsetzen der Werte führt zu $\frac{7\,\text{cm}}{7\,\text{cm} + 4\,\text{cm} + x} = \frac{7\,\text{cm} - 4\,\text{cm}}{x + (7\,\text{cm} - 4\,\text{cm})}$. Auflösen nach x liefert $x = 3$ cm. Der Flächeninhalt von $\triangle ADC$ lässt sich nun auf verschiedene Weisen berechnen. Wir können z. B. vom Flächeninhalt des Rechtecks $HIFA$ die Flächeninhalte der rechtwinkligen Dreiecke HDA, DIC und CFA abziehen: $A_{\triangle ADC} = 14\,\text{cm} \cdot 7\,\text{cm} - \frac{1}{2} \cdot 11\,\text{cm} \cdot 7\,\text{cm} - \frac{1}{2} \cdot 3\,\text{cm} \cdot 1\,\text{cm} - \frac{1}{2} \cdot 14\,\text{cm} \cdot 6\,\text{cm}$ $= 98\,\text{cm}^2 - 38{,}5\,\text{cm}^2 - 1{,}5\,\text{cm}^2 - 42\,\text{cm}^2 = 16\,\text{cm}^2$.

L 4.92 (**E**) Von den geraden Wegstücken und den mittelgroßen Viertelkreisen gibt es bei allen fünf Wegen gleich viele. Von den großen Viertelkreisen gibt es bei (**E**) einen und bei den anderen Wegen zwei. Von den kleinen Viertelkreisen gibt es bei (**B**) und bei (**D**) einen und bei den anderen Wegen zwei. Da die großen Viertelkreise länger sind als die kleinen, ist der Weg bei (**E**) am kürzesten.

L 4.93 (**B**) Wir zerlegen das Quadrat in vier gleich große, kleinere Quadrate. In jedem davon ist eine der „Ecken" außerhalb des einbeschriebenen Kreises schwarz und die anderen drei sind grau, siehe Bild. Die graue Fläche ist folglich 3-mal so groß wie die schwarze, ihr Flächeninhalt ist insgesamt 3 cm^2 groß.

L 4.94 (**D**) Wir können die Länge der Strecke zwischen den beiden äußersten markierten Punkten auf zwei verschiedene Weisen angeben. Dazu bezeichnen wir die Länge des Durchmessers der Halbkreise mit d. Mit den drei oberen Halbkreisen erhalten wir, dass die Strecke zwischen den beiden äußersten markierten Punkten die Länge $d + 12\,\text{cm} + d + 12\,\text{cm} + d$ hat, und mit den beiden unteren Halbkreisen erhalten wir für dieselbe Strecke die Länge $22\,\text{cm} + d + 16\,\text{cm} + d + 22\,\text{cm}$. Daraus folgt $3 \cdot d + 24\,\text{cm} = 2 \cdot d + 60\,\text{cm}$, das heißt $d = 36$ cm. Der Radius der Halbkreise ist also $36\,\text{cm} : 2 = 18$ cm groß.

L 4.95 (**D**) Wir bezeichnen die Länge der kürzeren Rechtecksseite mit r, was gleichzeitig der Radius des größten Halbkreises ist. Im Bild lesen wir ab, dass der Radius des mittelgroßen Halbkreises $r - 5$ cm und der Radius des kleinen Halbkreises $r - 7$ cm ist.

Da die Durchmesser der Halbkreise zusammen genauso lang sind wie die lange Rechtecksseite, gilt $36\,\text{cm} = 2r + 2 \cdot (r - 5\,\text{cm}) + 2 \cdot (r - 7\,\text{cm})$. Daraus folgt $6r = 60$ cm, das heißt, $r = 10$ cm. Der Umfang des Rechtecks ist demzufolge $2 \cdot 36\,\text{cm} + 2r = 72\,\text{cm} + 20\,\text{cm} = 92$ cm groß.

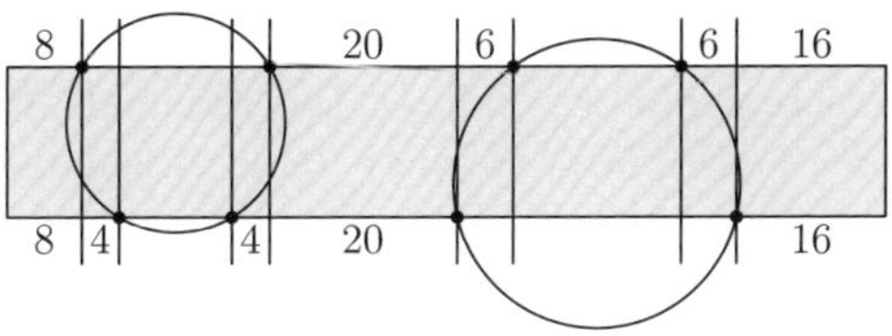

L 4.96 (**C**) Wir zeichnen durch jeden Punkt, in dem einer der Kreise das Rechteck schneidet, eine Hilfslinie senkrecht zu den langen Rechtecksseiten. Dann ist der Abstand zwischen der 1. und der 2. Hilfslinie 12 cm − 8 cm = 4 cm. Aus Symmetriegründen ist der Abstand zwischen der 3. und der 4. Hilfslinie ebenfalls 4 cm. Folglich ist der Abstand zwischen der 4. und der 5. Hilfslinie 24 cm − 4 cm = 20 cm. Nun folgt, dass der Abstand zwischen der 5. und der 6. sowie zwischen der 7. und der 8. Hilfslinie jeweils 26 cm − 20 cm = 6 cm ist. Schließlich haben die Punkte L und M den Abstand 22 cm − 6 cm = 16 cm.

L 4.97 (**C**) Das bisherige Bauwerk können wir uns als 4 zusammengeschobene Würfelstapel vorstellen. Kommt ein Würfel dazu, ist genau einer dieser 4 Stapel um einen Würfel höher, während alle anderen Stapel unverändert bleiben. Das trifft nur auf das Bauwerk bei (**C**) zu.
Die anderen Bauwerke sind nicht möglich, da jeweils 2 Stapel höher sind und ein Stapel niedriger ist.

L 4.98 (**D**) Wir erkennen, dass der graue Baustein vollständig in der unteren Schicht des Quaders liegt. In der unteren Schicht sind nur die beiden Würfelchen vorn rechts weiß. Alle anderen sind grau und bilden den grauen Baustein. Das ist Baustein (**D**).

L 4.99 (**B**) Zuerst überlegen wir uns, wie viele dunkelgraue „Stäbe“ und hellgraue „Winkel“ im großen Würfel verbaut sind. Ein Stab ist so lang wie 3 kleine weiße Würfel und reicht im großen Würfel immer von einer Seitenfläche zur gegenüberliegenden, egal wie er verbaut ist. Da wir im Bild von zwei gegenüberliegenden Seitenflächen des Würfels jeweils eine sehen, sehen wir auch von jedem verbauten Stab etwas. Also sind genau 2 Stäbe verbaut, der eine links vorn und der zweite in der mittleren Schicht. Mit den Winkeln ist es ähnlich. Ein Winkel ist so groß wie 5 kleine weiße Würfel und reicht immer von einer Seitenfläche zur gegenüberliegenden. Die beiden hellgrauen Quadrate unten rechts und oben müssen zum selben Winkel gehören. Also sind genau 2 Winkel verbaut.
Stellen wir uns nun vor, der große Würfel wäre komplett aus kleinen Würfeln gebaut, dann könnten wir ihn in 3 Schichten zerlegen, die jede 3 Würfel lang und 3 Würfel breit wäre. Jede Schicht bestünde aus $3 \cdot 3 = 9$ kleinen Würfeln und der große Würfel aus insgesamt $3 \cdot 9 = 27$. Die 2 Stäbe und 2 Winkel nehmen also den Platz von $2 \cdot 3 + 2 \cdot 5 = 16$ kleinen Würfeln ein, sodass tatsächlich nur $27 - 16 = 11$ kleine weiße Würfel benutzt wurden.
Wer ein gutes Vorstellungsvermögen hat, kann sich die einzelnen Schichten des großen Würfels auch aufzeichnen (siehe Bild) und die 11 kleinen weißen Würfel auszählen.

L 4.100 (**C**) Das zweite Bild zeigt die „Stadt“ entweder von vorn, von rechts, von hinten oder von links. Die maximale Anzahl an Holzwürfeln ergibt sich jeweils, wenn alle Türme in einer Reihe dieselbe Höhe haben. Die Anzahl der Holzwürfel pro Reihe ist dann das Produkt aus der Anzahl der Türme in der Reihe (siehe Draufsicht) und der Höhe dieser Türme (siehe Seitenansicht). Damit ergibt sich für jeden der 4 Fälle die folgende maximale Anzahl an Holzwürfeln:

$$\begin{aligned} \text{von vorn:}\quad & 3\cdot 2+1\cdot 4+2\cdot 1+3\cdot 3=21\\ \text{von rechts:}\quad & 3\cdot 2+2\cdot 4+2\cdot 1+2\cdot 3=22\\ \text{von hinten:}\quad & 3\cdot 2+2\cdot 4+1\cdot 1+3\cdot 3=24\\ \text{von links:}\quad & 2\cdot 2+2\cdot 4+2\cdot 1+3\cdot 3=23 \end{aligned}$$

Anouk kann also höchstens 24 Holzwürfel benutzt haben.

L 4.101 (**E**) Die Würfel bei (**A**) und (**B**) kann Joris nicht gebaut haben, denn bei beiden sind es mindestens 10 graue Würfel, also mehr als 9. Bei (**C**) sind es mindestens 11 weiße Würfel, also mehr als 10, und bei (**D**) mindestens 9 schwarze Würfel, also mehr als 8. Nur (**E**) ist möglich, und da wir wissen, dass unter den 5 Würfeln einer ist, den Joris gebaut hat, muss es dieser sein.

L 4.102 (**D**) Da der Würfel in der Ecke vorn links unten nur zwei rote Seitenflächen hat, kann mindestens eine der anliegenden Seitenflächen des großen Würfels nicht komplett rot sein. Das Gleiche gilt für den Würfel in der diagonal gegenüberliegenden Ecke hinten rechts oben, der zu den drei anderen Seitenflächen des großen Würfels gehört. Es gibt also mindestens zwei Seitenflächen des großen Würfels, die nicht komplett rot sind.
Malen wir umgekehrt einen $3\times 3\times 3$-Würfel vorn, hinten, links und rechts rot an und oben und unten nicht, so sind von den kleinen Würfeln jeweils höchstens zwei Seiten rot bemalt. Henning kann die kleinen Würfel demnach so zusammenbauen, dass vier Seitenflächen komplett rot sind.

L 4.103 (**D**) Die Oberfläche des $3\times 3\times 3$-Würfels wird aus $6\cdot(3\cdot 3)=54$ Seitenflächen der kleinen Würfel gebildet. Davon sollen $54:2=27$ schwarz sein. Von den kleinen Würfeln an den 8 Ecken gehören jeweils 3 Seitenflächen zur Oberfläche des großen Würfels, von den kleinen Würfeln in den Mitten der 12 Kanten jeweils 2 Seitenflächen, von den kleinen Würfeln in den Mitten der 6 Seitenflächen jeweils 1 Seitenfläche, und vom kleinen Würfel ganz im Inneren keine Seitenfläche.
Für die kleinstmögliche Anzahl an schwarzen Würfeln müssen von diesen möglichst viele Seitenflächen zur Oberfläche des großen Würfels gehören. Verwendet man für alle 8 Ecken jeweils einen schwarzen Würfel, gehören von ihnen insgesamt 24 Seitenflächen zur Oberfläche. Das sind nicht genug, 8 schwarze Würfel reichen also nicht aus. Auch 9 schwarze Würfel reichen nicht, da von ihnen maximal $8\cdot 3+1\cdot 2=26$ Seitenflächen zur Oberfläche gehören. Mit 10 schwarzen Würfeln kann Peter es schaffen, indem er sie entweder an die 8 Ecken, an eine Kante und in eine Seitenmitte setzt oder an 7 Ecken und an 3 Kanten. Somit ist 10 die kleinste Anzahl an schwarzen Würfeln, die Peter verwenden muss.

L 4.104 (**C**) Es gibt zwei Möglichkeiten, wie die drei roten Seitenflächen liegen.
1. Fall: Zwei rote Seitenflächen liegen sich gegenüber. Dann haben von den jeweils 16 kleinen Würfeln auf den sich gegenüberliegenden roten Seitenflächen des großen Würfels jeweils 12 genau eine rote Seitenfläche. Auf der dritten roten Seitenfläche haben 8 weitere kleine Würfel genau eine rote Seitenfläche. Insgesamt sind das $2 \cdot 12 + 8 = 32$ kleine Würfel mit genau einer roten Seitenfläche.
2. Fall: Die drei roten Seitenflächen treffen sich an einer gemeinsamen Ecke. Auf jeder der drei rot bemalten Seitenflächen des großen Würfels haben dann 9 kleine Würfel genau eine rote Seitenfläche. Insgesamt haben in diesem Fall nur $3 \cdot 9 = 27$ kleine Würfel genau eine rote Seitenfläche.
Maximal haben also 32 kleine Würfel genau eine rote Seitenfläche.

L 4.105 (**C**) Wir zählen, wie viel von den Seitenflächen der einzelnen Kisten gestrichen wird. Von den großen Seitenflächen zeigen 3 nach oben und 3 nach unten, davon gibt es also insgesamt 6. Von den kleinen zeigen eine nach links vorn, 3 nach rechts vorn und 2 nach links hinten, davon gibt es also insgesamt 6. Von den mittelgroßen zeigen 2 nach links vorn, 2 nach rechts hinten und eine nach links hinten, davon gibt es also insgesamt 5. Des Weiteren zeigt ein Teil einer mittelgroßen Seitenfläche nach rechts vorn und ein Teil nach rechts hinten; diese beiden haben zusammen denselben Flächeninhalt wie eine mittelgroße Seitenfläche. Zusammen ist eine Fläche zu streichen, die so groß ist wie die dreifache Oberfläche einer Kiste. Dafür werden 600 ml Farbe benötigt.

L 4.106 (**B**) Wir berechnen die Längen der Quaderkanten. Die Breite des vorderen, linken Quaders ist $21 : 6 = 3{,}5$. Die Höhe aller Quader ist somit $14 : 3{,}5 = 4$. Der hintere Quader ist dann $16 : 4 = 4$ breit und $30 : 4 = 7{,}5$ lang, und die Breite des vorderen, rechten Quaders ist $7{,}5 - 3{,}5 = 4$. Folglich ist der gesuchte Flächeninhalt gleich $6 \cdot 4 = 24$.

L 4.107 (**E**) Wir verdeutlichen, wie die Wege auf dem Quader zusammenhängen:

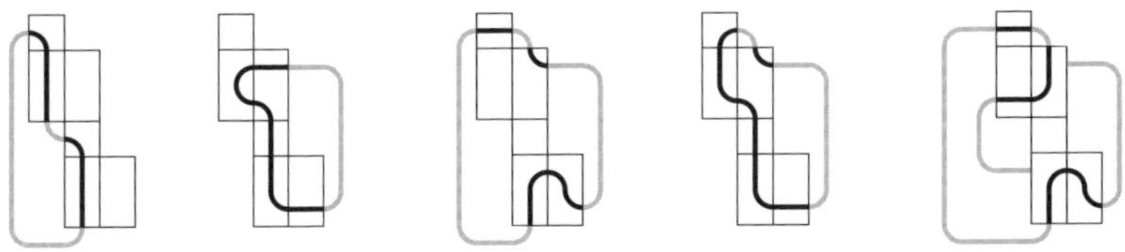

Nur bei (**E**) ergibt sich keine geschlossene Linie.

L 4.108 (**D**) Wir stellen uns vor, dass wir die Quader in die Bausteine zerlegen. Dabei vergrößert sich die Gesamtoberfläche genau um die Oberfläche eines einzelnen Bausteins. Da wir nun 6 Bausteine haben, ist die Gesamtoberfläche der Quader genauso groß wie die Oberfläche von 5 Bausteinen. Der Oberflächeninhalt eines Bausteins beträgt also $(72\,\text{cm}^2 + 96\,\text{cm}^2 + 102\,\text{cm}^2) : 5 = 270\,\text{cm}^2 : 5 = 54\,\text{cm}^2$.

L 4.109 (**A**) Die Vasen (**B**), (**C**) und (**E**) sind symmetrisch zur Mitte der Höhe, und somit passt in die obere und in die untere Hälfte jeweils dieselbe Menge Wasser, das heißt, ein halber Liter. Ein halber Liter Wasser reicht bei diesen drei Vasen also genau bis zur Mitte. Vase (**D**) ist unten breiter als oben, bei ihr reicht der halbe Liter Wasser nicht einmal bis zur Mitte. Vase (**A**) ist unten schmaler als oben. Bis zur Mitte der Höhe passt in sie weniger Wasser als oberhalb der Mitte. Bei dieser Vase steht der halbe Liter Wasser also oberhalb der Mitte und somit am höchsten von allen fünf Vasen.

L 4.110 (**A**) Da die 3 Behälter bei gleicher Breite und Höhe unterschiedlich lang sind und in jedem dieselbe Saftmenge ist, ist derjenige Behälter der längste, in dem der Flüssigkeitsspiegel am niedrigsten ist. Und es ist derjenige Behälter der kürzeste, in dem der Flüssigkeitsspiegel am höchsten ist. Die Lösung ist also (**A**). Die Abbildung zeigt die Behälter noch einmal in einer Schrägansicht.

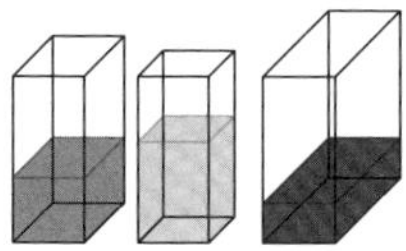

L 4.111 (**A**) Das linke Gefäß ist zu einem Viertel der Höhe mit Wasser gefüllt, da $12\,\text{cm} : 3\,\text{cm} = 4$ ist. Da beide Gefäße dieselben Abmessungen haben, wird auch das rechte Gefäß zu einem Viertel der Höhe mit Wasser gefüllt sein, also bis zu einer Höhe von $40\,\text{cm} : 4 = 10\,\text{cm}$.

Lösungsvariante: Eine andere Lösung ist folgende: Wir stellen uns vor, dass es sich in dem linken Gefäß um etwas Festes handelt. Würden wir das 40 cm lange Stück in vier 10 cm breite Streifen teilen, so hätte jeder dieser Streifen die Maße $3\,\text{cm} \times 20\,\text{cm} \times 10\,\text{cm}$ und wir könnten die Streifen so nebeneinander in das hohe Gefäß legen, dass sie auch dort die Grundfläche bedecken. Die vier Streifen hätten dort zusammen die Maße $12\,\text{cm} \times 20\,\text{cm} \times 10\,\text{cm}$, würden also 10 cm hoch sein.

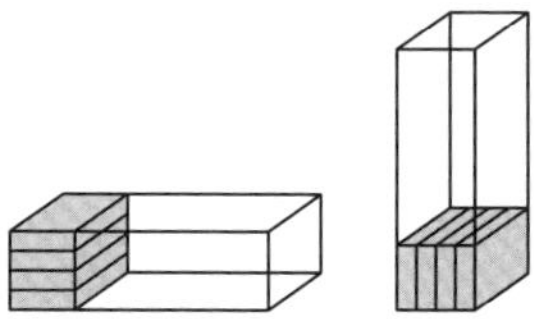

L 4.112 (**D**) Der höhere Zylinder ist x cm hoch und der Umfang seiner Grundfläche ist gleich y cm. Der Radius seiner Grundfläche ist also gleich $\frac{y}{2\pi}$ cm. Folglich ist das Volumen des höheren Zylinders gleich $\pi \cdot \left(\frac{y}{2\pi}\right)^2 \cdot x\,\text{cm}^3$. Analog ist das Volumen des flacheren Zylinders gleich $\pi \cdot \left(\frac{x}{2\pi}\right)^2 \cdot y\,\text{cm}^3$. Das gesuchte Verhältnis ist gleich $\left(\pi \cdot \left(\frac{y}{2\pi}\right)^2 \cdot x\right) : \left(\pi \cdot \left(\frac{x}{2\pi}\right)^2 \cdot y\right) = y : x$.

L 4.113 (**B**) Der Punkt B ist bezüglich des Koordinatenursprungs zum Punkt D gespiegelt. Somit hat B die Koordinaten $(-5 \mid -2)$. Der Punkt A ergibt sich aus dem Punkt D durch eine 90°-Drehung um den Koordinatenursprung. Somit hat A die Koordinaten $(-2 \mid 5)$. Die Summe der vier Koordinaten von A und B ist folglich gleich $(-5) + (-2) + (-2) + 5 = -4$.

L 4.114 (**B**) Diese Aufgabe lösen wir am besten mit Hilfe einer Zeichnung. Die Strecke $\overline{AB}$ ist parallel zur x-Achse, da die Punkte A und B dieselbe y-Koordinate haben. Es gilt $|\overline{AB}| = 3p - p = 2p$. Die Länge der zugehörigen Höhe ist gleich $3q - q = 2q$. Also ist der Flächeninhalt von $\triangle ABC$ gleich $\frac{1}{2} \cdot 2p \cdot 2q = 2pq$.

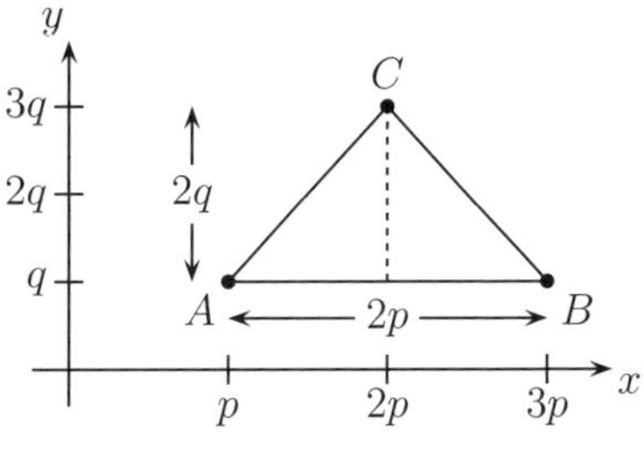

L 4.115 (**A**) Wir überlegen uns zuerst, dass die Gerade durch den Mittelpunkt des Rechtecks verläuft. Würde die Gerade das Rechteck in ein Dreieck und ein Viereck oder in ein Dreieck und ein Fünfeck teilen, so wäre der Flächeninhalt des Dreiecks kleiner als der Flächeninhalt des halben Rechtecks. Also verläuft die Gerade durch zwei gegenüberliegende Eckpunkte oder zwei gegenüberliegende Seiten des Rechtecks. Im ersten Fall verläuft die Gerade sicher durch den Mittelpunkt des Rechtecks. Im zweiten Fall wird das Rechteck in zwei Trapeze geteilt. Dabei gilt für die beiden geteilten Rechtecksseiten $a + b = c + d$. Da die beiden Trapeze flächengleich sind, gilt auch $a + c = b + d$. Daraus folgt $a = d$ und $b = c$. Also liegt die Gerade punktsymmetrisch bezüglich des Mittelpunktes des Rechtecks und verläuft somit durch den Mittelpunkt, das heißt durch den Punkt $(50 \mid 25)$. Nun kennen wir zwei Punkte auf der Geraden, $(50 \mid 25)$ und $(75 \mid 30)$. Dann betrachten wir das Steigungsdreieck mit den Eckpunkten $(50 \mid 25)$, $(75 \mid 25)$ und $(75 \mid 30)$. Daraus ergibt sich die Steigung $\frac{30-25}{75-50} = \frac{5}{25} = \frac{1}{5}$.

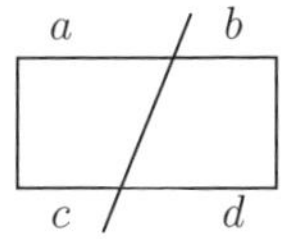

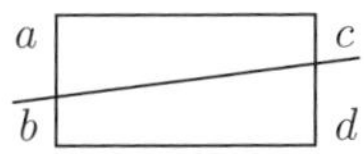

5 Logisches, Kryptisches, Magisches

L 5.1 (**C**) Wir schauen uns den Plan aufmerksam an und markieren alle Abschnitte, wo genau zwei Scheinwerfer leuchten. Es sind 8 Abschnitte und somit genau 8 Minuten.

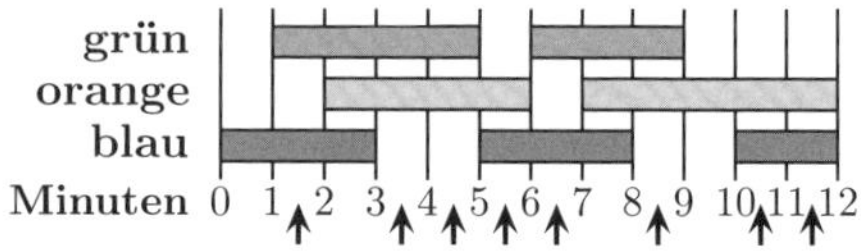

L 5.2 (**D**) Da die Aussage von Merle falsch ist, muss die Katze Miss Mimi entweder vor 14:00 Uhr oder nach 14:30 Uhr gefüttert worden sein. Da die Aussage von Frieder falsch ist, muss es zwischen 14:00 Uhr und 14:40 Uhr gewesen sein. Dann kann es nur um 14:35 Uhr gewesen sein, denn das ist von den Zeitangaben in den Lösungsvorschlägen die einzige nach 14:30 Uhr und vor 14:40 Uhr.

L 5.3 (**D**) Wir berechnen zunächst, wie lange die Pizzeria geöffnet ist. Sie hat an 6 Tagen jeweils 4 Stunden geöffnet, also $6 \cdot 4 = 24$ Stunden in der Woche. Die Schneiderei ist an 3 Tagen geöffnet. Da Pizzeria und Schneiderei gleich viele Stunden pro Woche geöffnet haben, ist die Schneiderei an $24 : 3 = 8$ Stunden pro Tag geöffnet. Die Schneiderei schließt folglich um 18 Uhr.

L 5.4 (**E**) Das Enkelkind, das 75 gesagt hat, hat sich um höchstens 4 Jahre verschätzt. Also ist die Großmutter höchstens $75 + 4 = 79$ Jahre alt. Auch das Enkelkind, das 81 gesagt hat, hat sich um höchstens 4 Jahre verschätzt. Also ist die Großmutter mindestens $81 - 4 = 77$ Jahre alt. Somit ist das Alter der Großmutter eine der Zahlen 77, 78 oder 79. Ihr Alter kann nicht 78 sein, da ein Enkelkind genau 78 vermutet hat. Sowohl 77 als auch 79 sind aber möglich, denn $|78 - 77| = 1$, $|75 - 77| = 2$, $|81 - 77| = 4$ bzw. $|78 - 79| = 1$, $|81 - 79| = 2$, $|75 - 79| = 4$. Das Alter ist also mit den Angaben aus der Aufgabe nicht eindeutig bestimmt, (**E**) ist richtig.

L 5.5 (**C**) Für Tage, an denen Frau Zucker ihren Schirm zu Hause lässt, wurde kein Regen angesagt. Folglich hat es, da die Wettervorhersage stimmte, am Montag und am Donnerstag nicht geregnet. Am Mittwoch kann es auch nicht geregnet haben, da Frau Zucker ansonsten am Donnerstag ihren Schirm mitgenommen hätte. Am Dienstag und am Freitag hat Frau Zucker ihren Schirm mitgenommen. Da es jeweils am Vortag nicht geregnet hat, wurde Regen angesagt und folglich hat es am Dienstag und am Freitag geregnet, da die Wettervorhersage immer stimmte. Insgesamt hat es an 2 der 5 Tage geregnet.

L 5.6 (**C**) Das Bild zeigt, dass 4 Fahrzeuge bewegt werden müssen, damit danach das schwarze Auto den Parkplatz verlassen kann, so wie in (**C**) angegeben.

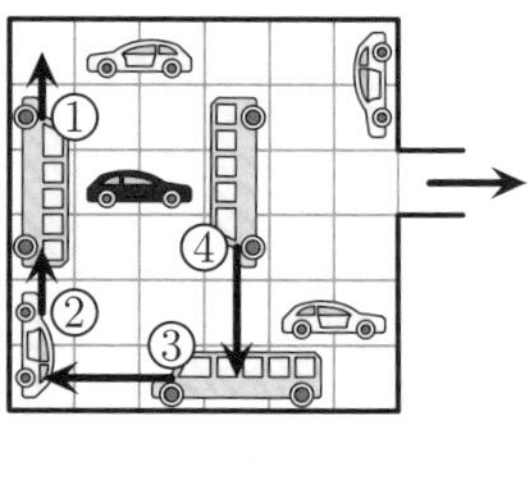

L 5.7 (C) Insgesamt muss Frieda 6 Toastseiten braten, dafür sind mindestens 3-mal 4 Minuten, also 12 Minuten, nötig. Und die reichen auch, wenn Frieda immer 2 Toastscheiben gleichzeitig brät, erst Toast 1 und Toast 2, dann Toast 1 (Rückseite) und Toast 3, und dann Toast 2 (Rückseite) und Toast 3 (Rückseite).

L 5.8 (B) Wir schauen uns für jeden der drei Wege an, auf welcher Seite davon der neue Baum gepflanzt werden muss. Das ist jeweils die Seite, auf der bisher nur 2 Bäume stehen. Der neue Baum muss links des Weges gepflanzt werden, der von unten nach oben verläuft, also in einen der Bereiche A oder B (oder in den kleinen Bereich links unten), und gleichzeitig oberhalb des Weges, der von links oben nach rechts unten verläuft, also in einen der Bereiche B, C oder D. Damit ist schon klar, dass der Bereich B gesucht ist. Dass die Bedingung dann auch für den Weg, der von links unten nach rechts oben verläuft, erfüllt ist, lässt sich schnell nachzählen.

L 5.9 (D) Wir kürzen die Gewürze mit ihren Anfangsbuchstaben ab. Die Anordnung zu Beginn ist CMZIP. Das einzige Gewürz, das 4 Positionen weiter links als zu Beginn stehen kann, ist der Pfeffer. Nur die Gewürze Chili und Muskat können 3 Positionen weiter rechts als zu Beginn stehen. Folglich gibt es zwei mögliche Anordnungen: P??C? und P???M.
Da der Zimt am Ende weiter links als der Ingwer steht, kommen genau die folgenden Anordnungen in Frage: PZICM, PZMCI, PMZCI, PZCIM, PCZIM.
Bei zwei dieser Anordnungen stehen zwei Gewürze dort, wo sie zu Beginn standen, und bei zwei anderen Anordnungen stehen alle Gewürze an einer anderen Stelle als zu Beginn. Nur bei der Anordnung PZCIM steht genau ein Gewürz wieder dort, wo es zu Beginn stand, nämlich der Ingwer.

L 5.10 (C) Wir zeigen, dass genauso viele Stücke übrig sind, wie es Teller gibt, also insgesamt 4. Dazu stellen wir zunächst fest, dass auf keinem Teller mehr als 3 Stücke liegen. Wären nämlich auf einem Teller 4 Stücke übrig, dann wären, nach der Vorgabe für die 4 Teller, auf allen 4 Tellern gleich viele Stücke, aber nicht 4, sondern eine der Stückzahlen 0 bis 3. Mehr als 4 Stücke können es sicher nicht sein, da es nur 4 Teller sind.
Durch die Anzahl der Stücke wird gezählt, wie viele Teller es mit 0, 1, 2 oder 3 Stücken sind. Und da es keine Teller mit mehr als 3 Stücken gibt, wird jeder Teller genau einmal mitgezählt. Also sind genauso viele Stücke übrig, wie es Teller gibt.
Für die Verteilung der Stücke gibt es zwei Möglichkeiten, 0–2–0–2 oder 2–1–0–1, die sich auch durch systematisches Überlegen finden lassen.

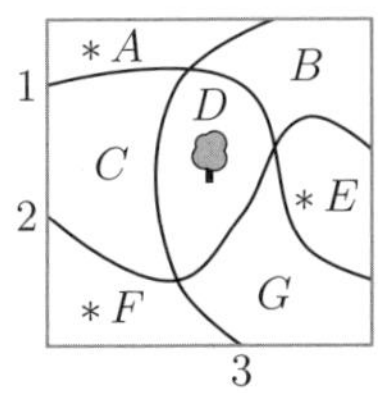

L 5.11 (C) Wir versuchen als erstes, ob es ausreicht, einen weiteren Baum zu pflanzen. Dann müsste er links von Weg 3 gepflanzt werden, also in den Bereich A, C oder F. In jedem dieser Fälle stünden dann aber bei Weg 1 oder Weg 2 zwei Bäume auf der einen Seite und kein Baum auf der anderen. Nur zwei weitere Bäume zu pflanzen reicht auch nicht, da es dann insgesamt drei Bäume wären – so kann bei keinem Weg auf beiden Seiten dieselbe Anzahl von Bäumen stehen. Dass drei weitere Bäume ausreichen, zeigt das Beispiel: Es muss dafür in den Bereichen A, E und F jeweils ein Baum gepflanzt werden.

L 5.12 (**B**) Dass von jeder Wegkreuzung der nächstgelegene Wasserspender maximal ein Wegstück entfernt ist, gilt insbesondere für die 4 Wegkreuzungen an den Ecken. Somit muss in den 4 rechts markierten Gebieten jeweils mindestens ein Wasserspender aufgestellt werden, insgesamt mindestens 4 Stück. Dass 4 Wasserspender genügen, zeigt das Beispiel, in dem die Wasserspender schwarz und die direkten Wegstücke zu ihnen dick markiert sind.

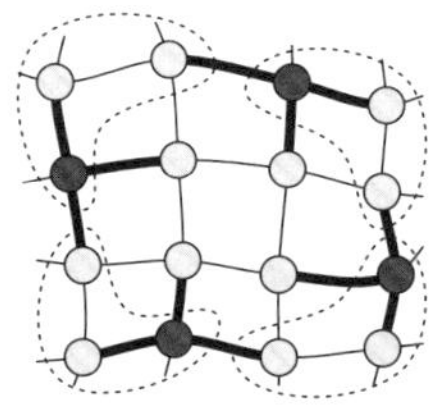

L 5.13 (**E**) Wir können für jede Antwortmöglichkeit überprüfen, wie viele der Vornamen bei jeder der 3 Fragen richtig geraten wurden. Nur für (**E**) ist bei jeder der 3 Fragen genau einer der genannten Vornamen richtig (und steht auch an der richtigen Position).
Ohne die Antwortmöglichkeiten zu benutzen, können wir die Vornamen so herausfinden: Es fällt auf, dass für jede Position ein Vorname zweimal genannt wird und ein Vorname nur einmal. Wenn ein zweimal genannter Vorname richtig wäre (zum Beispiel Ada an erster Stelle), dann sind alle anderen Vornamen, die in diesen beiden Fragen vorkommen, falsch (im Beispiel Lilo, Lara, Cleo und Cora). Dann gibt es aber in der dritten Frage gar keinen richtigen Vornamen (im Beispiel Alea Lara Cleo). Also ist an jeder Position genau derjenige Vorname der Richtige, der nur einmal genannt wird. Die neue Schülerin heißt folglich Alea Lilo Cora.

L 5.14 (**D**) Am Paarangeln nahmen insgesamt $25 + 51 = 76$ Angler teil. Davon waren 58 glücklich und folglich $76 - 58 = 18$ unglücklich. Also gab es 9 gemischte Paare mit 9 Amateuren (und 9 Profis). Die restlichen $51 - 9 = 42$ Amateure waren in reinen Amateurpaaren, das waren demzufolge 21 Paare.

L 5.15 (**D**) Von Mannschaft A ergänzen wir in der Tabelle die Spiele gegen D und F an den Spieltagen 1 und 3. Da am 1. Spieltag bereits D gegen C spielt, muss am 1. Spieltag A – F stattfinden sowie mit den noch fehlenden Teams B – E. Am 3. Spieltag finden demzufolge A – D und B – C statt. Von Mannschaft C müssen wir noch die Spiele gegen E und F an den Spieltagen 2 und 4 finden. Da am 2. Spieltag bereits E gegen A spielt, muss C – E am 4. Spieltag stattfinden und damit auch D – F am 4. Spieltag. Die vollständige Tabelle ist abgebildet.

1	2	3	4	5
C – D	A – E	E – F	A – B	A – C
A – F	C – F	A – D	C – E	B – F
B – E	B – D	B – C	**D – F**	D – E

L 5.16 (**B**) Hannahs schlechteste Endpunktzahl wäre $1 \cdot 1 \cdot 13 = 13$. Die anderen Kletterinnen können nicht die Endpunktzahl 13 haben, da man dafür in zwei Kategorien den 1. Platz belegen müsste. Nun untersuchen wir, wie viele Kletterinnen gleichzeitig eine Endpunktzahl von höchstens 12 erzielen können. Die Kletterinnen mit 4 oder mehr Punkten in der dritten Kategorie haben mindestens eine Endpunktzahl von $2 \cdot 2 \cdot 4 = 16 > 12$. Diese landen auf jeden Fall hinter Hannah. Hannahs Endplatzierung ist schon mal sicher nicht schlechter als der 4. Platz. Damit Hannah am Ende auf dem 4. Platz wäre, müssten drei Kletterinnen besser sein als Hannah, also jeweils eine Endpunktzahl haben, die kleiner oder gleich 12 ist. Das bedeutet, dass das Produkt aller ihrer neun Platzierungen in den einzelnen Kategorien kleiner oder gleich 12^3 wäre. Die drei bestmöglichen Platzierungen in den ersten beiden Kategorien sind 2, 3, 4 und in der dritten Kategorie 1, 2, 3. Damit ist das Produkt der neun Platzierungen dieser drei Kletterinnen größer oder gleich $2 \cdot 3 \cdot 4 \cdot 2 \cdot 3 \cdot 4 \cdot 1 \cdot 2 \cdot 3 = 12^3 \cdot 2 > 12^3$. Das ist ein Widerspruch, Hannahs Endplatzierung ist folglich nicht schlechter als der 3. Platz. Dass der 3. Platz möglich ist, zeigt das Beispiel:
1. Platz mit einer Endpunktzahl von $2 \cdot 2 \cdot 2 = 8$; 2. Platz mit einer Endpunktzahl von $3 \cdot 3 \cdot 1 = 9$; 3. Platz Hannah mit einer Endpunktzahl von $1 \cdot 1 \cdot 13 = 13$.

L 5.17 (**A**) Wer erkennt, dass der Termin um 17:00 Uhr nur für Caro passt, der sieht schnell, dass der Termin um 13:00 Uhr dann nur für Nils passt. Also ist Nils um 13:00 Uhr an der Reihe.
Wer eher auf die Personen schaut als auf die Termine, sieht zuerst, dass Anne den Termin um 14:00 Uhr bekommen muss. Dann muss Papa den Termin um 15:00 Uhr und Mama den Termin um 16:00 Uhr bekommen. Somit ist Nils um 13:00 Uhr an der Reihe und Caro um 17:00 Uhr.

L 5.18 (**E**) Kathryns Anstecker sind zur Hälfte Planeten, das trifft nur auf (**C**) zu. Chris hat mehr Monde als Sterne, das trifft von den verbliebenen Sammlungen nur auf (**D**) zu. James hat eine gerade Anzahl von Ansteckern, das ist bei den verbliebenen Sammlungen nur bei (**A**) der Fall. Von den beiden nun verbliebenen Sammlungen enthält nur (**B**) keine Monde und gehört folglich zu Philippa. Jean-Lucs Anstecker sind bei (**E**) zu sehen.

L 5.19 (**D**) Günstig ist es, mit dem 4. Tipp zu beginnen: die Ziffern 3, 7 und 8 kommen nicht vor. Damit wissen wir aus dem 3. Tipp, dass entweder die 2 oder die 6 vorkommt und auch am richtigen Platz ist. Im 2. Tipp steht die 6 am selben Platz wie im 3. Tipp, aber die eine richtige Ziffer in 2. Tipp ist am falschen Platz. Also ist die 2 die korrekte Zahl im 3. Tipp und steht ganz rechts im Code. Der 1. Tipp liefert nun die 0 als korrekte Ziffer. Da sie am falschen Platz steht und auch der rechte Platz schon von der 2 belegt ist, gehört sie im Code nach links. Schließlich kann in der Mitte des Codes, passend zum 2. Tipp, nur die 4 stehen. Mit 042 kann Janosch das Schloss öffnen.

L 5.20 (**B**) Es gibt 3 dunkle, 3 große, aber nur 2 runde Figuren. Damit ich 2 runde Figuren dabei habe, muss ich also auf jeden Fall die beiden Kreise auswählen. Mit diesen beiden Figuren habe ich eine dunkle und eine große Figur dabei. Es sollen aber 2 dunkle und 2 große sein. Es würde genügen, eine weitere Figur auszuwählen, die gleichzeitig dunkel und groß ist. Und eine solche Figur gibt es: das große dunkle Quadrat. Mit 3 Figuren klappt es also schon, (**B**) ist richtig.

L 5.21 (**E**) Wir können für jede Antwort prüfen, ob dies die Lösung ist, indem wir immer für die anderen vier Rechtecke abgleichen, ob dort genau 4 der schraffierten Kästchen ebenfalls schraffiert sind oder nicht. So finden wir die Lösung (**E**). Ohne die einzelnen Antworten miteinander zu vergleichen, können wir die Aufgabe wie folgt lösen: Von den insgesamt $5 \cdot 5 = 25$ schraffierten Kästchen in den fünf Antworten sind $5 + 4 \cdot 4 = 21$ richtig und $25 - 21 = 4$ sind falsch. Wir zählen für jedes Kästchen, wie oft Simon dieses in seinen fünf Versuchen schraffiert hat (siehe Bild rechts). Kästchen, die in jedem Versuch schraffiert wurden, also insbesondere in dem Versuch, bei dem alles richtig ist, sind ganz sicher richtig. Das trifft auf 3 Kästchen zu, die insgesamt $3 \cdot 5 = 15$ der richtig schraffierten 21 Kästchen ausmachen. Die beiden anderen richtigen Kästchen hat Simon insgesamt $21 - 15 =$ 6-mal schraffiert. Aus dem Bild ist nun klar, dass es die beiden linken oberen Kästchen sein müssen, die er 4-mal bzw. 2-mal schraffiert hat. Richtig schraffiert sind folglich alle Kästchen im Versuch (**E**).

4	0	5	5
2	1	1	0
1	1	5	0

L 5.22 (**B**) Wir überlegen uns zunächst für jedes Kind einzeln, welche zwei Karten es auf der Hand haben könnte:

David hat: 1 und 6 oder 2 und 7.
Anastasia hat: 1 und 5 oder 2 und 4.
Lennox hat: 1 und 2 oder 2 und 4 oder 3 und 6.

Entweder hat David die 1 und Anastasia die 2 oder David hat die 2 und Anastasia die 1. Das heißt, dass ganz sicher einer der beiden die 1 und der andere die 2 hat. Da Lennox somit keine 1 und keine 2 haben kann, muss er 3 und 6 haben. Folglich hat David 2 und 7 und Anastasia hat 1 und 5. Die 4 liegt noch auf dem Tisch.

L 5.23 (**D**) Jedes junge Känguru steht in den beiden Reihen bei zwei verschiedenen Kängurus. Das bedeutet, dass die beiden jungen Kängurus x und y, die in der oberen Reihe bei ihrer Mutter stehen, in der unteren Reihe nicht bei ihrer Mutter stehen. Damit stehen die drei anderen jungen Kängurus in der unteren Reihe bei ihrer Mutter. Das geht aber nur, wenn in der unteren Reihe x bei der Mutter von y und y bei der Mutter von x steht. Sie haben also im Vergleich zur oberen Reihe die Plätze gewechselt. Das einzige Paar, das von der oberen Reihe zur unteren Reihe die Plätze gewechselt hat, sind s und q. Also sind die Mutter-Kind-Paare: A-s, B-t, C-q, D-p, E-r. Die Mutter von p ist D.

L 5.24 (**A**) Da unter 5 aufeinanderfolgenden Bällen die Verteilung der Farben immer gleich ist (ein blauer, ein roter, ein weißer und folglich zwei grüne), hat der 1. Ball dieselbe Farbe wie der 6., 11., 16., ..., der 2. Ball dieselbe Farbe wie der 7., 12., 17., ... und so weiter. Bälle, deren Nummern beim Teilen durch 5 den gleichen Rest lassen, haben also dieselbe Farbe.
Da der 20. Ball grün ist, sind auch der 15., der 10. und der 5. Ball grün. Weil unter den ersten 5 Bällen ein roter und ein weißer Ball ist, auf jeden roten Ball ein weißer folgt und wir bereits wissen, dass der 2. und der 5. Ball grün sind, muss der 3. Ball rot sein und der 4. Ball weiß. Der fehlende blaue Ball unter den ersten 5 Bällen ist der 1. Ball. Da 2021 bei Teilen durch 5 den Rest 1 lässt, ist der letzte Ball (der 2021.) wie der 1. Ball blau.

L 5.25 (**C**) Da sich Xenia sicher ist, dass Ysette die Figur nicht kennen kann, wissen wir und Ysette, dass die Figur nicht weiß ist. Wäre die Figur nämlich weiß, so könnte sie das weiße Sechseck sein. Dann aber würde Ysette die Figur kennen, da nur eine der angegebenen Figuren ein Sechseck ist.
Mit dem Wissen, dass die Figur nicht weiß ist, erschließt Ysette die Figur. Das bedeutet, dass die Form der Figur in der angegebenen Reihe einmal in weiß und einmal in einer anderen Farbe vorkommen muss. Es kommen nur noch drei Figuren in Frage: 
Da nun auch Xenia die Figur erschließt, kann sie nicht schwarz sein, da es dafür zwei Möglichkeiten gibt. Damit ist klar, welche Figur Zita am besten gefällt: 

L 5.26 (**D**) Die Antworten von Ben und Kay beziehen sich beide auf Kay. Sie widersprechen sich, und das heißt: Eine dieser beiden Antworten ist wahr, die andere falsch. Da es insgesamt genau eine wahre Antwort gibt, sind die beiden anderen Antworten, nämlich die von Ida und Tina, falsch. Also ist Tinas Antwort „Ich war's nicht." falsch, sie hat geflunkert. Tina hat die Blumen gepflückt.

L 5.27 (**C**) Es fällt auf, dass Pirat 2 und Pirat 3 beide den Satz „Graubart hat genau 7 Münzen." sagen. Wäre dieser Satz falsch, dann wäre von beiden Piraten der zweite Satz wahr. Dann hätte Graubart aber gleichzeitig 4 Diamanten und 7 Diamanten, was nicht möglich ist. Also ist der Satz „Graubart hat genau 7 Münzen." wahr. Damit ist der erste Satz von Pirat 1 falsch und sein zweiter Satz „Er hat genau 6 Diamanten." somit wahr. Graubart hat 7 Münzen und 6 Diamanten, also insgesamt $7 + 6 = 13$ Münzen und Diamanten.

L 5.28 (**E**) Wenn Noras Aussage wahr wäre, so wäre sie nicht die Älteste. Die Aussagen von Maike und Pauline wären dann beide falsch. Das heißt, dass Maike nicht die Älteste ist, und, dass Pauline die Jüngste ist. In diesem Fall ist keine der Drei die Älteste, was nicht sein kann.
Folglich ist die Aussage von Nora falsch, und sie ist somit die Älteste. Daraus folgt, dass Maike nicht die Älteste ist, und somit ist auch die Aussage von Maike falsch.

Also muss die Aussage von Pauline wahr sein. Pauline ist also nicht die Jüngste. Sie muss somit die Mittlere sein, und Maike ist die Jüngste. Die Reihenfolge lautet Nora, Pauline, Maike.

L 5.29 (**D**) Da der Elf die Wahrheit spricht, hat er zum Troll sicher nicht den Satz bei (**A**), (**B**) oder (**C**) gesagt. Da der Troll lügt, hat er zum Elf sicher nicht den Satz bei (**E**) gesagt. Den Satz bei (**D**) könnten beide gesagt haben.

L 5.30 (**D**) Es könnte sein, dass nur Naja-Schöpfe am Tisch sitzen. Wir wollen jedoch wissen, wie viele Ja-Schöpfe dort höchstens sitzen können. Neben jedem Ja-Schöpf sitzt mindestens ein Naja-Schöpf. Wählen wir also eine beliebige nebeneinander sitzende Dreiergruppe, dann kann es in dieser höchstens zwei Ja-Schöpfe geben. Folglich kann die Anzahl der Ja-Schöpfe, da sich die Geschöpfe in 10 Dreiergruppen aufteilen lassen, höchstens 20 sein. Und es gibt auch tatsächlich eine Sitzordnung der Geschöpfe, bei der genau 20 Ja-Schöpfe und 10 Naja-Schöpfe am Tisch sitzen, nämlich wenn stets auf zwei Ja-Schöpfe ein Naja-Schöpf folgt.

L 5.31 (**A**) Die Aussage wird von jeder der beiden Kreaturen nur an einem Lügentag getroffen, der auf einen Wahrheitstag folgt, oder an einem Wahrheitstag, der auf einen Lügentag folgt. Da bei beiden Wahrheits- und Lügentage in Blöcken zusammenhängen, gibt es dafür nur jeweils zwei Möglichkeiten. Bei der lila Krabbe kommen nur Montag und Donnerstag in Frage, und beim Seestern sind es Donnerstag und Sonntag. Also ist es Donnerstag.
Hier lässt sich auch gut mit einer Tabelle arbeiten, in der man Lügentage und Wahrheitstage einträgt und dazu jeweils, ob die Aussage an diesem Tag möglich ist oder nicht.

L 5.32 (**C**) Schauen wir uns die Aussagen aufmerksam an, bemerken wir, dass ganz sicher Aussage (**B**) eine Lüge ist und mindestens eine der Aussagen (**D**) und (**E**). Unter den Antworten sind also mindestens zwei Lügen. Daher ist mindestens eine der vier Aussagen, die von diesem Tag stammen, eine Lüge, der genannte Tag also ein Lügentag. Da die Aussage (**C**) unabhängig vom Wochentag stets wahr ist, kann sie nicht von diesem Tag stammen und ist somit die gesuchte Aussage.

L 5.33 (**C**) Wir untersuchen die Möglichkeiten, von welchem Typ Berta ist.

1. Fall: Berta ist positiv. Dann ist die Antwort auf Bertas Frage Ja. Das bedeutet jedoch, dass Albert und Berta beide negativ sind – im Widerspruch dazu, dass Berta positiv ist. Dieser Fall ist also nicht möglich.

2. Fall: Berta ist negativ. Dann ist die Antwort auf Bertas Frage Nein. Das bedeutet, dass Albert und Berta nicht beide negativ sind, das heißt, sie könnten beide positiv sein oder einer von ihnen ist positiv und der andere negativ. Da Berta negativ ist, gibt es in diesem Fall nur die Möglichkeit, dass Albert positiv ist.

Also ist Albert positiv und Berta ist negativ.

L 5.34 (**D**) Da zu jeder Untertasse einc passende Tasse existiert, ist es natürlich möglich, alle Tassen richtig zuzuordnen. Damit entfällt die Antwortmöglichkeit (**E**), aber es entfallen auch (**A**) und (**B**). Vertauscht man in der komplett richtigen Zuordnung 2 Tassen, dann stehen genau 2 Tassen auf ihren passenden Untertassen. Genau 2 richtige Zuordnungen sind also möglich und somit entfällt auch (**C**). Allerdings ist es unmöglich, dass genau 3 Tassen auf ihren passenden Untertassen stehen, denn für die 4. Tasse wäre ja nur die passende Untertasse übrig.

L 5.35 (**D**) Zuerst stellen wir fest, dass Nele und Moritz beide 20 Figuren genommen haben. Betrachten wir nun (**A**), stellen wir schnell fest, dass dies nicht gelten muss, denn Nele könnte auch alle 20 blauen Figuren und keine rote haben. Mit dieser Aufteilung sehen wir, dass auch (**B**), (**C**) und (**E**) nicht unbedingt gelten müssen. Nur (**D**) kommt damit als Lösung in Frage.
Dass das auch wirklich sicher richtig ist, sehen wir gut, wenn wir die Anzahl der roten Figuren von Nele betrachten. Diese ergibt zusammen mit der Anzahl ihrer blauen Figuren 20 (Gesamtzahl von Neles Figuren) und mit der Anzahl der roten Figuren von Moritz ebenfalls 20 (Gesamtzahl roter Figuren). Also hat Nele sicher genauso viele blaue Figuren wie Moritz rote Figuren hat.

L 5.36 (**E**) Wäre (**B**) (n ist durch 6 teilbar) wahr, so wäre auch (**A**) (n ist durch 3 teilbar) wahr. Also ist (**B**) falsch: n ist nicht durch 6 teilbar.
Wäre (**D**) ($n = 2$) wahr, so wäre auch (**C**) (n ist eine Primzahl) wahr. Also ist (**D**) falsch: $n \neq 2$.
Wäre (**C**) (n ist eine Primzahl) wahr, so wäre – da $n \neq 2$ – auch (**E**) (n ist ungerade) wahr. Also ist (**C**) falsch: n ist keine Primzahl.
Wäre (**A**) (n ist durch 3 teilbar) wahr, so müsste (**E**) (n ist ungerade) falsch sein. Das würde aber bedeuten, dass n gerade ist und damit wäre auch (**B**) (n ist durch 6 teilbar) wahr. Also ist auch (**A**) falsch: n ist nicht durch 3 teilbar.
Somit kann nur (**E**) wahr sein. Zum Beispiel würde auf $n = 25$ nur die Aussage bei (**E**) zutreffen.

L 5.37 (**E**) Die zweite Aussage besagt, dass alle gemusterten Hüllen hell sind. Aus der ersten Aussage folgt, dass eine helle Hülle nicht aus Leder sein kann (sonst wäre sie ja schwarz), also aus Silikon sein muss. Folglich sind alle gemusterten Hüllen aus Silikon, (**E**) ist richtig.
Die anderen Aussagen können stimmen, aber nicht ganz sicher. Wenn es zum Beispiel eine helle und eine schwarze einfarbige Hülle aus Silikon gibt, dann trifft nur (**E**) zu, alle anderen Aussagen sind falsch.

L 5.38 (**B**) Nach dem ersten Zug zeigen 2 Münzen „Kopf“ und 3 Münzen „Zahl“. Ein weiterer Zug reicht sicher nicht, damit alle Münzen „Zahl“ zeigen. Drehen wir im zweiten Zug zweimal „Zahl“ und einmal „Kopf“ um, so zeigen anschließend 3 Münzen „Kopf“ und 2 Münzen „Zahl“. Im dritten Zug können wir die drei „Kopf“ umdrehen und sind fertig. Es sind also mindestens drei Züge nötig.

L 5.39 (**C**) Sebastian verliert ganz sicher, wenn Kateryna irgendwann im Spielverlauf genau einen Stein in der Schachtel lässt. Im ersten Zug kann ihr das nicht gelingen, da sie nicht 9 Steine entnehmen darf. Da sie 1, 2, 3, 4 oder 5 Steine entnehmen darf, kann sie dies erreichen, wenn Sebastian beim Zug davor 2, 3, 4, 5 oder 6 Steine in der Schachtel lässt. Und eine dieser Anzahlen an Steinen verbleibt ganz sicher in der Schachtel, wenn Sebastian für seinen Zug genau 7 Steine in der Schachtel vorfindet, da er 1, 2, 3, 4 oder 5 Steine entnehmen muss. Und 7 Steine kann Kateryna im ersten Zug übrig lassen, indem sie 3 Steine herausnimmt.
Wir begründen noch, dass dies wirklich die einzige Möglichkeit für Katerynas ersten Zug ist: Würde sie weniger als 7 Steine übrig lassen, könnte Sebastian einen Stein für Kateryna übrig lassen, die damit im nächsten Zug verliert. Würde sie mehr als 7 Steine übrig lassen, könnte Sebstian 7 Steine für Kateryna übrig lassen, die dann verliert, wenn Sebastian die beschriebene Strategie anwendet.

L 5.40 (**E**) Da auf dem Tisch 4 der Taler mit der schwarzen Seite nach oben liegen und 5 der Taler mit der weißen, ist es nicht möglich, mit nur einem Umdrehen von 3 Talern zu erreichen, dass alle Taler mit derselben Farbe nach oben liegen. Drehen wir jedoch im ersten Zug einen Taler, der mit der weißen Seite nach oben liegt, und 2 Taler, die mit der schwarzen Seite nach oben liegen, um, so liegen danach 3 Taler mit der schwarzen und 6 Taler mit der weißen Seite nach oben. Wenn wir im zweiten Zug die 3 Taler umdrehen, die mit der schwarzen Seite nach oben liegen, erhalten wir die Situation, bei der alle Taler mit ihrer weißen Seite nach oben liegen. Die kleinste Anzahl von Spielzügen, die benötigt wird, ist also 2.

L 5.41 (**E**) Mit der Abfolge 2,3,3,2 findet Liv das Schiff mit Sicherheit: Stellt Jesse das Schiff zu Beginn auf Feld 2, so findet es Liv gleich bei der ersten Abfrage. Stellt Jesse das Schiff zu Beginn auf Feld 4, so muss er es nach der ersten Abfrage auf Feld 3 schieben. Dort findet es Liv dann bei der zweiten Abfrage. Stellt Jesse das Schiff zu Beginn auf Feld 1 oder 3, so muss er es nach der ersten Abfrage auf Feld 2 oder 4 und nach der zweiten Abfrage auf Feld 1 oder 3 schieben. Schiebt er es dabei auf Feld 3, so findet es Liv bei der dritten Abfrage. Andernfalls, wenn er es auf Feld 1 schiebt, dann muss er es nach der dritten Abfrage auf Feld 2 schieben, wo Liv es dann schließlich bei der vierten Abfrage findet.
Dass das Schiff bei den anderen Abfolgen nicht sicher gefunden werden kann, zeigen die folgenden denkbaren Züge von Jesse:
(**A**) 4,3,2,1,2,3,4,3, (**B**) 2,1,2,1,2,1,2, (**C**) 3,4,3,4,3,4, (**D**) 2,1,2,3,2.

L 5.42 (**A**) Es gibt insgesamt $\frac{10+17+15}{2} = 21$ Runden, da in jeder Runde zwei Lehrer antreten. Da jedes Mal der Gewinner gegen den ausgeruhten Lehrer antritt, ist jeder Lehrer mindestens bei jeder zweiten Runde dabei, also bei mindestens 10 Runden. Um bei 21 Runden bei genau 10-mal anzutreten (wie Herr Richter), muss man in der 2., 4., 6., 8., 10., 12., 14., 16., 18. und 20. Runde dabei sein und jedes Mal verlieren. Die 2. Runde hat folglich Herr Richter verloren.

L 5.43 (**A**) Egal welche Zahl sich Emily im ersten Zug aussucht, es wird auf jeden Fall dabei die 1 gestrichen. Bei der 4 wird zusätzlich die 2 und bei der 6 werden zusätzlich die 2 und die 3 gestrichen.
Würde Emily zu Beginn die 6 aussuchen, so blieben die Zahlen 4, 5, 7 übrig. Da keine dieser Zahlen ein Vielfaches einer anderen ist, streichen Emily und Daniel in den folgenden drei Zügen jeweils genau eine Zahl durch. So gewinnt Daniel.
Würde Emily zu Beginn die 4, die 5 oder die 7 aussuchen, so kann Daniel anschließend die 6 aussuchen. So würden zwei Zahlen stehen bleiben: 5 und 7 bzw. 4 und 7 bzw. 4 und 5. Emily kann im nächsten Zug nicht beide Zahlen durchstreichen. Auch in diesem Fall gewinnt Daniel.
Würde Emily zu Beginn die 2 aussuchen, so blieben die Zahlen 3, 4, 5, 6, 7 übrig. In diesem Fall wählt Daniel die 3. So blieben 4, 5, 6, 7 übrig, von denen jeweils eine in den folgenden vier Zügen gestrichen wird. Auch in diesem Fall gewinnt Daniel.
Würde Emily zu Beginn die 3 aussuchen, wählt Daniel umgekehrt zum letzten Fall die 2, und gewinnt.
Es bleibt also nur die 1 als mögliche Zahl, um das Spiel sicher zu gewinnen. Und tatsächlich kann Emily das auch, indem sie nach Daniels Zug so spielt, wie es oben für Daniel beschrieben ist.

L 5.44 (**E**) Die gesuchte Münze muss in der senkrechten Reihe ganz links liegen, denn dort liegen 3 Münzen, das heißt eine zu viel. Die gesuchte Münze muss aber auch in der waagerechten Reihe ganz unten liegen, denn dort liegen ebenfalls 3 Münzen, wiederum eine zu viel. Dann kann die gesuchte Münze nur ③ bei (**E**) sein. Sie muss in das Feld rechts neben ⑦ gelegt werden.

L 5.45 (**B**) Wir beginnen mit der links oben befindlichen Vierergruppe, in der 3 und 2 bereits eingetragen sind – es fehlen 1 und 4, die also beide in den beiden linken Feldern der obersten Zeile stehen. In den beiden rechten Feldern dieser Zeile müssen 2 und 3 stehen, und da in der 3. Spalte bereits eine 2 steht, gehört die 2 in die rechte obere Ecke in den Kreis mit dem Fragezeichen.
Die Figur lässt sich auf eindeutige Weise vervollständigen, wie rechts zu sehen ist.

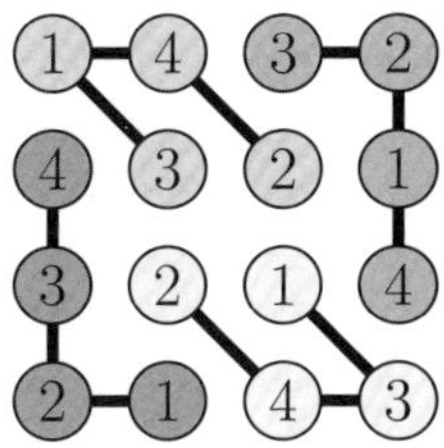

L 5.46 (**C**) Das graue Feld unten rechts steht in einer Zeile, in der bereits eine 1 steht, in einer Spalte, in der bereits eine 2 steht, und in einem dick umrandeten Quadrat, in dem bereits eine 3 steht. Den Regeln entsprechend muss Anna in dieses graue Quadrat eine 4 eintragen.
Das graue Feld oben links steht in einer Zeile, in der bereits eine 2 steht, und in einer Spalte, in der bereits eine 4 steht. Hier könnte also eine 1 oder eine 3 stehen. Wäre es eine 3, dann wäre in dem dick umrandeten Quadrat links unten

kein Platz mehr für eine 3, da die Zeile, zu der das untere der leeren Felder gehört, und die Spalte, zu der das linke der leeren Felder gehört, dann bereits eine 3 enthalten. In das graue Quadrat links oben muss Anna also eine 1 eintragen. Die gesuchte Summe ist somit 5.
Das vollständig ausgefüllte Sudoku ist rechts zu sehen.

1	3	4	2
2	4	1	3
3	1	2	4
4	2	3	1

L 5.47 (**C**) Da die mittlere Zahl einer jeden Zeile oder Spalte jeweils der Durchschnitt der beiden äußeren Zahlen sein soll und in allen Kästchen natürliche Zahlen stehen sollen, müssen die beiden äußeren Zahlen einer jeden Zeile oder Spalte jeweils beide ungerade oder beide gerade sein. Anhand der Einträge lesen wir ab, dass oben in der Mitte, links in der Mitte sowie in allen Eckfeldern ungerade Zahlen stehen müssen. (**D**) entfällt damit. Außerdem entfällt (**A**), denn hierfür müsste rechts oben -1, also eine negative Zahl stehen. Wir überlegen für die anderen Antworten, welche Zahlen oben rechts und oben in der Mitte stehen würden: (**B**) oben rechts: 1, oben Mitte: 6, (**C**) oben rechts: 3, oben Mitte: 7, (**E**) oben rechts: 5, oben Mitte: 8. Nur bei Antwort (**C**) wäre oben in der Mitte eine ungerade Zahl, also muss (**C**) die Lösung sein.

L 5.48 (**C**) In Kaisas 4×4-Quadrat ist die 3. Zeilensumme gleich $11+c+d$ und die 3. Spaltensumme ist gleich $15+d$. Also ist $c = 4$. Die 2. Zeilensumme ist gleich $12 + b$ und die 1. Spaltensumme ist gleich $1+b+c+e = 5+b+e$. Also gehört in das graue Kästchen die Zahl $e = 7$.
Für jede beliebige Zeilensumme lässt sich das Quadrat eindeutig ausfüllen.

1	a	6	3
b	2	2	8
c	7	d	4
e	f	7	g

L 5.49 (**E**) Wir füllen die 2. und die 4. Spalte mit Variablen auf (siehe linkes Bild). Da die Summe der Zahlen in jeder Reihe gleich ist, ist die Summe der Zahlen in der 2. und 4. Spalte gleich der Summe der Zahlen in der 2. und 4. Zeile. Das heißt $(24+a+11+b+2)+(5+c+15+d+x) = (22+a+17+c+4)+(25+b+9+d+1)$ und somit $x = 21$. Das rechte Bild zeigt, dass sich das Quadrat auch wirklich vollständig so ausfüllen lässt, dass die Summe der Zahlen in jeder Reihe (sogar auch in den beiden Diagonalen) gleich, das heißt gleich 65, ist.

	24		5	
22	a	17	c	4
	11		15	
25	b	9	d	1
	2		x	

7	24	6	5	23
22	12	17	10	4
8	11	13	15	18
25	16	9	14	1
3	2	20	21	19

L 5.50 (**A**) Die Summe der vier Zahlen in den Kreisen ist gleich $8 + 13 = 21$, denn jede dieser vier Zahlen ist entweder ein Summand der 8 oder ein Summand der 13, die zwischen den Kreisen stehen. Genauso ist $9 + ?$ die Summe der vier Zahlen in den Kreisen. Also steht an der Stelle des Fragezeichens $21 - 9 = 12$.

L 5.51 (B) Da die Summe der Zahlen an den Ecken eines jeden Sechsecks 30 ist, ist die Summe der beiden Zahlen, die in die leeren Kreise des linken Sechsecks gehören, $30 - 3 - 6 - 1 - 2 = 18$. Die Summe der beiden Zahlen, die in die beiden leeren Kreise des rechten Sechsecks gehören, ist $30 - 4 - 6 - 9 - 4 = 7$. Folglich ist die gesuchte Zahl im mittleren Sechseck $30 - 1 - 7 - 18 = 4$. Wir konnten diese Zahl also bestimmen, ohne die einzelnen fehlenden Zahlen angeben zu müssen. Die entsprechenden Summen haben ausgereicht.

L 5.52 (B) Die benachbarten Zahlen 5 und 11 haben die Summe 16. Sie liegen der 4 und einer unbekannten Zahl gegenüber, die mit 4 die Summe 16 haben muss. Das ist die 12. Analog finden wir nacheinander die 1 ($6+8 = 13+1$), die 3 ($10+1 = 8+3$) und die 7 ($14+3 = 10+7$). Schließlich müssen noch die Zahlen 2 und 9 in die beiden letzten freien Felder verteilt werden. Das muss so geschehen, dass die Summe der gesuchten Zahl mit 14 gleich der Summe der anderen unbekannten Zahl mit 7 ist. Also muss die gesuchte Zahl 2 sein, denn $14 + 2 = 7 + 9$.

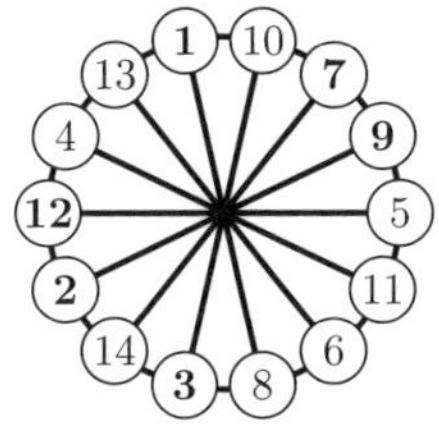

L 5.53 (A) Da in jedem Ring die Summe aller Zahlen 10 ist, können wir zunächst die fehlenden Zahlen in den beiden äußeren Ringen bestimmen. Auf der zweiten Karte von links steht die 4, denn $6 + 4 = 10$, und auf der zweiten Karte von rechts steht die 7, denn $7 + 3 = 10$.
Es bleibt herauszufinden, wo die Karten mit den Zahlen 1, 2 und 5 liegen.
Die fehlenden Zahlen im zweiten Ring haben die Summe 6, denn $4+6 = 10$. Diese beiden Zahlen müssen also die 1 und die 5 sein. Die 2 steht damit auf der dritten Karte von rechts.
Im dritten Ring kennen wir nun bereits zwei der drei Zahlen: 2 und 7. Die dritte Zahl muss die 1 sein, denn $1+2+7 = 10$. Und das ist die gesuchte Zahl auf der Karte mit dem Fragezeichen.

Rechts ist zu sehen, wie alle sieben Karten in den Ringen liegen.

L 5.54 (D) Es fällt auf, dass die angegebenen Summen vergleichsweise groß sind, sogar dreimal ist eine 9 dabei. Wir überlegen, wie 9 gebildet werden kann. Es gibt genau drei Möglichkeiten, $9 = 2 + 7 = 3 + 6 = 4 + 5$, und genauso viele sind nötig. Die 1 ist nicht als Summand dabei, sie muss also in den Kreis ganz oben eingetragen werden, das ist der einzige Kreis, der nicht zu einer Summe 9 gehört. Nun füllen wir die Kreise im Uhrzeigersinn der Reihe nach aus, bis wir beim grauen Kreis ankommen: $8 - 1 = 7$, $9 - 7 = 2$, $6 - 2 = 4$. In den grauen Kreis gehört die 4.

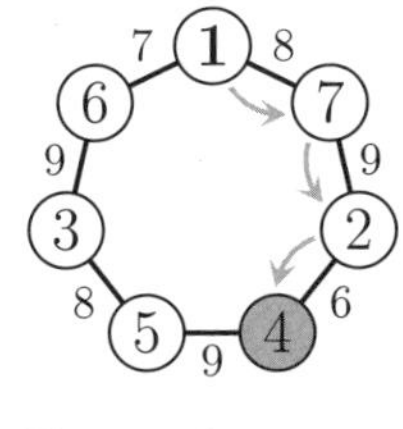

Das Bild zeigt die vollständig ausgefüllte Figur.

L 5.55 (D) Da in den Dreiecken die Produkte der Zahlen an den Ecken stehen, ist es hilfreich, die vier gegebenen Zahlen in Faktoren zu zerlegen:

$$8 = 2\cdot2\cdot2 = 2\cdot4 \qquad 10 = 2\cdot5 \qquad 15 = 3\cdot5 \qquad 60 = 2\cdot2\cdot3\cdot5 = 4\cdot3\cdot5 = 2\cdot6\cdot5$$

Dabei kann jeweils noch der Faktor 1 hinzukommen. Wir erkennen, dass genau in den drei Zahlen 10, 15 und 60 der Faktor 5 steckt. Damit muss die 5 in einen Kreis eingetragen werden, der zu diesen drei Zahlen gehört, also in den weißen Kreis unten in der Mitte. Für die Zahlen in den beiden anderen weißen Kreisen bleiben wegen $10 = 1\cdot2\cdot5$ nur die 1 und die 2. In die grauen Kreise gehören somit die Zahlen 3, 4 und 6. Die gesuchte Summe ist $3+4+6 = 13$.

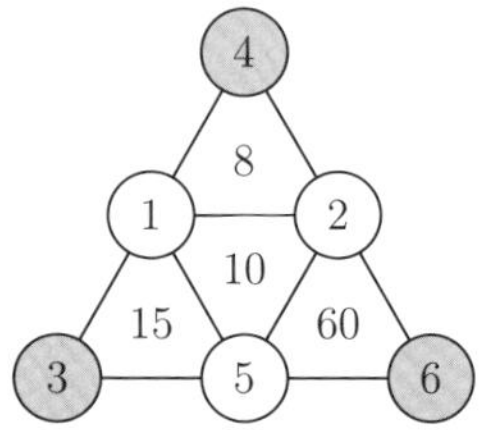

Die Figur kann auf eindeutige Weise ausgefüllt werden, wie im Bild zu sehen ist.

L 5.56 (C) Wir überlegen zuerst, welche Summe wir auf jeder Würfelseite finden. Die Summe aller 8 Zahlen ist $1+2+\ldots+8 = (1+8)+(2+7)+(3+6)+(4+5) = 4\cdot9 = 36$. Da die 8 Zahlen auf die Ecken der oberen und der unteren Würfelseite verteilt sind, haben die 4 Eck-Zahlen dieser beiden Würfelseiten jeweils die Summe $36 : 2 = 18$. Das ist folglich die Summe der 4 Eck-Zahlen jeder Würfelseite.
Da auf der Würfelseite rechts vorn die Summe $8 + 7 = 15$ bereits feststeht, muss an einer der beiden anderen Ecken die 1 und an der anderen die 2 sein, weil nur so die Summe 18 erzielt werden kann.
Von der unteren Würfelseite steht ebenfalls ein Teil der Summe bereits fest: $6 + 8 = 14$. Die Summe der Zahlen an den beiden noch nicht festgelegten Ecken ist also 4. Von den beiden Möglichkeiten $4 = 2+2$ und $4 = 1+3$ entfällt die erste, da alle Eck-Zahlen verschieden sind. Und da für die Ecke ohne Fragezeichen nur 1 oder 2 möglich ist, erhalten wir, dass das Fragezeichen für die Zahl 3 steht.

L 5.57 (C) Wir malen Zellen, die Honig enthalten, dunkel. Zuerst suchen wir solche Zellen, die genau so viele Nachbarzellen haben, wie ihre Zahl angibt. Für diese ist klar, dass alle ihre Nachbarzellen dunkel zu malen sind. Das trifft auf die Zelle oben mit der 3 zu, auf die 2 rechts und auf die 4 rechts unten. Wenn wir deren Nachbarzellen dunkel malen, erhalten wir, was im Bild rechts zu sehen ist. Nun überprüfen wir, welche Zellen bereits von so vielen Honigzellen umgeben sind, wie ihre Zahl angibt. Dabei stellen wir fest, dass diese Bedingung schon für alle Zellen gilt. Es ist also genau in den 6 dunkel gemalten Zellen Honig.

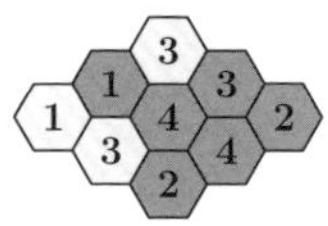

L 5.58 (C) Wir gehen wie in der vorherigen Aufgabe vor. Wir suchen alle Zellen, die genau so viele Nachbarzellen haben, wie ihre Zahl angibt, und malen alle ihre Nachbarzellen dunkel. Zu Beginn ist das nur die 4 unten links (siehe Bild rechts). Gleichzeitig suchen wir alle Zellen, die bereits so viele dunkle Zellen haben, wie ihre Zahl angibt, und

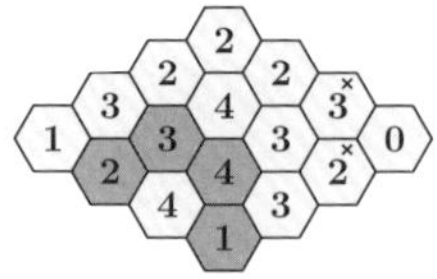

markieren diejenigen Nachbarzellen, die sicher keinen Honig enthalten. Zu Beginn ist das die 0 ganz rechts (siehe das erste Bild). Als nächstes finden wir mit den der 3 rechts unten, der 1 unten und der 1 links Zellen mit einer dieser beiden Eigenschaften. So fahren wir schrittweise fort, bis die Bienenwabe vollständig gefüllt ist (siehe Bild rechts). Es enthalten genau 9 Zellen Honig.

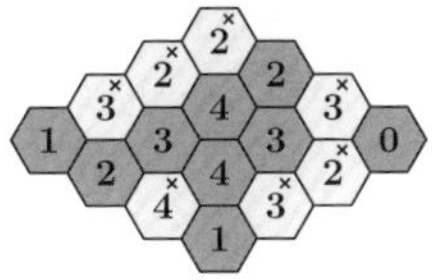

L 5.59 (**A**) Wir bezeichnen die Zahlen in den Quadraten mit a, b, c, d und x wie im Bild. Da die Summe der Zahlen, die zum selben Kreis gehören, stets dieselbe ist, gilt $a+b+c+d = a+x+c+6$, also $x+6 = b+d$. Analog ist $x+6 = a+c$. Die drei Summen $a+c$, $b+d$ und $x+6$, in denen jede der Zahlen von 1 bis 6 genau einmal vorkommt, sind also gleich. Da $1+2+3+4+5+6 = 21$ ist, ist jede der drei Summen 7. Daraus folgt, dass die gesuchte Zahl $x = 7 - 6 = 1$ ist.

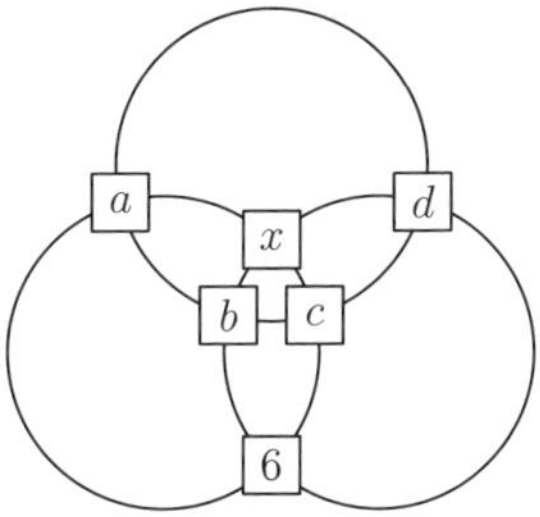

L 5.60 (**A**) Da die 3 Zahlen auf jeder der 4 Linien, die durch das Kästchen in der Mitte verlaufen, die Summe 13 haben, ist die Summe zweier gegenüberliegender Zahlen auf dem Außenkreis jeweils gleich. Somit beträgt die Summe der 8 Zahlen auf dem Außenkreis genau das Vierfache der Summe zweier gegenüberliegender Zahlen. Die Summe zweier gegenüberliegender Zahlen beträgt somit $40 : 4 = 10$. Deshalb muss Jeremias in das Kästchen in der Mitte die 3 schreiben.

L 5.61 (**A**) Wir beginnen an dem Eckpunkt mit der 1 und untersuchen Schritt für Schritt, mit welchen Zahlen es in beide Richtungen weitergehen kann. Die beiden Zahlen an den Nachbarecken der 1 müssen 2 und 3 sein. Für die Nachbarn der 2 kommen nur 1, 3 und 4 in Frage. Da die 3 schon auf der anderen Seite der 1 steht, kommt nach der 2 also die 4. Folglich steht nach der 3 die 5, nach der 4 die 6, nach der 5 die 7, nach der 6 die 8 usw. bis nach der 18 die 20 kommt. Die Reihenfolge der Zahlen an den Ecken lautet somit: 20, 18, 16, 14, 12, 10, 8, 6, 4, 2, 1, 3, 5, 7, 9, 11, 13, 15, 17, 19. Es stehen also nur an 2 Seiten, nämlich zwischen 1 und 2 und zwischen 19 und 20, eine 1.

L 5.62 (**E**) Wir stellen uns vor, dass alle Sechsecke ausgefüllt sind, und fassen die 11 Zahlen auf zwei verschiedene Weisen zu kleinen Gruppen zusammen:
(a) die jeweils drei Zahlen um die Punkte oben links, oben rechts und unten in der Mitte sowie die 4 und die 11;
(b) die jeweils drei Zahlen um die Punkte oben in der Mitte, unten links und unten rechts sowie die 6 und das „?“.
Die Summe ist in beiden Fällen gleich. Und da jeweils 3-mal die Summe um einen schwarzen Punkt vorkommt, gilt $4+11 = 6+?$ und somit $? = 9$. Die Sechsecke lassen sich auf eindeutige Weise ausfüllen, wie rechts abgebildet.

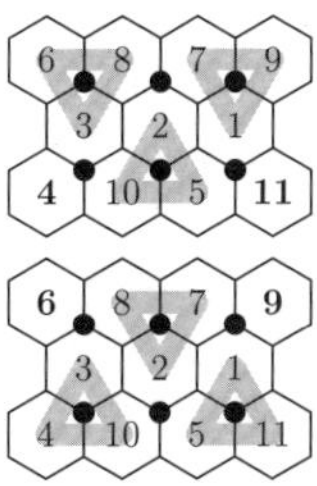

L 5.63 (**D**) Die Zahl, die Valeska an die Spitze schreibt, nennen wir S und die Zahl, die sie auf die Grundfläche schreibt, nennen wir G. Dann ist G gleich der Summe der vier Zahlen in den unteren Ecken, also ist $S+G = 1+2+3+4+5 = 15$. Da die Summe 7 nur durch $1+2+4$ entstanden sein kann, steht die 7 auf einer der dreieckigen Seitenflächen. Also ist S gleich 1, 2 oder 4. Wegen $G = 15 - S$, ist G gleich 14, 13 oder 11. G kommt somit bei den gegebenen Summen (7, 8, 9, 10) nicht vor – ist also die gesuchte Summe. Die vier gegebenen Summen sind die Zahlen auf den dreieckigen Seitenflächen. Für die Summe dieser vier Zahlen, $7+8+9+10 = 34$, wird im einzelnen S genau 4-mal und jede der Zahlen an den unteren Ecken genau 2-mal addiert. Also gilt $34 = 4S + 2G = 2(S + G) + 2S = 30 + 2S$, und folglich ist $S = 2$. Und $G = 13$ ist die gesuchte Summe.
An den Ecken der Grundfläche stehen im bzw. entgegen dem Uhrzeigersinn die Zahlen 4, 1, 5, 3.